本书受教育部人文社会科学重点研究基地山西大学科学技术哲学研究中心基金资助

认知哲学译丛

魏屹东/主编

认知科学的历史基础

〔美〕约翰-克里斯蒂安·史密斯/编

武建峰/译

魏屹东/审校

科学出版社

北京

图字:01-2011-0914 号

Translation from the English language edition:
Historical Foundations of Congnitive Science by J. C. Smith

图书在版编目(CIP)数据

认知科学的历史基础 / (美)史密斯(Smith, J. C.)编;武建峰译;魏屹东审校. —北京:科学出版社,2014.1
(认知哲学译丛)
书名原文:Historical Foundations of Cognitive Science
ISBN 978-7-03-039369-2

Ⅰ.①认… Ⅱ.①史… ②武… ③魏… Ⅲ.①认知科学-哲学史-世界 Ⅳ.①B842.1

中国版本图书馆 CIP 数据核字(2013)第 304968 号

丛书策划:郭勇斌
责任编辑:郭勇斌 卜 新 / 责任校对:鲁 素
责任印制:李 彤 / 封面设计:黄华斌
编辑部电话:010-64035853
E-mail: houjunlin@mail.sciencep.com

科学出版社出版
北京东黄城根北街 16 号
邮政编码: 100717
http://www.sciencep.com
北京虎彩文化传播有限公司 印刷
科学出版社发行 各地新华书店经销
*
2014 年 1 月第 一 版 开本: 720×1000 1/16
2022 年 4 月第三次印刷 印张: 16 1/4
字数: 323 000
定价: 80.00 元
(如有印装质量问题,我社负责调换)

丛 书 序

与传统哲学相比，认知哲学(philosophy of cognition)是一个全新的哲学研究领域，它的兴起与认知科学的迅速发展密切相关。认知科学是20世纪70年代中期兴起的一门前沿性、交叉性和综合性学科。它是在心理科学、计算机科学、神经科学、语言学、文化人类学、哲学以及社会科学的交界面上涌现出来的，旨在研究人类认知和智力本质及规律，具体包括知觉、注意、记忆、动作、语言、推理、思维、意识乃至情感动机在内的各个层次的认知和智力活动。十几年以来，这一领域的研究异常活跃，成果异常丰富，自产生之日起就向世人展示了强大的生命力，也为认知哲学的兴起提供了新的研究领域和契机。

认知科学的迅速发展使得科学哲学发生了"认知转向"，它试图从认知心理学和人工智能角度出发研究科学的发展，使得心灵哲学从形而上学的思辨演变为具体科学或认识论的研究，使得分析哲学从纯粹的语言和逻辑分析转向认知语言和认知逻辑的结构分析、符号操作及模型推理，极大促进了心理学哲学中实证主义和物理主义的流行。各种实证主义和物理主义理论的背后都能找到认知科学的支持。例如，认知心理学支持行为主义，人工智能支持功能主义，神经科学支持心脑同一论和取消论。心灵哲学的重大问题，如心身问题、感受性、附随性、意识现象、思想语言和心理表征、意向性与心理内容的研究，无一例外都受到来自认知科学的巨大影响与挑战。这些研究取向已经蕴涵认知哲学的端倪，因为众多认知科学家、哲学家、心理学家、语言学家和人工智能专家的论著论及认知的哲学内容。

尽管迄今国内外的相关文献极少单独出现认知哲学这个概念，精确的界定和深入系统的研究也极少，但研究趋向已经非常明显。鉴于此，这里有必要对认知哲学的几个问题做出澄清。这些问题是：什么是认知？什么是认知哲学？认知哲学与相关学科是什么关系？认知哲学研究哪些问题？

第一个问题需要从词源学谈起。认知这个词最初来自拉丁文"*cognoscere*"，意思是"与……相识"、"对……了解"。它由 *co*+*gnoscere* 构成，意思是"开始知道"。从信息论的观点看，"认知"本质上是通过提供缺失的信息获得新信息和新知识的过程，那些缺失的信息对于减少不确定性是必需的。

然而，认知在不同学科中意义相近，但不尽相同。

在心理学中，认知是指个体的心理功能的信息加工观点，即它被用于指个体的心理过程，与"心智有内在心理状态"观点相关。有的心理学家认为，认知是思维的显现或结果，它是以问题解决为导向的思维过程，直接与思维、问题解决相关。在认知心理学中，认知被看做心灵的表征和过程，它不仅包括思维，而且包括语言运用、符号操作和行为控制。

在认知科学中，认知是在更一般意义上使用的，目的是确定独立于执行认知任务的主体(人、动物或机器)的认知过程的主要特征。或者说,认知是指信息的规范提取、知识的获得与改进、环境的建构与模型的改进。从熵的观点看来,认知就是减少不确定性的能力,它通过改进环境的模型,通过提取新信息、产生新信息和改进知识并反映自身的活动和能力,来支持主体对环境的适应性。逻辑、心理学、哲学、语言学、人工智能、脑科学是研究认知的重要手段。《MIT 认知科学百科全书》将认知与老化(aging)并列,旨在说明认知是老化过程中的现象。在这个意义上,认知被分为两类:动态认知和具化认知。前者指包括各种推理(归纳、演绎、因果等)、记忆、空间表现的测度能力,在评估时被用于反映处理的效果;后者指对词的意义、信息和知识的测度的评价能力,它倾向于反映过去执行过程中积累的结果。这两种认知能力在老化过程中表现不同。这是认知发展意义上的定义。

在哲学中,认知与认识论密切相关。认识论把认知看做产生新信息和改进知识的能力来研究。其核心论题是:在环境中信息发现如何影响知识的发展。在科学哲学中就是科学发现问题。科学发现过程就是一个复杂的认知过程,它旨在阐明未知事物,具体表现在三方面:①揭示以前存在但未被发现的客体或事件;②发现已知事物的新性质;③发现与创造理想客体。尼古拉斯·布宁和余纪元编著的《西方哲学英汉对照辞典》(2001 年)对认知的解释是:认知源于拉丁文"*cognition*",意指知道或形成某物的观念,通常译作"知识",也作为"*scientia*"(知识)。笛卡儿将认知与知识区分开来,认为认知是过程,知识是认知的结果。斯宾诺莎将认知分为三个等级:第一等的认知是由第二手的意见、想象和从变幻不定的经验中得来的认知构成,这种认知承认虚假;第二等的认知是理性,它寻找现象的根本理由或原因,发现必然真理;第三等即最高等的认知,是直觉认识,它是从有关属性本质的恰当观念发展而来的,达到对事物本质的恰当认识。按照一般的哲学用法,认知包括通往知识的那些状态和过程,与感觉、感情、意志相区别。

在人工智能研究中,认知与发展智能系统相关。具有认知能力的智能系统就是认知系统。它理解认知的方式主要有认知主义、涌现和混合三种。认知主义试图创造一个包括学习、问题解决和决策等认知问题的统一理论,涉及心理学、认知科学、脑科学、语言学等学科。涌现方式是一个非常不同的认知观,主张认知是一个自组织过程。其中,认知系统在真实时间中不断地重新建构自己,通过多系统-环境相互作用的自我控制保持其操作的同一性。这是系统科学的研究进路。混合方式是将认知主义和涌现相结合。这些方式提出了认知过程模拟的不同观点,研究认知过程的工具主要是计算建模,计算模型提供了详细的、基于加工的表征、机制和过程的理解,并通过计算机算法和程序表征认知,从而揭示认知的本质和功能。

概言之,这些对认知的不同理解体现在三方面:①提取新信息及其关系;②对所提取信息的可能来源实验、系统观察和对实验、观察结果的理论化;③通过对初始数据的分析、假设提出、假设检验以及对假设的接受或拒绝来实现认知。从哲学角度对这三方面进行反思,将是认知哲学的重大任务。

针对认知的研究,根据我的梳理主要有 11 个方面:

(1) 认知的科学研究,包括认知科学、认知神经科学、动物认知、感知控制论、认知协同学等,文献相当丰富。其中,与哲学最密切的是认知科学。

(2) 认知的技术研究,包括计算机科学、人工智能、认知工程学(运用涉及技术、组织和学习环境研究工作场所中的认知)、机器人技术,文献相当丰富。其中,模拟人类大脑功能的人工智能与哲学最密切。

(3) 认知的心理学研究,包括认知心理学、认知理论、认知发展、行为科学、认知性格学(研究动物在其自然环境中的心理体验)等,文献异常丰富,与哲学密切的是认知心理学和认知理论。

(4) 认知的语言学研究,包括认知语言学、认知语用学、认知语义学、认知词典学、认知隐喻学等,这些研究领域与语言哲学密切相关。

(5) 认知的逻辑学研究,主要是认知逻辑、认知推理和认知模型。

(6) 认知的人类学研究,包括文化人类学、认知人类学和认知考古学(研究过去社会中人们的思想和符号行为)。

(7) 认知的宗教学研究,典型的是宗教认知科学(cognitive science of religion),它寻求解释人们心灵如何借助日常认知能力的途径习得、产生和传播宗教文化基因。

(8) 认知的历史研究,包括认知历史思想、认知科学的历史。一般的认知科学导论性著作都涉及历史,但不系统。

(9) 认知的生态学研究,主要是认知生态学和认知进化的研究。

(10) 认知的社会学研究,主要是社会表征、社会认知和社会认识论的研究。

(11) 认知的哲学研究,包括认知科学哲学、人工智能哲学、心灵哲学、心理学哲学、现象学、存在主义、语境论、科学哲学等。

以上各个方面虽然蕴涵认知哲学的内容,但还不是认知哲学本身。这就涉及第二个问题。

第二个问题需要从哲学立场谈起。

在我看来,认知哲学是一门旨在对认知这种极其复杂现象进行多学科、多视角、多维度整合研究的新兴哲学研究领域,其研究对象包括认知科学(认知心理学、计算机科学、脑科学)、人工智能、心灵哲学、认知逻辑、认知语言学、认知现象学、认知神经心理学、进化心理学、认知动力学、认知生态学等涉及认知现象的各个学科中的哲学问题,它涵盖和融合了自然科学和人文科学的不同分支学科。说它具有整合性,名副其实。对认知现象进行哲学探讨,将是当代哲学研究者的重任。科学哲学、科学社会学与科学知识社会学的"认知转向"充分说明了这一点。

尽管认知哲学具有交叉性、融合性、整合性、综合性,但它既不是认知科学,也不是认知科学哲学、心理学哲学、心灵哲学和人工智能哲学的简单叠加,它是在梳理、分析和整合各种以认知为研究对象的学科的基础上,立足于哲学反思、审视和探究认知的各种哲学问题的研究领域。它不是直接与认知现象发生联系,而是通过研究认知现象的各个学科与之发生联系,也即它以认知本身为研究对象,如同科学哲学是以科学为对象而不是以自然为对象,因此它是一种“元研究”。在这种意义上,认知哲学既要吸收各个相关学科的优点,又要克服它们的缺点,既要分析与整合,也要解构与建构。一句话,认知哲学是一个具有自己的研究对象和方法、基于综合创新的原始性创新研究领域。

认知哲学的核心主张是:本体论上,主张认知是物理现象和精神现象的统一体,二者通过中介如语言、文化等相互作用产生客观知识;认识论上,主张认知是积极、持续、变化的客观实在,语境是事件或行动整合的基底,理解是人际认知互动;方法论上,主张对研究对象进行层次分析、语境分析、行为分析、任务分析、逻辑分析、概念分析和文化网络分析,通过纲领计划、启示法和洞见提高研究的创造性;价值论上,主张认知是负载意义和判断的,负载文化和价值的。

认知哲学研究的目的:一是在哲学层次建立一个整合性范式,揭示认知现象的本质及运作机制;二是把哲学探究与认知科学研究相结合,使得认知研究将抽象概括与具体操作衔接,一方面避免陷入纯粹思辨的窠臼,另一方面避免陷入琐碎细节的陷阱;三是澄清先前理论中的错误,为以后的研究提供经验、教训;四是提炼认知研究的思想和方法,为认知科学提供科学的、可行的认识论和方法论。

认知哲学的研究意义在于:①提出认知哲学的概念并给出定义及研究的范围,在认知哲学框架下,整合不同学科、不同认知科学家的观点,试图建立统一的研究范式。②运用认知-历史分析、语境分析等方法挖掘著名认知科学家的认知思想及哲学意蕴,并进行客观、合理的评析,澄清存在的问题。③从认知科学及其哲学的核心主题——认知发展、认知模型和认知表征三个相互关联和渗透的方面,深入研究信念形成、概念获得、知识产生、心理表征、模型表征、心身问题、智能机的意识化等重要问题,得出合理可靠的结论。④选取的认知科学家具有典型性和代表性,对这些人物的思想和方法的研究将会对认知科学、人工智能、心灵哲学、科学哲学等学科的研究者具有重要的启示与借鉴作用。⑤认知哲学研究是对迄今为止认知研究领域内的主要研究成果的梳理与概括,在一定程度上总结并整合了其中的主要思想与方法。

第三个问题是,认知哲学与相关学科或领域究竟是什么关系?

我通过“超循环结构”来给予说明。所谓“超循环结构”,就是小循环环环相套,构成一个大循环。认知科学哲学、心理学哲学、心灵哲学、人工智能哲学、认知语言学是小循环,它们环环相套,构成认知哲学这个大循环。也就是说,这些相关学科相互交叉、重叠,形成了整合性的认知哲学。同时,认知哲学这个大循环有自己独特的研究域,它不包括其他小循环的内容,如认知的本原、认知的预设、认知的分类、认知的形而上学问题等。

第四个问题是,认知哲学研究哪些问题?如果说认知就是研究人们如何思维,那么认知哲学就是研究人们思维过程中产生的各种哲学问题,具体要研究 10 个基本问题:

(1) 什么是认知,其预设是什么?认知的本原是什么?认知的分类有哪些?认知的认识论和方法论是什么?认知的统一基底是什么?是否有无生命的认知?

(2) 认知科学产生之前,哲学家是如何看待认知现象和思维的?他们的看法是合理的吗?认知科学的基本理论与当代心灵哲学范式是冲突,还是融合?能否建立一个囊括不同学科的统一的认知理论?

(3) 认知是纯粹心理表征,还是心智与外部世界相互作用的结果?无身的认知能否实现?或者说,离身的认知是否可能?

(4) 认知表征是如何形成的?其本质是什么?是否有无表征的认知?

(5) 意识是如何产生的?其本质和形成机制是什么?它是实在的还是非实在的?是否有无意识的表征?

(6) 人工智能机器是否能够像人一样思维?判断的标准是什么?如何在计算理论层次、脑的知识表征层次和计算机层次上联合实现?

(7) 认知概念如思维、注意、记忆、意象的形成的机制和本质是什么?其哲学预设是什么?它们之间是否存在相互作用?心身之间、心脑之间、心物之间、心语之间、心世之间是否存在相互作用?它们相互作用的机制是什么?

(8) 语言的形成与认知能力的发展是什么关系?是否有无语言的认知?

(9) 知识获得与智能发展是什么关系?知识是否能够促进智能的发展?

(10) 人机交互的界面是什么?脑机交互实现的机制是什么?仿生脑能否实现?

以上问题形成了认知哲学的问题域,也就是它的研究对象和研究范围。

"认知哲学译丛"所选的著作,内容基本涵盖了认知哲学的以上10个基本问题。这是一个庞大的翻译工程,希望"认知哲学译丛"的出版能够为认知哲学的发展提供一个坚实的学科基础,希望它的逐步面世能够为我国认知哲学的研究提供知识源和思想库。

"认知哲学译丛"从2008年开始策划至今,我们为之付出了不懈的努力和艰辛。在它即将付梓之际,作为"认知哲学译丛"的组织者和实施者,我有许多肺腑之言,溢于言表。一要感谢每本书的原作者,在翻译过程中,他们中的不少人提供了许多帮助;二要感谢每位译者,在翻译过程中,他们对遇到的核心概念和一些难以理解的句子都要反复讨论和斟酌,他们的认真负责和严谨的态度令我感动;三要感谢科学出版社编辑郭勇斌,他作为总策划者,为"认知哲学译丛"的编辑和出版付出了大量心血;四要感谢每本译著的责任编辑,正是他们的无私工作,才使得每本书最大限度地减少了翻译中的错误;五要特别感谢山西大学科学技术哲学研究中心、哲学社会学学院的大力支持,没有它们作后盾,实施和完成"认知哲学译丛"是不可想象的。

魏屹东

2013年5月30日

前　　言

我收集这样一部论文集的兴趣来自偶然把亚利桑那州大学基思·莱勒(Keith Lehrer)教授的历史研究和迈克尔·哈尼什(R. Michael Harnish)教授的认知科学研究结合在一起。本卷的工作在我还是语言学系的一名讲师时就开始了,并且得到由兰斯·J.里普斯(Lance J. Rips)教授主持的认知科学研讨小组成员的大力鼓励。我要对他们和其他与我讨论过这部著作可能性的人表达我的感激之情。

我要特别感谢每一篇文章的作者,因为在这项课题的进展过程中,他们表现出比我所期望的更多耐心。我还要感谢我的同事查尔斯·里德(Charles Reid)在审稿过程中给予的帮助、蒂姆·麦克法登(Tim McFadden)在计算机资源方面的帮助、基思·莱勒在出版安排过程中给予的建议。稿件准备方面的资助,部分是由扬斯敦州立大学(Youngstown State University)研究委员会(大学研究基金,617号)提供的。

约翰-克里斯蒂安·史密斯

目　　录

导论　认知科学的根本问题

约翰-克里斯蒂安·史密斯(John-Christian Smith)
亚利桑那大学

当一门新学科因集中于解决一系列持久性问题而出现的时候,那么探寻这门学科研究所能依赖的历史基础就显得很有必要。这种连续性不仅是这门新学科可能借此而获得的理智声誉所需要的,更是避免重复性错误和避免失去前理论洞见所需要的。那个为人所知的“认知科学”相关领域中出现的两个进展就是一个佐证。这两个进展是关于占主导地位的计算方法论的发展和关于信息加工的实质性理论的发展。我们从哲学的视角出发,通过审视认知心理学、理论语言学、神经生物学和对人工智能的计算机科学建模中的具体研究计划,系统地得出了一些用于解决传统上无法解决的问题的新方法。然而,我们发现,技术总是领先于我们的理论认识;并且,这些林林总总的提议在历史传统范围内缺乏坚实的基础,而这正是任何科学研究所应当追寻的东西。这等于是接受了一个来历不明的理智孤儿,但确定历史的连续性则可能是一条获取成功和指明发展方向的途径。

这部论文集旨在表明:历史上关于心灵哲学和哲学心理学中的许多问题的特殊处理方式,为现代认知科学中的专门领域的理论发展提供了相关基础。这些研究提出了一些关于心理殊相(mental particulars)的构成特性、它们特有的组织以及它们与物理语境(如身体及其自然环境)关系的存在论问题和认识论问题。历史上关于这些问题的看法,涉及古希腊哲学家、中世纪经院哲学家、从笛卡儿到休谟和里德的早期近代哲学家、康德和19世纪现象学家以及20世纪行为主义和分析哲学的创始人等哲学家的思想。虽然这些观点缺少许多当前研究中的详尽的经验证据,但是它们已经迈出了完整解释心智的第一步,并且与现代认知科学中的许多工作有着惊人的相似之处。这部论文集无疑验证了那句古老的谚语:“阳光底下无新鲜事。”通过介绍并解释这些历史观点,这些文章不仅澄清了认知科学研究的历史背景,同时也阐释了认知科学中的许多核心问题。但这些问题在认知科学这个不成熟的专门领域中仍存有疑问。

我认为,对这些问题中的某些比较有意义的问题进行回顾,将是十分有益的。这些问题都是认知研究的传统方法和现代方法所面临的,尽管表述的术语不尽相同。20世纪解决这些问题所取得的进展表明:一门新的学科正在形成。我希望通过回顾一些进展来为本卷中的研究提供一个缩影,并提醒我们需要在未来做更深入的、更统一的研究。然而,需要补充的是,我在这里所讲的,不应被看成是对认知研究所面临的各种挑战的完整描述，也不应被看成是所有仍未被克服的障碍。

在回顾之前，我们可能采取如下一种关于认知科学的可行性定义：

认知科学是一门对认知和通过意向行为中的知识的建构、储存和使用来确证的相关心理现象进行系统性科学研究的学科。

无疑，这种定义势必会引起争论。尤其是，如果这种解释确实是科学的，那么关于这类现象的可观察证据将会遭到质疑。然而，这个定义本身却暗示了一个对同一主题研究的现代路径与传统路径之间的重要差别。这一领域的现代研究结果，普遍都是通过后验证明而获得的，在某种程度上是实验测试和研究的结果，而非像过去那样通过纯粹先验推理而获取的。事实上，“无脱离现实的心理学”正在召唤认知科学的出现。过去存在的一个问题是：在认知现象领域中，没有什么可以为我们期望从科学中获得的那种类似规律的概括性的东西提供确凿的证据。当然，这种障碍在某种程度上仍困扰着我们——并且，一些人认为它将会一直困扰着那些试图进行科学的心理学解释的人们——但我们似乎已做出了一些重要探索。

确切地讲，对于许多问题而言，已经出现了许多新颖而又有趣的提议。这些提议虽然没有解决如下领域中的问题，但也至少提供了一些合理的策略。正如这部论文集中的文章所表明的，在认知科学研究的理性传统中，这些问题都根植于认知科学之中。下面，我将试图列举一些与此相关的例子①。

信念形成/定式：意向行为的民间或科学心理学解释中的信念指称问题。信念是什么？它是如何被获取的？是否真存在这种东西？那些表达命题态度的陈述，如“萨姆(Sam)相信草是绿(green)的”，其意义是什么？这似乎是一种二位关系(two-place relation)，即“*s* 相信 *g*”。其中，“草是绿的”是一个单称词项，它选定了某个命题 *p*。但是，这种关系是如何得到确定的？相应地，是否存在某种关系“$x\Psi r$”？其中，Ψ 指相信的某种心理关系(a psychological relation of believing)，*x* 指某个人(可替代)，*r* 指 *x* 的某种心理表征(由命题 *p* 指出)？这类问题都是心灵哲学、语言哲学和心理学哲学中最核心的问题，同时它们也都由书中的各篇论文以不同的方式提出来了。凯切尔(Kitcher)的关于康德的信念形成理论(theory of belief formation)和史密斯(Smith)关于信念固化的范畴(a category of belief fixation)都对此做出详尽的探讨。关于背景性资料，请参阅 Fodor(1975)、Stich(1983)和 Garfield(1988)。

(心灵主义的)黑箱问题：只根据观察到的外部行为来推断内在状态和过程的问题。这一众所周知的困境缘于这样一个事实：观察到的行为，尤其是关于意向性行动者(intentional agents)的，是否由许多内部情况产生尚不确定。我们不仅不能准确地获得内在状态或过程的特定结果，因为程序总是依赖于内部机制的构架或编程语言；而且也不能证明是否需要编程(或功能主义)分析，而不是进行纯粹的

① 读者可参阅索引，获取各篇文章题目的页码；一些引自导论，其他一些相关著作附有描述。

因果解释。这一问题如何在可观察行为是言语的、推理的和内省的情况下产生？由凯切尔和卡明斯(Cummins)撰写的文章提供一些这方面的例子。参见 Pylyshyn (1984)、Cummins(1983)和 Dennett(1978,1987)。

沙文主义/自由主义：它所关注的是，我们的心理学解释，要么与我们的生理学联系得非常紧密，以至于无需排除存在具有认知能力的不同生命形式的可能性；要么是十分宽泛的功能主义解释，以至于明显地含有一些非心理的实现，如通过随机的次核心事件(或者通过协调中国总体人口的活动)来执行某一程序的可能性。这种关心与边界问题之间的联系十分密切。因为，在这一点上，说明(specification)似乎必须是非功能性的、受物种严格限定的，或者是如此抽象，以至于实现的所有形式都是允许的。因此，关于可实现性或执行的一般性问题在这里也是相关的。希尔兹(Shields)的文章中提出的研究人体生理学的亚里士多德路径，似乎引入了自由主义；梅尔伯特(Meerbote)的文章捍卫了一种对康德的“变异一元论”的自由主义解释。但塞尔的文章中采取的立场却是沙文主义式的，他的文章所依据的是心性的生物学基础。参见 Block(1978,1980)和 Searle(1980)。

概念习得：解释概念范畴是如何运行，尤其是作为对知觉输入的反应的问题。概念究竟是什么？它与概念体系(conception)是同一个东西吗？它是一种模型，还是一种原型？获取概念过程中是否遵循着某种规则？一个人在不具有“规定一个新概念范畴的特征”的概念的情况下，是如何获得这个范畴的？显然，我们如果要探讨概念习得的方式，就必须面对一系列的关于认知过程、知觉和表征的本质的问题。托威戴尔(Tweedale)的文章细述了中世纪哲学对区别普遍概念和特殊概念的主要争论，而梅尔伯特和凯切尔的文章则描述了构成康德的基于心智先天结构的概念发展的革命理论的要素。参见 Smith 和 Medin(1981)、Fodor(1981)、Putnam(1981)。

意识：它是如下两个方面的论题：(i)对自我心理操作的意识，这些心理操作由关涉它们的概念和信念来表征；(ii)对意向存在的“原始感觉”。意识在这两种情况下指什么？它在功能意义上是否可以解释，即根据心理状态、输入和输出之间的(因果)关系进行解释？后一个方面与感受性问题紧密相关，而前一个方面则提出了一些关于内省主义的问题。后一个方面旨在追寻有感知的生物“是个什么样子”的意义，前一个方面旨在追寻拥有“自我认识”是什么的意义。史密斯的文章在托马斯·里德(Tomas Reid)区分意识和反思的基础上，对后者做出了具体解释。托威戴尔的文章也与此相关，探讨了作为领悟形式的意识。麦金太尔(McIntyre)的文章主要探究了对处于意识状态的、更具一般性的、现象学意义上的“感觉”(feel)。参见 Ornstein(1972,1973)、Sayre(1969)、Dennett(1978)。

弗雷格假设：它认为语言学上有这样一个预设：自然语言的结构揭示了思维的结构。伴随这一假设而来的是关于可表征关系和像心理系动词(mental copula)这样的具体特征问题。这是否正如绝大多数心智哲学家和语言哲学家所认为的那样，是一个显而易见的或貌似合理的理论要点？存在心理语词吗？存在心理语法吗？任何先验推理都不能使得语言和思维必然联系在一起，因为“思维完全具有句法结构”这一断言本身还需要证据支持。当然，自然语言的复杂句法结构，可能映射到了那些形式上虽简单但又独特的心理事件，这些心理事件提供了恰当的语义关系。诺莫尔（Normore）的文章对心理语言中的同义和定义问题的研究，和麦金太尔的文章对“意向对象”（noemata）或心理意义的句法特征的研究，都是对这一问题的探讨。参见 Frege（1892）、Fodor（1975）、Brand（1984）和 Garfield（1988）。

功能：关于作为心理属性之归因基础的内在状态、输入和输出之间关系的一系列问题。例如，这些关系是纯因果的还是句法的，它们与语义解释或可表征内容的关系是什么，它们在目的论意义上达到了什么程度等。这是一个令人困惑的领域，因为“功能”在逻辑学、数学和科学中有许多不同的含义。功能解释是心理学解释中的范式吗？功能主义可能是激起认知研究热潮的主要原因。它认为心理的状态、作用或属性与功能的状态、作用或属性是同一的。这一本体论上中立选择的物理主义的（类型-类型）同一论，为认知过程的多重可实现性和心灵与机器的一般类比打开了方便之门。参见史密斯的文章对功能主义的介绍，包括不同版本的功能主义之间的区别，并且这种区别所依据的是它们的“话题中性”。托威戴尔、库克（Cook）和比罗（Biro）的文章都论证了早期中世纪和现代哲学中的功能主义思想。参见 Nelson（1976）、Block（1978、1980）、Cummins（1983）、Bigelow 和 Pargetter（1987）。

小人/休谟问题：它断言，根据愈少的智能设备或“内在小人”的愈加复杂的交互作用来解释意向行为是不可能的。也就是说，这种解释不诉诸某些成分，那些成分所具有的能力类似于我们研究的那些东西。如果“未被解除的小人”的解释是可能的，那么情况会是什么样子？比罗的文章分析了这一问题所面临的困境，以及休谟对这一问题的处理是否恰当。与此相关的讨论也可以在史密斯和麦金太尔的文章中找到。参见 Dennett（1978，1987）和 Searle（1980，1983）。

影像/对象的表征 vs. 命题/推理的表征：基本上是有关图像形式作为心理表征的可能性的影像争论，同时也关注这样一个事实，即技能或直接亲知中的“知道如何”的知识，不可还原为那种言语上可交流的“知道如此”的知识。传统的观念论和现今试图解释“从新手到专家转变”的努力，都与这场争论的结果有着利害关系。一切行为都是遵循规则的推理结果吗？抑或，一些像游泳、骑车之类的行为，是由一个类比联结的更具平衡性的过程产生的？德雷福斯（Dreyfus）的文章对这一问题进行了讨论，认为对高级技能的解释需要现代“联结主义”的解决方式。关于这一问题域中的影像问题研究，请参阅比罗、托威戴尔和凯切尔的文章。参见 Block（1978）、Pylyshyn（1986）。

意向性：解释心理状态的“内涉性”（inherent aboutness）的问题，这种内涉性包括表征非存在对象的能力，也包括其表征从来不属于输入-输出关系的对象的能力。这种“内涉性”是一种自然的/现实的属性，还是功能的/理论的属性（假定存在这种区别)？它是如何与智能属性联系在一起的？它等同于透明的语言环境(即表达客体信念的语言环境)所展现的内涵性(intensionality)吗？当然,我们要研究这一话题,就必须提出一些现象学的问题。麦金太尔的文章提供了一个对(尤其是德雷福斯的)如下断言的全面回应。这个断言是:胡塞尔对意向性的研究,迈出了认知科学研究的关键一步。库克的文章探讨了斯宾诺莎早期关于心理的内在表征特性的观点。参见 Cummins(1983)、Searle(1983)。

内省主义:它认为一些自我意识的经验和证据,为关于心理操作本质的理论提供了充分的或重要的证据。如果存在内省这种东西,那么它是否相同于意识、“内知觉”,或者某种别的能力或官能？史密斯的文章在优先获知理论的语境中,直接提出了这一问题。优先获知理论认为内省证据是不可靠的。在库克的文章中,“斯宾诺莎反对笛卡儿依赖内省证据”这一点变成了一个问题;而比罗的文章探讨了休谟在其理论体系中是如何对这一观点进行整合的。此外,史密斯的文章主要探讨了 20 世纪早期试图在心理学中将这一观点科学化的努力。关于这些问题在认识论上的介绍,参见 Smith 和 Jones(1986)和 Audi(1988)。

意义/内容:这一论题与意向性问题和弗雷格假设相关,它构成了关注语言表征和心理表征的核心领域。相关的专门论述涉及语言的句法属性与语义属性间的关系。心理语言是言说语言的意义或内容吗？梅尔伯特的文章考察了与此相关的第一个系统性观点。意义或某种窄内容(narrow content)是否只由头脑中的东西决定？这种可能性最近被个人主义所接纳。比罗的文章对此做出了探讨。史密斯和麦金太尔把意义看做意向内容,他们的文章都对现象学的观点做出了评论。参见 Dennett(1987)、Fodor(1987)、Garfield(1988)、Haugeland(1985)和 Schiffer(1987)。

机械论:它认为像牛顿力学这样的科学,包括其后所有前爱因斯坦的物理学,足以解释和预测一切有生命的、无生命的和具有意向性的行为。例如,人类的言语行为(verbal behavior)就可以用普通机械物理学来解释。乔姆斯基(Chomsky)的文章就提到笛卡儿因言语的创造性而否定一切诸如此类的解释,然后进一步评述了早期语言学家提供这样一种解释的失败尝试。塞尔的文章分析了 20 世纪功能主义关于“思维的机械实现之可能性的”一些比较现代的观点。参见 Dennett(1978)、Nelson(1976)和 Searle(1980)。

心理系动词:在一个命题的心理表达式中,将主词的表征与谓词的表征联系在一起的东西究竟是什么？也就是说,根据弗雷格假设,在直言陈述中,“is”或“are”的心理对应物究竟是什么？心理系动词是某种深层概念,还是某种联结概念的助范畴词机制(syncategorematic mechanism)？这一问题在中世纪对亚里士多德思想的发掘中是如何出现的？诺莫尔的文章对此进行了讨论。麦金太尔的文章处理了一个与语言解释的现代研究有关的问题。参见 Brand(1984)和 Castañeda(1975)。

心身问题:一个传统上关于心和身的本体论地位的问题,或理论上参照心身和“心身间任何可能的相互作用”的解释力的问题。这个由某一理论框架的概念预设所制造的问题,是一个真问题还是假问题?虽然心和身(minds and bodies)的独立性和交互性是不可观察的,但是否存在一种解释上的意义(explanatory sense),使得这些心和身得以相互区别?或者说,它是一个在范畴的可能体系中,任意选择的逻辑推论的问题?凯瑞琳(Kreiling)的文章认为,莱布尼茨对这一问题的平行论式的解决办法,构成了早期认知科学的基础。但塞尔的文章却试图要完全消解这一问题,因为这一问题忽视了心性的实际生物本性。本书中的每篇文章都以这样或那样的方式与此问题相关。参见 Smith 和 Jones(1986)。

模块性/官能的论题:这是一个心理学中的论题,即大脑/心智由在系统上独立的组件、模块、器官或官能构成。如果它们存在,那么它们的过程或操作是心理的还是认知的,是意识的还是潜意识的,是推理的还是直接的?是否存在输入系统和输出系统?它们的输入来自何处,它们的输出又指向何处?我们是应该把所有心理能力看作是从这些封闭的系统中产生的,还是应该把一些能力看作是开放性认知(open-ended cognition)的一般特征?诺莫尔和凯切尔的文章提供了关于康德推演心理能力的各种版本,而史密斯则根据里德的官能心理学,集中研究了注意性反思而非意识的模块本性。最后,里普斯(Rips)的文章仔细分析了认知能力中关于组件关系(如成分关系和种类关系)的日常信念。参见 Brand(1984)和 Fodor(1983)。

自然主义/唯物主义 vs. 心理主义/唯心主义:这是对如下两种观点的区分。一种认为实在,全然存在于那个在法则学上可解释的由物质、时空中的对象和事件构成的系统之中。另一种认为实在,在某种程度上,是由那些有规律的心理现象或观念现象的产物(如知觉、信念等)构成的,或者可以解释为这些有规律的心理或观念现象的产物。凯瑞琳的文章,根据莱布尼茨在调和对自然过程的物理主义分析以及他对逻辑学、形而上学的看法时所遭遇到的那个重要问题,提出了这种对比。麦金太尔在其解释胡塞尔心理主义的文章中,也讨论了对"自然立场"进行"加括弧"的后果。参见 Putnam(1981)和 Churchland(1984)。

旧证据问题:这一问题是在如下情形中使用证据产生的。这一情形是:证据是证实新假设的背景知识的一部分;证实的正相关定义不可能要求被给予这一证据的假设的概率,大于被给予背景知识的证据的概率(其中,背景知识蕴涵这一证据)。这一贝叶斯科学哲学中的难题,在概念获得和改变的理论中找到了它的代表,即依据旧概念对新概念进行可靠编码的问题。凯切尔的文章认为康德提出了概念规则的"连续自动更新"过程,并认为它提供了解决这一理论问题的较为整体的办法。托威戴尔的文章也在如下讨论中提出了这些问题,即对理智的原有习惯与理智的新领悟性行为之间的因果关系的讨论。参见 Glymour(1980)和 Fodor(1981)。

知觉问题:传统上解释感官刺激是如何产生对外部世界的知觉知识的问题。知觉是以模块化的方式被组织的吗?我们是应该把知觉过程看作是基于推理的,还是不受调解的和直接的？关于世界的知觉信念是如何获得确证的？梅尔伯特的文章描述了从笛卡儿到洛克针对这一问题的解决思路，以及康德关于知性综合过程的观点的深层研究。请比较 Smith 和 Jones(1986)。

边界问题(problem of the periphery)：这是功能主义在说明内在状态的功能时，提供一种对输入和输出的话题中性的刻画所遭遇到的困境。这是导致心理属性归因中的沙文主义或自由主义的潜在问题，同时也是输入系统和输出系统理论中的核心问题。如果内在状态只能根据与其他状态、输入和输出间的因果或形式关系来刻画，那么就会出现两个问题：(i) 在这一刻画中，应如何命名输入和输出？(ii) 输入和输出本身是如何被刻画的？如果功能主义在本体论上坚持中立，那么这些边界的东西就必须以中性的词汇表达。然而，这些东西本身不能以功能主义的方式刻画，因为需要保持词汇上的中立，以免在描述它们的边界关系时会有同样的问题出现。史密斯的文章在区分亚里士多德的强功能主义和弱功能主义时提到了这一困境。诺莫尔和梅尔伯特的文章在论述感觉印象中被给予什么的问题时，都遭遇到了这一问题，其中，这些感觉印象都是知觉联系世界的边界。最后，塞尔的文章提到了功能主义者未能解决这一问题所带来的后果。参见 Block(1978)。

心理学解释：这是如下理论发展的一个普遍方面，即预测生命实体的智能行为和意向行为的理论。心理学解释能否在体系上科学化？或者说，它充其量只是一种非形式的"民俗"理论？它是否像化学或物理学一样需要因果转换律(causal transition laws)？或者说，它在根本上是功能性解释的一种形式？如果是后一种情况的话，正如绝大多数认知科学家们所认为的那样，那么计算建模(computational modeling)是否适合于实验结果？当然，这是塞尔的文章中所反复关心的问题。凯切尔的文章回应了对康德"先验心理学"的方法论上的攻击。麦金太尔的文章讨论了胡塞尔对作为一门"本质科学"的心理学的看法。这里所研究的心理学解释的其他路径，还包括库克文章中对斯宾诺莎的"心灵科学"和比罗文章中对休谟的"心灵科学"不同看法，以及史密斯的文章对蒂奇纳的结构主义说明做出了评述。参见 Fodor(1980)、Putnam(1981)、Cummins(1983)和 Dennett(1987)。

感受性问题：这是一个在通过"原始知觉"或性质方面进行完整的功能性解释时所遇到的障碍。其中，性质方面是指具有知觉或其他经验是个什么样子，或作为一个对它们的体验者是个什么样子。为什么心理现象的这个方面在功能上似乎是不可刻画的？如果是这样，会很当紧吗？它是否与构成这一经验的过程的特殊实现或执行有关系？有一种看法认为，这一问题在"(类型-类型)同一论(在性质层面上)的恰当应用"和"(殊型-殊型)功能主义(在分散或漫述层面上)的必要应用"之间划定一个界限。比罗的文章对这一问题做了非常清楚的分析。史密斯的文章就意识的性质方面做了相关讨论。参见 Nagel(1974)、Shoemaker(1975)、Block(1978)和 Putnam(1981)。

可实现性/执行(realizability/implementation)：考虑到存在心理事件或认知事

件,这是一个关于如何以及何种“殊型物质过程”作为它们发生的问题,即认知科学中的计算问题。对于不同类型的实现过程(realized processes)而言,是否明显存在不同类型的实现过程(realizing processes)? 或者说,这仅仅是一种殊型-殊型关系? 那个求助于功能主义认知科学的东西,在很大程度上是缘于它所蕴涵的心理殊相的多重物质可实现性这一点。史密斯的文章十分重视亚里士多德的如下类似断言:从原则上讲,任何一个东西,只要它能执行身体某个部分的功能,那么无论它的物质构成成分是什么,它都可以用于替换身体的这个部分。在库克的文章中,这一问题是斯宾诺莎在为了对心智做出最终说明而要求一种自然法则的终极还原时提出的。麦金太尔的文章,就现今计算主义的那个准则——即内容关系必须按特定的形式关系进行可靠保存,简要地说明了一个类似的断言是如何在早期现象学争论中得到考虑的。参见 Fodor(1980)和 Cummins(1983)。

表征关系(representational relations):这个领域研究内在状态对内容进行编码的能力,尤其是知觉过程和外部世界间的揭示真理关系的能力。思维是对心理表征的操作吗? 表征和意向之间是什么关系? 虽然传统上洛克的表征实在论(representative realism)未能幸免于贝克莱对表征关系知识的攻击,但是人们对心理表征基础的探索仍持续着。在认知科学中,这种探索集中表现为心智的表征理论。比罗的文章对心智的表征理论进行概述。麦金太尔和凯切尔的文章也提供了研究心理表征的“先验”视角。参见 Fodor(1975,1987)和 Schiffer(1987)。

规则 vs. 联结(rules vs. connections):这是如下两种观点之间的一个对比。一种观点认为,一切心理过程都可以解释为受规则支配的过程或程序的执行;另一种观点否认这种解释对某些过程是可能的,这些过程不是对强度矢量的非离散求和结果,就是进入稳定性的自我平衡的结果。但这只是一个执行的问题,而不是一个认知的相竞争的计算模型之间的真正差别吗? “知道如此”与“知道如何”之间的比较问题也与此相关。所有技能是否可以根据遵循规则的行为来解释,这是一个古老的问题。德雷福斯的文章把这个问题追溯到了苏格拉底和柏拉图对此的看法,并指出它是当前研究领域中的前沿性问题。凯切尔的文章认为,康德的“信念二重论”(two-tiered theory of belief)似乎考虑到了低层次的联结主义加工,而这种加工存在于与受规则支配的推理联系的并合中。参见 Rumelhart 等(1986)、Fodor 和 Pylyshyn(1988)。

目的论:把目的或预期的结果归属于自然过程,包括根据自然事件通常产生的后果对功能所进行的刻画。亚里士多德的目的因(final cause)概念是否可以从功能理论中彻底清除掉? 对此,希尔兹的文章持一种批判的眼光。库克的文章介绍了斯宾诺莎关于清除目的论因素的解决办法,即把“坚持存在”(persevering in being)看成是身体所追寻的目标。但另一方面,凯瑞琳把莱布尼茨对目的论的捍卫,描述为趋向于某种理想的连贯收敛。史密斯举例说明了当代具有目的论倾向的解释性工具主义(explanatory instrumentalism)。参见 Smith 和 Jones(1986)、

Bigelow 和 Pargetter(1987)以及 Dennett(1978,1987)。

无意识心理过程：关注这样一个层次的心理学解释，它参照了一些不可报告的但实验上证明了的信息处理事件；尤其与提到封装模块(encapsulated modules)或官能的过程本质的问题时相关。关于知觉假设形成和推理的属性——这些属性是被试所没有意识到的，对解释认知是适当或必要的吗？如何在隐性推理与显性推理之间划定一条界限？其中，隐性推理只是态度和行动的一种抽象发展，而显性推理虽是被试所确实经验到的东西，但被试却没有对此充分地注意以作报告。正如德雷福斯的文章所坚持认为的那样，历史地看，认知主义致力于在无意识层次上进行内容归属(content ascription)。托威戴尔的文章把这一观点与中世纪经院哲学的观点进行了对比，同时也驳斥了诺莫尔文章中对奥卡姆关于这一问题的看法所做出的断言。当然，康德的建筑术研究方法(architectonic approach)也提出了关于无意识结构的类似问题。梅尔伯特和凯切尔的文章对这些问题进行了讨论。参见 Pylyshyn(1984)和 Garfield (1988).

证实主义(verificationism)：这是一种实证主义观点(positivist view)。它认为陈述的意义(及其词项)是证实其为真的条件。作为 20 世纪中期分析哲学的代表性观点，它的缺陷是自我反驳的不一致性和对判别标准(criterial standards)的未经确证的预设。同样的问题也困扰着它在心理学中的行为主义代表。然而，如果不受困于历史相对主义和文化、心理的不确定性，那么这些科学纲领是如何被消除的呢？凯切尔的文章最后以一个出人意料的观点结束，这个观点所关涉的是托马斯·库恩(Thomas Kuhn)根据可观察陈述与理论陈述在证实主义上的差别而进行的那个有名的攻击。史密斯的文章尝试了其他研究方法，而塞尔的文章讨论了证实主义在塑造当今认知科学中的整体性作用。参见 Fodor(1975)和 Putnam (1981)。

毋庸置疑，在如下历史研究中，还涉及别的问题和研究领域。我只是试图列举了一些在我看来是推进了当代认知科学研究的问题和领域。当然，这一领域的迅猛发展意味着：这种关联充其量是一种尝试。然而，在可预见的未来，这些问题的一些重要的子问题将会持续很长时间。

未来人们如何看待这些问题，将不会像我们一样局限于现在所使用的同一个概念框架之中。我们这里所提供的文章只不过是追寻过去的研究视角而已。毫无疑问，这种历史解释的做法，充其量只是"穿过黑暗的玻璃"对先前世界的图像所做的粗略了解而已。如果只使用我们固有世界观中的词汇，那么我们在试图收集支持目前研究计划的材料时，就不可避免地重写历史以符合我们的目的。正如 Robert D'Amico(1989:55)在其对历史主义争论的回顾中所注意到的：

> 科学史中的研究纲领不单是一个证明了的事实，而且更像是韦伯式的理想类型。正是关于这种纲领或传统的观念，为我们指明了应探索历史中的什么东西。

通过回顾历史,我们可以看到,历史上对这些疑难问题的研究有一个清晰的发展脉络,因此,这对认知科学的历史研究将是十分有益的。但我们不应欺骗自己说,我们无法知道这些问题是如何出现在先辈思想家那里的,也不能期望知道又有什么样的问题会出现在未来思想家那里。

事实上,无论这些问题是如何出现在先辈那里,还是将来有什么样的问题会出现在后辈那里,这一点可能并不重要。如果近期历史有指示作用,那么技术和实验将会继续为我们揭示认知研究领域中的问题,而无需借助于历史中的理论解决方法。并不是说那个时代的哲学见解非常重要,而是说他们所谋求的东西对后世而言是具有重要意义的。我们只要在理论上锁定某个研究视角,那么我们就能在实践上获得更富有前景性的成果。本书所提供的每篇文章都是从这一方面出发的。

参 考 文 献

C. N. Glymour (1980), *Theory and Evidence* (Princeton, NJ: Princeton University Press).

Daniel C. Dennett (1978), *Brainstorms: Philosophical Essays on Mind and Psychology* (Montgomery, VT: Bradford Books Publishers, Inc.).

Daniel C. Dennett (1987), *The Intentional Stance* (Cambridge, MA: The MIT Press/Bradford).

D. E. Rumelhart, J. L. McClelland, and the PDP Research Group (1986), *Parallel Distributed Processing: Explanations in the Microstructure of Cognition*, Vols. 1 and 2 (Cambridge, MA: The MIT Press).

E. E. Smith and D. L. Medin (1981), *Categories and Concepts* (Cambridge, MA: Harvard University Press).

G. Frege (1892), "On Sense and Reference" in P. Geach and M. Black (trans.), *Translations from the Philosophical Writings* (Oxford: Blackwell, 1952).

Hector-Neri Castaneda (1975), *Thinking and Doing* (Boston, MA: D. Reidel Publishing Co.).

Hilary Putnam (1981), *Reason, Truth and History* (New York, NY: Cambridge University Press).

Jay L. Garfield (1988), *Belief in Psychology: A Study in the Ontology of Mind* (Cambridge, MA: The MIT Press/Bradford).

Jay L. Garfield (ed.) (1987), *Modularity in Knowledge Representation and Natural-Language Understanding* (Cambridge, MA: The MIT Press/Bradford).

Jerry A. Fodor (1975), *The Language of Thought* (Cambridge, MA: Harvard University Press).

Jerry A. Fodor (1980), "Methodological Solipsism Considered as a Research Strategy in Cognitive Psychology," *The Behavioral and Brain Sciences* 3, pp. 63-73.

Jerry A. Fodor (1981), "The Present Status of the Innateness Controversy" in J. A. Fodor, *Representations: Philosophical Essays on the Foundations of Cognitive Science* (Cambridge, MA: The MIT Press/Bradford), pp. 257-316.

Jerry A. Fodor (1983), *The Modularity of Mind: An Essay on Faculty Psychology* (Cambridge, MA: The MIT Press/Bradford).

Jerry A. Fodor (1987), *Psychosemantics: The Problem of Meaning in the Philosophy of Mind* (Cambridge, MA: The MIT Press/Bradford).

John Haugeland (1895), *Artificial Intelligence: The Very Idea* (Cambridge, MA: The MIT Press/Bradford).

John R. Searle (1980), "Minds, Brains, and Programs," *The Behavioral and Brain Sciences* 3, pp. 417-424.

John R. Searle (1983), *Intentionality* (New York, NY: Cambridge University Press).

J. A. Fodor and Z. W. Pylyshyn (1988), "Connectionism and Cognitive Architecture: A Critical Analysis," *Cogni-*

tion 28, pp. 2-71.

J. Bigelow and R. Pargetter (1987), "Functions," *The Journal of Philosophy* LXXIV, no. 4, pp. 181-196.

Kenneth M. Sayre (1969), *Consciousness: A Philosophic Study of Minds and Machines* (New York, NY: Random House, Inc.).

Myles Brand (1984), *Intending and Acting* (Cambridge, MA: The MIT Press/Bradford).

Ned Block (1978), "Troubles with Functionalism" in W. Savage (ed.), *Perception and Cognition: Issues in the Foundations of Psychology*, Minnesota Studies in the Philosophy of Science, Vol. IX (Minneapolis, MN: University of Minnesota Press), pp. 261-326.

Ned Block (1980), "Introduction: What is Functionalism?", in N. Block (ed.), *Readings in Philosophy of Psychology*, Vol. 1 (Cambridge, MA: Harvard University Press), pp. 171-184.

Paul M. Churchland (1984), *Matter and Consciousness: A Contemporary Introduction to the Philosophy of Mind* (Cambridge, MA: The MIT Press/Bradford).

P. Smith and O. R. Jones (1986), *The Philosophy of Mind: An Introduction* (New York, NY: Cambridge University Press).

Robert Audi (1988), *Belief, Justification and Knowledge: An Introduction to Epistemology* (Belmont, CA: Wadsworth Publishing Company)

Robert C. Cummins (1983), *The Nature of Psychological Explanation* (Cambridge, MA: The MIT Press/Bradford).

Robert D'Amico (1989), *Historicism and Knowledge* (New York, NY: Routledge, Chapman & Hall, Inc.)

Robert E. Ornstein (ed.) (1972), *The Psychology of Consciousness* (San Francisco, CA: W. H. Freeman and Company).

Robert E. Ornstein (ed.) (1973), *The Nature of Human Consciousness: A Book of Readings* (San Francisco, CA: W. H. Freeman and Company).

R. J. Nelson (1976), "Mechanism, Functionalism, and the Identity Theory," *Journal of Philosophy* 73, no. 13, pp. 365-385.

Stephen P. Stich (1983), *From Folk Psychology to Cognitive Science: The Case against Belief* (Cambridge, MA: The MIT Press/Bradford).

Stephen Schiffer (1987), *Remnants of Meaning* (Cambridge, MA: The MIT Press/Bradford).

Sydney Shoemaker (1975), "Functionalism and Qualia," *Philosophical Studies* 27, pp. 291-315.

Thomas Nagel (1974), "What Is It Like to Be a Bat?", *Philosophical Review* 83, pp. 435-450; reprinted in N. Block (ed.), *Readings in Philosophy of Psychology*, Vol. One (Cambridge, MA: Harvard University Press, 1980).

Zenon Pylyshyn (1986), *Computation and Cognition: Toward a Foundation for Cognitive Science* (Cambridge, MA: The MIT Press/Bradford).

认知主义之源——苏格拉底和柏拉图

休伯特·L. 德赖弗斯(Hubert L. Dreyfus)
加利福尼亚大学伯克利分校

在我们决定是否要因认知主义而去指责苏格拉底之前,我们必须搞清楚认知主义是什么和认知主义有些什么问题。因此本文分为三部分:认知主义概述,它支持这样一种主张,即认知主义是以问题思考模型来看待一切心理活动的;技能习得的现象学描述,它试图表明在通常情况下专家技能(expertise)全然不涉及思维;哲学史的尝试性研究,它表明认知主义对专家技能的偏见的根源,可以在柏拉图对苏格拉底哲学的描述中找到,尽管它的内涵只有在柏拉图哲学那里才得到了全面展现。

一、认知主义是什么?

认知主义不单是一种认知理论,而且还是认知科学中的一种很著名的强势观点,即认为一切心理活动都是认知的——一切知觉、理解、学习和行动都是在事实收集、假设形成、推理运算和问题求解的模型上被理解的。这一观点被现在的认知心理学家,尤其是那些试图给计算机编程并使其智能地表现的认知心理学家看成是理所当然的。他们自认为是一门新学科的创始人,同时还认为这门学科为心智所做的研究,就像伽利略为宇宙和达尔文为生物学所做的研究一样重要。

对于认知科学家而言,认知主义的假设是自明的,他们很少为明确地陈述它而烦心,更不必说为其论证了。例如,杰里·福多就曾说过,精神生活本质上就是思维,并且思维涉及推理,这似乎是显而易见的。

> 柯南·道尔(Conan Doyle)曾是一位资深心理学家,他对精神生活本质的研究比詹姆斯·乔伊斯(James Joyce)(或威廉·詹姆斯)更深入[①]。

为了避免我对这一未经审视的评论解释得有点牵强,需要注意的是:福多对知觉的说明(这种说明几乎不同于思维)使得这一评论有待商榷:"知觉一般涉及假设的形成和证实。"[②]一般而言,所有的认知主义理论都有两个基本假定:

(1) 我们理智处理事情的能力(ability),应归功于我们理性思考它们的能力

---

① J. A. Fodor, "Fodor's Guide to Mental Representation: The Intelligent Auntie's Vade-Mecum," Mind 94, 1985, p. 91.

② J. A. Fodor, The Language of Thought. (New York: Thomas Y. Crowell Company, 1975). p. 44.

(capacity)(包括潜意识思维)。

(2)我们理性思考事情的能力,意味着有一个内在“自动”处理符号的官能(faculty)①。

这种观点使哲学中的理性主义传统发展到顶峰。笛卡儿假定:一切认识(understanding)在于形成和处理恰当的表征;这些表征可以分解为原始的简单要素;一切现象都可以理解为这些简单要素的复杂组合。同时,霍布斯隐含地假定:这些要素是与纯句法运算相关的形式要素,所以推理可以还原为计算。“当一个人进行推理时,他所做的不过是把各部分相加以求得一个总和。”霍布斯写道:“因为推理……就是一种计算……”②最后,莱布尼茨提出了其著名的数学(*mathesis*)观点——对一切事物的形式化,他试图发展出一个普遍的符号系统,以便“我们赋予每个对象以具有确定特征的数字”③。在莱布尼茨看来,我们在理解活动中把概念分解为较简单的要素。为了避免出现更简单要素的无穷倒退,所以必定存在着终极单子(ultimate simples),借此所有的复杂概念可以得到理解。而且,如果概念应用于世界,那么世界中就一定存在着由简单符号表征的逻辑单子。莱布尼茨设想了“一种关于人类思维的字母表”④,它的“特征,当被用于说明时,一定表明了某种联系、组合(grouping)和秩序(order),这些东西也可以在对象中找到”⑤。

认知主义是转向为一种研究纲领的理性主义。它主张使用计算机来展示:根据理性主义的说明,心智在实际上是如何运作的。在对这一课题的一个具有影响力的陈述中,纽厄尔(Allen Newell)和西蒙(Herbert Simon)声称:人脑与数字计算机,虽然在结构和机制上全然不同,但是在恰当的抽象层次上,它们有一个共同的功能描述。在这一层次上,人脑和被合理编程的计算机可以看作是对同一种装置的两个不同的实例化。这种装置根据形式规则,通过符号处理产生智能行为。纽厄尔和西蒙将他们的观点表述为这样一个假设:

> 物理符号系统假设:一个物理符号系统对于一般智能行为而言,具有必然性和充分性两个含义。
>
> “必然性”是说所有展示一般智能的系统,都将证明是一个依赖于分析的物理符号系统。“充分性”是说所有的物理符号系统只要具备足够的规模,就能被进一步组织以产生一般智能⑥。

---

① John Haugeland, Artificial Intelligence, The Very Idea, (Cambridge: MIT Press/Bradford Books, 1985), p. 113.

② Hobbes, Leviathan (Library of Liberal Arts, 1958), p. 45.

③ Leibniz, Selections, ed. Philip Wiener (New York: Scribner, 1951). p. 18.

④ Ibid. p. 20.

⑤ Ibid. p. 10.

⑥ Allen Newell and Herbert Simon, "Computer Science as Empirical Inquiry: Symbols and Search" in John Haugeland (ed.), Mind Design. (Cambridge: MIT Press/Bradford Books, 1981), p. 41.

如果有人要寻找一条挑战这一假设的捷径，那么他可能会质疑这一假设中的那个最易受到攻击的断言：知觉即是思维。但我更愿意阐明认知主义的那个似乎是最为合理的断言：智能行为是基于福尔摩斯（Sherlock Holmes）之推理模型的有意识或无意识思维的结果。为此，我将集中探讨一个十分有利于认知主义的例子：认知域中的专家能力，如象棋专家系统。

这一问题可以通过审视那些潜藏于建造专家系统背后的假设而看到，因为专家系统包含了认知主义视角的一个虽粗糙但连贯的应用。在可孤立的认知域中建造专家系统，是知识工程师的工作。知识工程师声称：他们已经发现，在脱离日常生活常识和社会交往的领域中，机器要像专家一样表现，就需要有一些普遍规则和大量的非常特殊的知识。这种专门知识有两种类型：

> 第一种类型是书写在教科书和期刊中的领域的事实，即被广泛分享的知识……第二种类型的知识对该领域的实践也同等重要，它被称做启发性知识，是关于某个领域中的好的做法和好的判断的知识……人类专家经过多年工作才能获取这些知识①。

专家系统的创始人费根鲍姆（Edward Feigenbaum），利用所有这些知识创立了一个叫 DENDRAL 的程序。这个程序所使用的数据通过质谱仪而产生，它从这些数据中推演出被分解复合物的分子结构。另一个程序是 MYCIN，它采用血液化验的结果（如红色细胞、白色细胞和血糖等在血液中的数量），并得出一个在这种条件下是何种血液疾病的诊断。它甚至还能对其诊断的可靠性给出一个评估。这些程序都是鼓舞人心的。

就理性主义传统而言，专家系统应该算是很成功了吧？如果我们同意费根鲍姆所说的："……专家的一切思维活动几乎都是靠推理来完成的……"②我们就可以看到，计算机一旦用于推理而不仅仅是计算，那么在依照规则从大量事实中推演出结论方面，计算机应该会做得与我们一样好，甚而会更好。因此，我们期望，如果专家从多年经验中获得的规则可以被抽离出来并加以编程，那么最终的程序将会展现专家技能。费根鲍姆再一次大胆地提出：

> 使专家和初学者区别开来的东西是符号的、推理的……专家建造了一个与书本知识相结合的工作经验规则库（a repertory of working rules of thumb），或"启发法"，这使其成为行家里手③。

由于每个专家的头脑中都有一个规则库，所以建造专家系统所需要做的就是提取规则，并把它们装入计算机。

---

① Edward Feigenbaum and Pamela McCorduck. The Fifth Generation.（New York：Addison-Wesley Publishing Co.，1983）. pp. 76-77.

② Ibid. p. 18.

③ Ibid. p. 64.

然而,这个研究计划看似有理,实则不尽如人意。自人工智能的研究开始以来,研究者们就试图通过如下方式来制造人造专家,即通过给计算机编程以遵循各个领域中的专家所使用的规则。尽管计算机在应用规则方面比人类更快、更准,但是它们在许多方面还达不到专家水平。

塞缪尔(Arthur Samuel)的研究就很典型。1947 年,当电子计算机还处于开发时期时,塞缪尔(当时就职于 IBM)就决定编写一种象棋游戏程序。他从一些象棋高手那里抽离出一些启发式规则,并给计算机编程以遵循这些规则。象棋游戏程序不但是迄今所建造的第一个,而且是最成功的专家系统之一,是人工智能中由想象变为事实的成功范例。例如,费根鲍姆就报告说,"塞缪尔的程序学习了 1961 年之前的所有象棋锦标赛"①。事实上,经过塞缪尔 35 年的努力,"象棋游戏程序已经能够打败任何一个业余爱好者,而且还能为玩家提供一个较好的比赛"。显然,它不是冠军。塞缪尔仍继续改进他的象棋游戏专家系统,但他"怕达不到预期的效果"。但这并没有使他质疑如下观点:这一程序所不能打败的名家使用了启发式规则;相反,塞缪尔认为专家并不善于回忆自己所汇编的启发式规则,他指出:"专家对于象棋比赛中的心理过程,知道得并不足够多。"②

同样的情况也出现在专家技能的各个领域,甚至是像医学这样的领域中。这些领域中的专家技能需要储备大量的事实,这应该会给予计算机一个优势。在每一个具有丰富经验专家的领域中,计算机会比初学者做得更好,甚而还会表现出卓越的胜任能力,但是它无法与专家相抗衡,因为专家是以不可思议的速度和精准无误的准确性处理事实和假定的启发式规则。

二、技能行为现象学

面对这种困境,无论理性主义传统多么有权威,认知主义多么有说服力,我们都必须以新的眼光来看待下面两个问题,即技能是什么和专家在获得专家技能时获得了什么。传统观点认为,一个初学者是从具体事例中开始学习的;当他变得比较熟练时,就会抽象出愈多的高级规则(sophisticated rules),并将这些规则内化到心中。我们必须做好摒弃这一传统观点的准备。技能习得的方式与此恰恰相反:从抽象规则到具体事例。我将集中探讨具有卓越认知技能的象棋游戏程序。但现在,我举开车的例子来说明这个由斯图尔特·德雷福斯(Stuart Dreyfus)和我提出的如下模型的普遍性③。

---

① Ibid. p. 179.

② Interview with Arthur Samuel released by the Stanford University News Office, April 28, 1983.

③ For a detailed account of this model and its defense, see Hubert Dreyfus and Stuart Dreyfus. Mind over Machine (Free Press,1986).

阶段一：初学者

在通常情况下，传授过程是这样开始的。首先，指导者把任务环境分解成无语境的特征(context-free features)。初学者无需借助经验就能辨认出这些特征。然后，初学者被给予一些根据这些特征来确定行动的规则，就像计算机遵循程序一样。

学开车的人学习辨认像速度(由速度计指示)和距离(由先前所获技能来估计)这样的无解释的特征(interpretation-free features)。安全行车距离依据速度来确定；允许安全进入交通的条件依据速度和与迎面来的车之间的距离来确定。学开车的人学习诸如这样的规则：当速度计指针指向每小时10英里时，就要调至二挡。

象棋新手学到了每一种棋子的数值而不管其位置，和这样一个规则："如果吃掉棋子的总值大于被吃掉棋子的总值，那么对弈者就要易位。"这个新手也认识到了：在找不出任何有优势的易位时，就应寻求中心控制；并且，他获得了两个规则，一个用于规定中间的方格，一个用于计算控制的范围。

阶段二：高级初学者

当新手真正地获得处理真实情境的经验之后，他就会开始注意到(或由指导者指出)一些明白易懂的例子，这些例子是构成这一情境的有意义的附加成分。在观摩了足够多的例子之后，学生学会了如何识别它们。现在，指导性准则(instructional maxims)就可以指称这些新的情境要素(situational aspects)。

我这里使用了"准则"和"情境要素"两个术语来区分这种形式的指导和前面所讲的指导。在前面所讲的指导中，给定严格规则(strict rules)以应对无语境的特征。由于准则是根据情境要素来被表达的，所以它们已经预设了技能领域中的经验。这一术语我是从迈克尔·波兰尼(Michael Polanyi)那里转借过来的。在他看来：

> (广义上)准则就是规则。对准则的正确使用构成了受其支配的技艺的一部分。打高尔夫球或做诗的真正准则有助于提升我们对高尔夫球或诗的洞见，甚至给予高尔夫球手或诗人以富有价值的指导；然而，这些准则如要试图取代高尔夫球手的技能或诗人的才艺，那么它们将会把自己置于荒谬的境地。准则不能被理解。它们对于不熟悉本技能领域的人仍很少具有适用性①。

学开车的高级初学者除了使用(非情境的)速度之外，还使用(情境的)引擎声音。他学习这样的规则：当发动机听起来空转时，就换至高速挡；当听起来张紧时，就换至低速挡。通过观察行人或其他司机的举止、位置和速度，他学会了如何区分

① Michael Polanyi, Personal Knowledge, 2nd ed. (London: Routledge & Kegan Paul, 1962), p. 31.

心不在焉或醉驾司机的行为和不耐烦但还警觉的司机的行为。然后,他就能运用准则来判定在各种情况下如何前行。在学习这些准则的过程中,任何话语都不能取代那些精选的少数范例。引擎声音不能通过话语来恰当地捕捉;客观事实也不能使人预测人行道上的行人行为,即便是观察过许多行人在各种情况下穿过街道的司机也做不到这一点①。

类似地,具有一定经验的学象棋的人开始辨别棋子位置的情境要素,如王被削弱的侧翼或强卒布局(a strong pawn structure),尽管他缺少一些准确而又普遍适用的定义性规则。然后,他被给予一些遵循的准则,如"攻击王被削弱的侧翼"。

阶段三:胜任

随着经验的不断累积,操作者(performer)要考虑的特征和情境要素的数量变得非常巨大。为了处理这种巨量信息,操作者自己学会或被教会采取一种关于决策的等级看法。首先选取一个计划、目标,或一个用以组织情境的视角;然后只检查一系列他学过的特征和情境要素与这个计划是否相关;这样,操作者就能简化并提高自己的行为。

一位胜任的司机驶离高速公路,进入了一个匝道。他在考虑了速度、路况、时间紧迫性等因素之后,可能会觉得自己开得太快了。然后,他必须决定减速,踩刹车。当能安全穿越匝道时,他便如释重负;当车子打滑时,他便胆战心惊。

甲级棋手(指胜任的棋手)在研究了当前棋子的位置之后,可能会做出这样一个判定:对手削弱了自己王的防守,所以攻击对方的王是一可行的目标。如果选择了这种进攻,那么一些特征(包含这种进攻所创造的位置中的削弱性)就会被忽略掉,因为丢掉的棋子对于这个进攻而言是不重要的。这样,移掉棋子以防守敌方的王将变得尤为重要。成功的计划会令人欣慰,但稍有出错便会让人揪心不已。

从以上两个例子中,我们发现了一个共同模式:独立制订计划,有意识评估与计划有关的要素,分析规则指导下的行动选择,伴有对结果的情感体验。

这种体验是情感的,因为对于一个胜任的操作者而言,选取一个计划、目标或视角并不是简单的事情。没有谁能给出一个推断出某一视角的有用秘诀,所以胜任的操作者必须制定各种规则。然后,他依据规则的运行方式来决定是采取还是丢弃这些规则。但这一过程是令人沮丧的,因为每一规则在有些场合有效,在有些场合无效,而且也没有任何与这些成功或失败紧密关联的客观特征和主体方面。当有足够多的实例使得高级初学者能够轻松明确地辨认时,他将不再使用具体情境要素的特征。胜任地表现需要选取一个组织的目标或视角。因此,这一选择虽

① 当然,这一描述并不是要证明不涉及无意识的规则和特征,而是说论证的重点转移到了认知主义。另外,"它可能是别的东西"的反应将不再可能发生,因为联结主义的构架已经表明:系统无需进行特征提取和规则推理,就能学会识别原来的例子。相似性识别很可能是基本的。

三、认知主义之源

我们已经看到,认知主义可以追溯到 17 世纪的理性主义。但对智能的认知主义说明还可以进一步追溯到古希腊哲学。据我所知,这种理智主义(intellectualism)的解释源于苏格拉底的两个观察。这两个观察都是很好的现象学描述,但苏格拉底把它们过于普遍化了。他发现:专家常常能够对自己所做事情的原因做出解释;这些解释揭示了一些原则——根据这些原则,这一行为可以被看成是遵循理性的。通过将这些观察普遍化,苏格拉底在《高尔吉亚篇》中声称:一门技艺必须具有“行动和理性的原则”①。他在《拉克斯篇》中又进一步断言:“凡我们所知道的,我们就一定能解释。”②下面让我们来仔细分析这两种看法。

苏格拉底认为技艺必须是基于原则的,并且这些原则可以被从业者阐明。这种看法致使他把一切直觉形式的专家技能排除在外,因为它们似乎并不基于任何原则。例如,烹饪就“不能提供任何关于它所使用的方法的本质的说明”③。它“直奔其目的,甚至不考虑或计算任何事情”④。苏格拉底认为这种直觉能力全然不是技艺,只不过是一些基于试错法的技巧而已。这种看法把像雏鸡雌雄鉴别者(chicken sexors)这样的专家排除在外。雏鸡雌雄鉴别者是指那些无需阐明任何理由,也无需使用任何特征(提示)和规则,就能以每小时 1000 次的速度和 99.5% 的准确率区分出一天大的小鸡是雄性还是雌性的专家⑤。但是,由于我要试图展示认知主义中的最合理部分,并且在我对技能习得的描述中,我没有把我的论证建立在像雏鸡雌雄鉴别和 X 射线阅读那样的技能之上(这些技能都是纯粹通过学徒获取的),所以我将立足于苏格拉底,并把我的讨论局限在那些通过指导学来的可阐明的技能之中(具有这些技能的人的确“知道许多东西”)⑥。

苏格拉底与现代知识工程师共享这样一些假设:身怀技艺的专家知道行动和理性的原则;他们一定能够解释自己所知道的东西。正如刚才所讲,这一看法在其弱形式上,在专家经验中有其基础。如果我对技能习得的说明是正确的,那么一些专家就至少能讲出自己技艺中的一些准则——即他们曾使用过却已抛置在一旁的东西,就像小孩在学会骑车之后就丢掉练习时用的轮子一样。波兰尼强调:可以说

---

① Gorgias, 501a.

② Laches, 190.

③ Gorgias, 465a.

④ Ibid. 501a. Aristotle, on the contrary, stays close to the normal everyday phenomenon and so sees the immediate, intuitive response precisely as characteristic of an expert craftsman. “Art (technè) does not deliberate,” he says in Physics, Bk. II, Ch. 8.

⑤ John H. Lunn, “Chick Sexing”, American Scientist 36. 1948.

⑥ Apology, 22d.

出许多准则,但能被说出的东西将不会是全貌:

> 分析可能会突出附属知识(subsidiary knowledge),并将其公式化为准则……但这种说明在总体上并不彻底。虽然专家型的诊断医师、分类学家和棉检员能指示出它们的线索,并能将它们公式化为准则,但是他们所知道的远比他们能解释的要多得多……①

根据波兰尼和我的技能模型,大多数专家都能表述出他们曾遵循过的经验法则——这些法则有助于解释他们是如何获取自己的目的,但这些法则只对那些熟悉本领域的人而言,才是有意义的。

到目前为止,一切都很顺利。但是,苏格拉底似乎还想要更多的东西。他似乎想从各门技艺领域中的专家那里,导出使任何人都能获得相关领域中的专家技能的规则或原则。为了便于讨论起见,如果我们假设,就像苏格拉底在其对话集《欧悌甫戎篇》中嘲讽地假设的那样:欧悌甫戎作为一个宗教先知,在识别虔诚方面是一位专家,但苏格拉底不是这方面的专家,那么当苏格拉底讲道:"我想知道虔诚的特征是什么……作为一标准来判定你的行为和别人的行为"时,他是在质询欧悌甫戎的那些用以识别虔诚的准则②。他似乎在寻求一种甚至是外行人也能使用的严格规则。

面对这种质问,欧悌甫戎的第一反应与其他专家一样。他给苏格拉底列举了一些专家技能领域中的例子。在这些虚构的情境中,大家都认为人和神的所作所为都是虔诚的。然后,苏格拉底像往常一样要求欧悌甫戎说出他的那个用以辨别虔诚的规则。像苏格拉底诘问过的其他专家一样,欧悌甫戎被诱导出了各种准则。如果这些准则被当做定义或严格规则,就经受不住诘问。问题似乎在于:在其他条件不变的情况下,准则具有这样一些条件,它们不会减损准则对其他专家的有用性,但会使得准则对需要一个严格规则的外行无一用处。其中,这一严格规则是由那些任何人或机器都易获取的无语境特征来规定的。在《拉刻篇》中,苏格拉底对这些特征的要求表现得尤为明显。他质问一个大概是勇气方面的专家拉刻:"勇气的一般性质是什么?使勇气在所有情况下都被称作勇气的东西是什么?"③然而,没有一个专家能提供这样的特征和规则。这致使苏格拉底得出了一个著名的结论:既然没有一个专家能说出一致的、无语境的原则——这些原则为其行为提供基本原理,那么这些所谓的专家都是无知的。

这就是柏拉图支持苏格拉底的地方。柏拉图认为,或许专家正使用着一些他们所不易阐明的原则。柏拉图声称:在一些包括像道德和数学这样的非经验知识的领域中,专家曾经在另一个世界中学到过这些原则,但他们已经把这些原则遗忘掉了。哲学家的作用就是帮助这些道德专家和数学专家重新回忆起他们正在使用

---

① Polanyi, op. cit., p. 88.

② Euthyphro, 6e3-6.

③ Laches, 191e.

的原则。这些原则将会为技能知识提供基础。这类知识必定与"因果推理捆绑在一起",并且"通过'回忆'来获取"[1]。

知识工程师将柏拉图的回忆理论加以普遍化。他们认为专家——甚至包括经验领域中的专家——所使用的规则已经成为他们心理计算机(mental computers)的一部分。这些规则在心理计算机中自行运行。因此,费根鲍姆告诉我们:

> 当我们学会如何系鞋带时,就很少会去想系鞋带有哪些步骤……既然我们在有生之年已经系过许多鞋子,那么(借用计算机术语)那种知识就是被"编译了的",它已不再需要我们有意识的注意[2]。

根据这一现代版的回忆理论,规则在专家头脑中发挥着作用,不管他意识到没有。究竟还有没有别的方法来解释专家能执行任务这一事实呢?

据我所知,波兰尼是第一个看到严格规则与准则之间有重大差异的人。即便是他也没能摆脱认知主义的蛊惑,他相信有无意识的规则遵循。他告诉我们:

> 通过观察名家……学徒无意识地获得了技艺的规则,包括那些连名家自己都不确然知道的规则[3]。

这不是什么过错,但它是构成波兰尼对规则与技能行为关系看法的一个本质部分。波兰尼的这种看法是认知主义的,具有隐蔽性。

> 因而,在表现一种技能的过程中,我们是根据某些前提来行动的。这些前提是我们确然不知道的,但我们把它们附带地看作是掌握那门技能的一个重要组成部分。通过分析我们在被谈及的技能中获得成功的方式来得知它们[4]。

因此,波兰尼是一位关注技能表现者意识的现象学家,同时也是一位关注技能表现行为的无意识原因的认知主义者。然而,他还不是一位成熟的认知主义者,因为他认为无意识思维用以推演行动的前提都是准则而不是严格规则。

甚至是一个不成熟的认知主义观点,都赋予知识工程师一个神圣的任务。正如费根鲍姆所阐释的:"专家知识通常是不确定的(ill-specified)或不完整的,因为专家本人并不总是确切地知道关于他的领域中的他所知道的东西"[5]。所以,知识工程师必须帮助他回忆起他所曾经知道的东西。

> 当前,专家知识是以一种极小心的方式来获取的;计算机科学家与专家协同阐释专家的启发式规则——它们头脑中的一个接一个的宝贵知识……知识获得的问题是人工智能领域中的瓶颈[6]。

---

① Meno, 98a.
② Feigenbaum, op. cit. , p. 55.
③ Polanyi, op. cit. , p. 53.
④ Polanyi, op. cit. , p. 162(my italics).
⑤ Feigenbaum, op. cit. p. 85.
⑥ Ibid. , pp. 79-80.

现在,幸而有费根鲍姆和他的同事,我们才有了一个指称苏格拉底和柏拉图所考虑的哲学家使命的新名字:知识获得研究(knowledge acquisition research)[①]。

然而,什么都没有发生改变。当费根鲍姆要求专家说出他似乎正在使用着的规则时,他会得到一个像欧悌甫戎一样的反应:"那是真的,但是如果你看了足够多的病人/岩石/芯片设计/仪器读数以后,你会发现那终究不是真的"[②]。费根鲍姆对苏格拉底的抱怨评论道:"在这个时候,知识有成为万千具体事例的危险"[③]。回忆说使知识工程师确信:原则一定存在于专家的头脑中。专家只是不善于回忆它们而已。

依然有一个重要问题:柏拉图是一位像波兰尼这样的不成熟的认知主义者,还是一位像费根鲍姆这样的成熟的计算机认知主义者(computer-cognitivist)? 对于柏拉图而言,无意识原则是否充当推演行动、准则或严格规则的前提? 我们已经看到,苏格拉底似乎认为,专家应该能阐明那些"能使任何人都能分享他们的专家技能"的严格规则。这会使苏格拉底成为一位成熟的认知主义者,至少是技能方面的。然而,苏格拉底的理智主义问题很容易引起争论。特伦斯·欧文(Terence Irwin)声称苏格拉底是一位纯粹的理智主义者。理智主义者认为,专家使用的规则一定完全捕捉到了他们的专家技能。"苏格拉底要求一种对那些指导我们使用'正义'或'虔诚'的原则的清晰认识,以便我们能够判定它们是否一致和正当,以便我们能够通过诉求于它们而把我们的判断投射到新情况中。"[④]然而,亚历山大·尼哈马斯(Alexander Nehamas)认为苏格拉底作为石匠的儿子一定知道:一个手艺人在向外行人传授本门技艺的时候,他所能阐明的规则并不十分明确和完整;相反,它们都是波兰尼式的准则。"苏格拉底本人作为一名雕塑家和雕塑家的儿子(D. L. V. I. 18),完全知道:在古希腊,手艺和秘诀常常是在家族内部代代相传的。"[⑤]

谁的说法正确呢? 欧文还是尼哈马斯? 正如我们所看到的,苏格拉底在《欧悌甫戎篇》中似乎认为:如果他拥有了欧悌甫戎的规则,那么他也可以成为"虔诚"方面的专家。但由于这个例子出自道德领域,并且苏格拉底某种程度上确实是该领域的创始人,所以这与尼哈马斯对苏格拉底的看法一致,即"只有有德之人才能辨别出其他人是否虔诚"[⑥]。同样,对"勇气"的定义亦是如此,因为苏格拉底被公认为是一名勇士。没有任何证据表明:苏格拉底认为专家(在原则上)一定能够阐明那些能使外行人成为专家的规则。

柏拉图也从未明确地持这种成熟的认知主义观点,但在我看来,他的回忆说使他

① Ibid., p. 79.

② Ibid., p. 82.

③ Ibid., p. 82.

④ Terence Irwin, Plato's Moral Theory(Oxford:Oxford University Press,1977), p. 65.

⑤ Alexander Nehamas, "Socratic Intellectualism" in John Cleary (ed.). Proceeding of the Boston Area Colloquium in Ancient Philosophy. Vol. II (1986). p. 299.

⑥ Ibid., p. 308.

成为了一个纯粹的认知主义者,因为回忆说不仅解释了道德和数学专家何以不易阐明自己的规则,而且也解释了他们起初是如何学得这些规则的。换言之,他认为所有潜藏于专家技能背后的原则都必定是严格规则,而不仅仅是准则。如果真是这样的话,那么苏格拉底和柏拉图将会因认知主义而遭到指责。

理由很简单。如果假定灵魂起初在另一个世界中,通过观看技能领域背后的原则,而获得了某一特殊领域(如柏拉图在《米诺篇》中所举的数学例子)中的专家知识,那么所学得的原则就一定是初学者的那些适用于特征的严格规则,而不是高级初学者的那些要求先前熟悉本技能领域的准则。在柏拉图看来,既然专家在熟悉这个世界的任何东西之前,他所具有的和他所需要的都是他在另一个世界中已经获得的原则,那么我们就会得出这样一种观点:严格规则足以产生专家技能。这是纯认知主义的观点。

综上所述:专家实际所说的东西表明,他们至多能阐述一些准则。这些准则是他们在高级初学者的时候就大概记得的东西,并且它们对相关领域拥有一些技能的人而言是有用的。苏格拉底似乎并没有否定这种观察,但他至少为认知主义做了三点贡献:①他把像烹饪这样的基于试错的技能排除在外(这些技能只能通过学徒而获得);②他假定所有的真实技能都是基于原则的;③他认为这些原则一定能被那些展示技能的人阐述出来。

然而,柏拉图则似乎比苏格拉底走得更远。他解释了为什么专家实际上总是窘于阐明其行为背后的原则,并由此提出了那个使他认为专家技能是由严格规则产生的回忆说。

柏拉图的解释并不适用于像烹饪这样的日常技能。2000 年以后,莱布尼茨才大胆地把柏拉图的解释推广到一切形式的智力活动:

> 人们还未书写过关于各行各业技能的最重要的观察和变化。当我们把理论用于实践并欲求完成某件事情时,这一事实就由经验得到了证明。当然,我们也可以详细地描写这种实践,因为它实际上是另一更复杂和更特殊的理论……①

这为最后一步做出了准备,即使他们运用的规则和要素成为句法性的。因此,对于现代认知主义者而言,一切心理活动都是基于理性计算的,并且这些理性计算都可以通过计算机程序来实现。

四、结　论

技能习得的现象学描述使我们认识到:从苏格拉底和柏拉图到塞缪尔和费根鲍姆,知识工程师们何以总是苦于使专家阐明他所正在使用的规则;那些被提起的

① Leibniz, Selections, ed. Philip Wiener (New York: Scribner, 1951). p. 48 (my italics).

规则在被编程以后,何以从未产生专家技能。专家简直不遵循任何规则!他只是在做他正在做的事情,即辨别各种特殊情况。苏格拉底和费根鲍姆虽然观察到了这一点,但他们对此做出了否定。苏格拉底的这一名言——“你若能理解它,你就能解释它”应该颠倒过来:任何认为完全能解释自己技能的人,都不具有专家式的理解。

这解释了专家系统何以永远不会像专家一样。如果有人向专家质询严格规则,那么他将会迫使专家退至初学者水平,并迫使专家讲述那些他仍然记得但实际上已不再使用的规则。如果有人把这些规则编程并装入计算机,那么他可以利用计算机的速度和精确性,以及它存储和访问数百万数据的能力,来胜过一个使用相同规则的人类初学者。然而,任何规则和事实都不能捕捉到专家所具有的知识。这些知识是专家在对成千上万情境的实际结果的经验内化后获得的。

知识工程师很可能会这样回应:尽管表面上有所不同,但心智和大脑一定是推理的——就像计算机一样进行数百万的快速而又准确的推理。大脑并非什么“奇特的组织”,它还有别的运行方式吗?但是,可能在硬件中运行的东西还有其他模型。自称是“新联结主义”的研究者,正在建造像神经网络一样运行的设备。在联结主义机器中,储存的完全不是表征,而是仿造的神经元之间的联结强度(connection strengths)。而且,机器状态不能总被解释为:符号表征技能领域内的恒定特征[1]。这种“平行分布处理”系统无需使用任何规则和特征,就能识别模式和检测相似性与规律性[2]。

如果我们放弃认知主义的这样一个假定:技能一定是由独立的理智推理产生的,并承认参与和直觉在专家技能的获得和使用中的作用,那么我们就没有理由固守那个作为人类理智操作模型的认知主义纲领。那些像费根鲍姆一样吹嘘专家系统不久将会“获得机器智能——比人类智能更快、更好”[3]的人,可以被看作是被苏格拉底和柏拉图假设蒙蔽的错误预言家;而欧悌甫戎,所谓的虔诚专家,那个一直给予苏格拉底例子而不是规则的人,可能才是真正的预言家。

---

① Hubert and Stuart Dreyfus, “Making a Mind vs. Modeling the Brain: AI Back at a Branchpoint,” Daedalus, Winter. 1988.

② See David Rumelhart and James McClelland. Parallel Distributed Processing (Cambridge: MIT Press/Bradford Books, 1986).

③ Feigenbaum, op. cit., p. 236.

第一位功能主义者

克里斯托弗·希尔兹(Christopher Shields)
美国科罗拉多大学博尔德分校
德国美因茨大学经典哲学研究室

亚里士多德坚决拒斥柏拉图的二元论,但也反对古代版的心身同一论[①]。由于对这两种看法都不满意,所以他力图使用形式和质料概念来分析灵魂和肉体的关系。这两个概念是在《物理学》中提出来的,并在《形而上学》中得到进一步阐明和发展。我们在《论灵魂》中找到了一个熟悉的观点:"灵魂是一种实体,作为具有潜在生命的自然肉体的形式"(《论灵魂》412a19-22)[②]。亚里士多德进一步举例说,灵魂与肉体的关系就像蜡烛的形状与蜡块的关系一样(《论灵魂》412b6-7)。这种看法及其说明在某些方面都是含混不清的。但显而易见的是,这些言辞表明:亚里士多德试图提供一种替代柏拉图主义和素朴形式同一论的可行性方案。亚里士多德大概是第一个寻求解释心身关系的哲学家。他的解释抓住了这些理论的洞见,并避免了它们各自的缺点。在心灵哲学中,亚里士多德自觉看待自己立场的方式,与当代功能主义者看待自己立场的方式如出一辙。像当代功能主义者一样,亚里士多德寻求一种"避免那些被他看作是先辈的极端之处"的心理理论:他所首选的解释抓住了心灵对肉体的附随性(supervenience),而无需把心理状态类型等同于物理状态类型。此外,亚里士多德和当代功能主义者除了具有一些类似的历史观之外,还共享一些深层的理论承诺。这些承诺是如此深刻,以至于我们把亚里士多德看做第一位功能主义者是很公正的。

一、当代功能主义

亚里士多德应该是心灵哲学中的第一位功能主义者。这并不令人感到奇怪,因为我们不必把功能主义看作是当代所特有的[③]。这一点可以在20世纪后期的教

---

① 心灵哲学对亚里士多德的本体论承诺问题进行了大量研究。See my "Body and Soul in Aristotle," Oxford Studies in Ancient Philosophy, Vol. VI (forthcoming), for a discussion of this literature.

② 希腊语版的《论灵魂》是我翻译的。

③ See, e.g., Ned Block, "Introduction: What is Functionalism?" in N. Block (ed.), Readings in Philosophy of Psychology. Vol. I (Cambridge: Harvard University Press, 1980), p. 172:"心理学哲学中的各种功能主义是一个紧密联系的集合体;表面上看来,它们在亚里士多德著作那里有一共同的源头。"

科书版心灵哲学史中得到确定。在《质料和意识》中,保罗·丘奇兰德(Paul Churchland)把功能主义看作是逻辑行为主义的传承,而逻辑行为主义易受行为主义和同一论中的缺点的影响①。在认识到任何把心理状态类型等同于神经状态类型的做法都是极其狭隘的之后,功能主义者接受了一个核心的行为主义策略:心理状态应该以关系的方式来定义,但要参照其他心理状态、因果输入和行为输出。心理状态类型应该等同于功能状态类型;反过来,功能状态类型最好被看作是人类神经状态的属性。例如,神经状态 n 具有成为一个信念的属性,只是因为它拥有某一确定的功能作用②。原则上讲,非人类系统(如计算机、火星人、天使或其他任何东西)的状态,都可以具有相同的功能作用,所以严格地讲,可以等同于信念状态。那么,根据功能主义的分析,任何东西,如果它所处的状态拥有与其(如疼痛)相联系的功能作用,那么它将处于疼痛状态。因此,功能主义就其本体论承诺而言是中性的:功能主义在本质上认为,无论什么样的系统都能实现一个给定的心理状态类型——只要它所处的状态拥有与这种类型相联系的功能作用③。即便如此,几乎所有的现代功能主义者实际上都是唯物主义者④。他们期待神经科学明确地指出:人类中,实现疼痛、信念等所特有的功能作用的,是哪些生理状态。然而,与同一论者不同,他们对心理状态的定义并不要求心理状态是物理状态。

这段历史表明,功能主义者是基于以下两种明显压力而做出的反应。首先,功能主义者已经认识到需要对心理做出与唯物主义的本体论承诺相容的解释,从而使其理论基础与物理科学的发展相契合。其次,功能主义者试图避免对心理状态的实现途径过于狭隘的看法,因为在他们看来,心理状态必须被看作是可多重实现的。这些压力是概念性的而非经验性的。认识到这一点是重要的,因为它们是基于理论上的考虑,而不是通过任何一种正在进行的经验性研究而直接引发的。尽管与物理科学所取得的成果进行融合是迫切的,但是功能主义的兴起在本质上并

---

① Paul Churchland, Matter and Consciousness (Cambridge: The MIT Press, 1984), Chapter Two. Cf. Block. Readings. Vol. I. pp. 268-275; Jerry Fodor, Psychosemantics (Cambridge: The MIT Press, 1987), pp. 67-68; and Georges Rey, "Functionalism and the Emotions" in A. O. Rorty (ed.), Explaining Emotions (Berkeley: University of California Press, 1980), pp. 164-165.

② 这种对功能属性的分析来自:Stephen Schiffer. Remnants of Meaning (Cambridge: The MIT Press, 1987), Chapter Two. 当然,并非所有功能主义者都同意这种分析,但这些差异并不影响这里的讨论。

③ See, e. g., Hilary Putnam, "Philosophy and Our Mental Life," in Mind, Language, and Reality (Cambridge: Cambridge University Press, 1975), pp. 291-303. 普特南认为,"两个构造全然不同的系统在功能上可以是同态的"(p. 292),他在论述中还援引了亚里士多德:……我们所真正感兴趣的,正如亚里士多德所言(引自《论灵魂》412a6-6b),是形式而不是质料,即我们理智形式是什么的问题,而不是其质料是什么的问题。并且无论我们的实体可能会是什么(灵魂-物质或质料或瑞士干酪),我们都不应该把任何有趣的约束因素强加在这个问题之上(第302页:他所强调的)。

④ 参见 Sydney Shoemaker, Personal Identity (Oxford: Blackwell, 1984), p. 139: 这是因为我相信存在一种关于心理和个体的同一性的可接受的说明,并且这种说明与唯物主义相容;而且我还相信一定有理由(物理科学在解释上的成就)认为唯物主义是正确的,我就是一个唯物主义者。

不依赖于神经科学的发展。正如我将要论证的,由于在古代也有类似的压力和理论的制约性,所以才导致了亚里士多德的理论与今天所拥护的各种功能主义之间有着惊人的相似之处[①]。特别是,我们从亚里士多德那里发现了两个暗示:①心理状态是可多重实现的,即实现心理状态的实体在成分上是可塑的;②心理状态可以根据它们与输入、输出,以及其他心理状态之间的因果关系来定义。②构成了某种最小功能主义理论(a minimal functionalist theory),并因此而确定:在心灵哲学中,亚里士多德是接受功能主义的。①是②和一些似真假设的结果,它已成为功能主义的一个核心观点。亚里士多德对①的认可,进一步证明他认同功能主义的内涵。

二、功能界定与成分可塑性

亚里士多德在许多篇章中认为,为了确定某一给定的东西 x 是否属于某一种类 F,我们必须先确定这一种类 F 具有什么样的功能(功效),然后再确定 x 是否具有实现这种功能的能力。例如,亚里士多德在《天象论》中声称:

> 一切东西都是由其功能来定义的:因为(在那些情况下)[②],这些东西都能实现其功能。每一东西都有其所属的类(F),如眼睛之为眼睛就在于它能实现看的功能。但是,如果某物不能[实现这种功能],那么它只是在名称上被叫做此类事物而已(即同名的),如一只坏死的眼睛或用石头做的眼睛;正如一把木制的锯子与画上的锯子一样,都不是真正的锯子,只是同名而已。同样,(也适用于)肉体……(天象论.390a10-15)[③]。

---

① 这并不是说,所有自称是功能主义的人都赞同他们理论中的承诺。造成这种分歧的一个重要原因,与如下这个问题相关:功能定义是先验演绎出来的("分析性功能主义"),还是经验研究的结果("心理功能主义")?参见 Sydney Shoemaker, "Some Varieties of Functionalism," Identity, Cause, and Mind (Cambridge: Cambridge University Press, 1984), p. 272. Also cf. Block, Readings, Vol. I, pp. 171-184,268-306. 我对功能主义的说明,旨在勾画任何一个理论作为功能主义理论所必须满足的最少承诺。虽然那个我归属于亚里士多德的理论,在一定程度上满足了这些最少条件,但他似乎并不倾向于舒梅克(Shoemaker)所称作的分析性功能主义。

② 译自希腊语。加括弧的地方是为了澄清意义,把亚里士多德具有代表性的简约文本展开。

③ 关于这一出自《天象论》的篇章,需要做出如下几点考虑:(a)它出自一部其本身真实性就值得怀疑的著作;(b)一些译者只是部分地认可它的真实可靠性(它出现在一个论述等跗节身体(homoeomerous bodies)的篇章中,如 Lee 就认为它只涉及这些实体);(c)它以一种不加限制的形式,表述了那些亚里士多德限定到具有明确功能的种类中的东西,如自然种类。但这些说法并没有削弱它的作用,因为:(a)《天象论》不是伪造的,或者至少第四篇是真实的(Cf. Konrad Gaiser. Theophrast in Assos: Zur Entwicklung der Naturalwissenschaft zwischen Akademie und Peripatos (Heideiberg: Carl Winter, 1985), pp. 64-65, with review by Troels Engberg-Penderson, Classical Review, N. S. XXXVII, 1987, pp. 53-57);(b)亚里士多德使用的语言表明:他意在寻求一个普遍的而非适用的原则;在其他类似的情景中,他把这一原则延伸到了这种受约束的种类之外,如《论动物部分》,640b18-23(而且,如果亚里士多德在这一篇章中只关心等跗节身体,那么他提及眼睛的原因仍然不清楚);(c)人类和心理状态将被纳入任何一个对如下断言的受约束的阐述中,这个断言是:功能决定类资格。Cf. Meta. 1029b23-1030a17 and Nicomachean Ethics 1098a7-8.

在这里,亚里士多德直接提出了一个关于功能界定(FD)的命题:(FD)某个个体 x 属于某一种类 F,当且仅当 x 能实现这一种类的功能[①]。

根据FD,如果刀的功能是切割,那么 x 是刀,只要 x 能切割。亚里士多德有时也这样讲:当一个活的有机体死后,它的各个部分仍保留着各自的名称,用他的话讲是"仅同名而已"[②]。意思是说,(如)任何事物,只要它拥有看的功能,它就是眼睛。

这样,亚里士多德有如下看法也就不足为奇了。他认为,"如果一位老人能看到正确的东西,那么他就能像年轻人一样看"(DA408b21-23);他进而观察到:老年人的痛苦往往是身体的衰朽导致的。亚里士多德的这种看法是有趣的。他在原则上承认:一个人可以随意地使用其他恰当的东西来取代身体的部件,即一个人能展现指派到那些部件的功能作用,并能最后展现一个人所应有的功能作用。

这里,亚里士多德并没有指明构成眼睛的"恰当质料"是什么。但是,他认为某种质料是否适于实现某一种类 F,这取决于它能否展现 F 所特有的功能作用[③]。因而,在亚里士多德看来,确定某物是否属于某一种类 F,与其说是依赖于它的特殊的物质构成成分,倒不如说是依赖于它是否具有 F 所特有的功能作用。这可以作为一个一般原则。这使他认为:在可指明的特定范围内,特定类型的事物是可多重实现的。换言之,这是对成分可塑性的一个承诺。这一承诺使亚里士多德认为:实体或状态可以在不同类型的物质中实现,只要这些物质在功能上是适当的。令人惊奇的是,亚里士多德不仅接受了这一作为相对平常的例子(如桌椅之类的东西)的结果,而且还把它延伸至人类和心理状态。

当我们考虑到如下一个重要的但常被忽略的特征时,上述这一点最易于被接受。这一特征是亚里士多德对肉体和灵魂的形质分析(hylemorphic analysis)的一个特征。根据亚里士多德的观点,由于灵魂是肉体的形式,肉体是灵魂的质料,所以我们猜想灵魂和肉体的关系不过是形式和质料关系的一种具体表现。因而,我们可以根据这一更为普遍的关系来说明灵魂和肉体的关系。然而,不幸的是,我们很难准确地指明形式与质料的关系。亚里士多德对此问题的沉默,是造成这一困境的部分原因。但是,我们从一些篇章中看到,亚里士多德试图解决这一问题。

与此相关的篇章,主要出现在《形而上学》的 VII 10 和 11 中。在这些篇章中,

---

① FD是一个关于类或类资格的命题。但它可以转译为一个关于状态类型或属性的命题:(FDS) x 是某种状态类型 F 的一个单例,当且仅当 x 所处的状态具有与 F 相联系的功能作用。

② 这是亚里士多德的一个常见的观点。Cf. DA 412b17-22, Meta. 1036b31-33, and esp. PA 640b34-641a5:"一具尸体具有与活体一样的构造,尽管如此,它不是人。因此,以任何恰当方式构造的铜质手或木质手,除了与手同名之外,都不可能是真正的手。就像画中的医生,或雕刻的长笛,都不能表现真正的医生或长笛的功能。同样,一具尸体的任何一个部件,如它的眼睛或手,都不是真正的眼睛或手。" T. H. Irwin, "Homonymy in Aristotle," Review of Metaphysics 34 (March, 1981), pp. 523-544.

③ See DA 403b3 (with Hicks's note, Aristotle: De Anima (Cambridge: Cambridge University Press, 1908), p. 202), 412b11, and esp. 414a25-27:"……一切潜在的事物都会以现实性自然地出现,即以合理的方式出现"。

亚里士多德为自己设定了一个问题，即确定“部分的逻各斯存在于整体的逻各斯之中，这一点是否有必要”的问题(《形而上学》1034b22-24)。这似乎是亚里士多德试图估计质料和形式关系的一种间接方式。但是，在这些章节中，有一点是清楚的，即亚里士多德所关心的是，形式是否在本质上必须被看作是物质的。亚里士多德在研究这一主题时，在人和线圈之间做了一个鲜明的类比：

> 在事物是以不同种类的物质呈现的情形下，如以铜、石头或木头来呈现的线圈，有一点似乎是清楚的：这些不同种类的物质(铜或石头)都不能作为线圈的本质，因为这些物质与线圈是相分离的。但是，在看不到物质与线圈是相分离的情况下，就没有什么东西能妨碍这些物质类似于线圈。线圈似乎总是被看成是铜的，而铜并不能作为线圈的形式，这一点很难再从我们的思想中抽象出来。例如，人的形式总是呈现于肉、骨头之中，但它们因此就是人的形式的成分吗？显然不是，它们只不过是质料，因为我们看不到人可以以其他形式的物质呈现，我们不能把它们与人本身分离开来①。(1036a-31-b7)

亚里士多德在这一篇章中认为，尽管我们总是看到人类是以血和肉来实现的，但是“没有什么东西能妨碍”人可以以其他方式实现。这种与铜线圈之间的比较是有所助益的。如果所有的线圈碰巧都是由铜构成的，那么这可能完全是一个偶然的事实；同样，所有的人都是由肉和骨头构成的，这可能也是偶然的。人类在成分上是可塑的。任何能实现具有人类功能的状态和活动的东西就能成为人。换言之，如果一个由硅片合理装配的东西，可以处于一个具有信念、欲望和其他思维活动的功能作用的复杂状态，那么这个东西就有资格成为人。因此，亚里士多德对质料之唯一限制是：它在功能上必须是适当的(DA414a25-27)。亚里士多德有这一洞见一点也不奇怪，因为他认可 FD 这样一个原则：一个给定的东西 x 属于某一种类 F，只要它拥有这一种类所特有的功能。我们可以从他对 FD 的承诺中得出这样一种看法：人类的状态和活动都是功能状态②。

---

① See W. D. Ross, Metaphysics, Vol. II, p, 207, n. 14，这是我翻译这一棘手篇章的动机。在这一篇章后面，亚里士多德反对少年苏格拉底(Meta. 1036b25ff.)的立场；并且，他坚持认为，有某种质料必须纳入对人的定义当中。我认为他的意思是说，既然人的非理智状态是在功能合适的质料中实现的，那么这种质料就必须纳入对人的定义之中。See esp. 1036b30; cf. PA 645b15-22.

② 在这种意义上，亚里士多德的功能主义源自对属性和类资格的广泛分析。根据他的论述，心理状态在易受功能定义的影响方面，将不是古怪的。有一位叫舒梅克的当代功能主义者，就采取了亚里士多德提倡的这种较为综合的研究方法。舒梅克认为，他对属性的因果理论(CTP；粗略地讲，是指一个属性由其因果性潜能而得到识别)的承诺蕴涵了弱功能主义。弱功能主义是指心理属性，像所有其他属性一样，都是根据它们的因果特征而被个体化的。虽然 CTP 不蕴涵 FD，也不被 FD 蕴涵，但它们的看法是相似的。因为亚里士多德和舒梅克都认为，心灵哲学中的功能主义产生于对属性和状态类型的较为广泛的分析。我们在亚里士多德那里，没有发现任何明显的区分强功能主义和弱功能主义的企图。(见如下第六部分。) Cf. Shoemaker, "Causality and Properties," and "Some Varieties of Functionalism," sections V-VIII together with McGuinn's review of Shoemaker's Identity, Cause, and Mind, Journal of Philosophy LXXXIV (April, 1987, p. 230.)

三、心理的可多重实现性

一般而言，亚里士多德认为，人类可以在任何功能适当的质料中实现。这一点足以表明：亚里士多德在心灵哲学中具有功能主义倾向。然而，他给出的承诺比这种模糊的倾向性（即亚里士多德赞同心理的可多重实现性）更具准确性和深刻性。亚里士多德的赞同不足为奇，因为FD本身蕴涵：任何东西只要能展现给定心理状态类型的功能作用，那么它就能被看作是这一心理状态的一个实例。这构成了这样一个假设：具有不同于人类的生理结构的实体可以拥有与人类状态的功能作用相同的状态。FD连同这一似真假设必然导致亚里士多德反对任何把心理状态类型等同于生理状态类型的做法。然而，值得注意的是，亚里士多德是通过两种方式来表明自己对这一结果的认识的，即认为感觉心理状态与理智心理状态都是可多重实现的。

亚里士多德在其生物学著作中反复强调：一个给定的基于感觉的心理状态可以在不同的物理系统中实现。虽然不同种类的动物具有完全不同的生理系统，但是它们可以处于某个相同的状态，如闻到浓臭味。例如，在《论动物的部分》中，亚里士多德在描述了不同动物感官的差异之后，指出："这些动物（除了人类）的感官是据其各自所特有的本质而很好地组织在一起的。"（657a10-12）[①]狗和人都能以各自不同的方式来实现闻兰花这一属性。因而，在亚里士多德看来，同一种心理类型（如闻兰花）的两个单例，将具有不同的生理实现方式。因而，他反对任何对这些心理状态和（非分离的）生理属性进行（类型-类型的）识别。所以，基于感觉的心理状态具有可多重实现性。

然而，亚里士多德对心理具有可多重实现性的承诺，除了这些感觉心理状态以外，还包括理智心理状态。在《论灵魂》III 4中，他认为理智心理状态被狭隘地解释为完全不能在物质系统中实现；在《形而上学》XII 9中，他把非物质的神的活动描述为一种纯思维的活动。正如我们能思考一样，神也能思考；但是在亚里士多德看来，我们的思维活动必然涉及对意象的操纵和使用，而神则显然不涉及这些（《论灵魂》432a8-9；比较《论记忆》450b30-451a3）。因此，我们的思维活动，如"认为苏格拉底是不朽的"，在实现方式方面将不同于神的这一相同思维活动。更准确地讲，在某些方面，我们的状态（即"认为苏格拉底是不朽的"这一思维活动），与神的相对应的状态截然不同，因为前者涉及对意象的使用，而后者不涉及。换言之，这一思维活动可以通过不同的方式，在不同的实体中实现。这又充分证明亚里士多德不仅认识到而且也接纳了"心理状态是可多重实现"的观点。因此，亚里士多德坚决拒斥类型-类型同一论的一个核心信条，并且认为心理具有可多重实现

① See also PA 656a35-37, 658b27-659b19; DA 421b9-422a6.

性——这激发了后来的功能主义。

四、功能的可定义性

亚里士多德提出了功能界定的命题,并认识到这一命题所导致的结果,即心理状态是可多重实现的。从FD可以直接推出:人的某种生理状态将可以被看作是某种心理状态类型(如“疼痛”)的一个单例,只要它能展现与这种状态类型相联系的功能,也就是说,只要它能实现这种类型的功能作用。亚里士多德对这一结果的认可,出现在《论灵魂》早期部分的一个重要的篇章中。亚里士多德在这一篇章中认为,“愤怒”最好被定义为:“某某躯体(或躯体的部分或官能)的某种形式的运动,出于某某原因和为了某某目的。”(《论灵魂》403a26-27)换言之,“愤怒”最好被定义为某一躯体的某种运动,出于某个特殊原因和为了某个目的①。他不仅指明了心理状态是根据它们的输入和输出,以关系的方式来定义的;而且还乐于承认这些状态可以被解释为二阶属性(second-order properties),即关于行动者的物理属性的属性。这样,Coriscus是愤怒的,当他心脏周围的血液沸腾时;并且,这种状态具有一系列恰当的因果关系②。如此说来,亚里士多德明确地提倡使用功能定义。所以,这一篇章尤为重要。它代表了亚里士多德的一个关于“适当定义心理状态所必须采用的恰当形式方面”少有的明确观点:一个物理状态类型的单例,只要它具有规定疼痛的功能作用,就能被看作是疼痛。显然,在这一方面,关于愤怒并没有什么特殊的东西;相反,它只是充当某种心理状态的一个例子而已。所以,亚里士多德的观点极具普遍性。心理状态应当参照因果性输入、输出和其他心理状态,以关系的方式来定义。通过提出这一观点,亚里士多德满足了一个最小功能主义理论的条件。

亚里士多德对FD的认同,连同他对心理的可多重实现性的认可,必然导致他

---

① 史密斯的翻译是:“因此,它们的定义应是相应的,如愤怒应被定义为某某躯体(或躯体的部分或官能)的某种形式的运动,并且这种运动是出于这样或那样的原因,为了这样或那样的目的”。希克斯的翻译是:“因此,它们必须被相应地定义:如愤怒,作为给定的某种躯体(或躯体的某个部分或官能)的某种运动,并且这种运动是出于某某原因和为了某某目的。”史密斯和希克斯都把自己的译文合理地展开,目的是为了说明这一点:亚里士多德认为身体状态的因果关系是定义所必需的。如果我们把亚里士多德的定义加以普遍化,我们会最终得出这样一个结论:只有当身体状态与输入、输出和其他心理状态具有某些确定的关系时,这一身体状态才能实现某种(非理智的)心理状态。请比较《修辞学》1378a31中的一个类似的定义。亚里士多德在这一定义中没有参照身体状态,并且,他在对愤怒的定义中阐明了其他心理状态的作用。

② 亚里士多德在《论灵魂》(403a22-24)中认为,仅仅能展现某一生理状态类型的单例——它通常与某一给定的心理状态类型相联系,还不足以展现这种心理状态。因此,血脉贲张不足以展现愤怒的心理状态。这说明:(a)亚里士多德反对任何心理与物理之间的类型-类型同一;(b)更重要的是,一个给定的生理状态,只有当它具有恰当的因果性输入和输出时(例如,它能展示构成愤怒的功能作用),才会具有成为某一心理状态的属性(比较《形而上学》1036b25-27);(c)亚里士多德在舒梅克所称的心理状态的核心实现途径和全部实现途径之间做了一个基本的区分。参见“Some Varieties of Functionalism,” section II. Cf. also Edwin Hartman, Substance, body, and Soul (Princeton: Princeton University Press, 1977), p. 147.

反对任何把物理状态类型等同于心理状态类型的做法；而且也进一步必然导致：一个物理状态类型的单例能被看作是某一心理状态类型的单例，当且仅当它具有与这一心理状态类型相联系的功能作用。亚里士多德接受了这些结果，并明确地公开声明：心理状态应根据它们的功能作用来定义。因此，亚里士多德在心灵哲学中明确肯定功能主义的动机和结果，并有意识地把自己划归其中。

五、受约束的可实现性

虽然亚里士多德哲学的一些注解者倾向于认为，亚里士多德最好被看做心灵哲学中的一位功能主义者①，但是另外一些注解者则反对这种解释，其中就有一位极其反对这一点的作家②。怀疑的注解者表述了他们所关心的两个重要方面：①亚里士多德似乎认为某些心理状态本质上就是物质状态，所以他不可能是功能主义者，因为这种唯物主义与功能主义不相容；②亚里士多德常常援引一种心理状态来定义另一种心理状态，所以他可能不会接受功能主义所要求的那个对话题中性的承诺；也就是说，亚里士多德可能不会假设：在原则上，每一种心理状态可以根据完全没有心理词汇的功能术语来定义③。虽然这两种反驳没有一个能推翻我的

---

① 参见 R. Manning, "Materialism, Dualism, and Functionalism in Aristotle's Philosophy of Mind," Apeiron IXX (1985), pp. 11-23. In an unpublished manuscript, "Changing Aristotle's Mind," M. Nussbaum and H. Putnam establish some similarities. An earlier discussion of some of these issues occurs in A. Kosman, "Perceiving That We Perceive: On the soul III, 2," Philosophical Review 84 (1975), pp. 499-519. Two philosophically sophisticated discussions of this topic are Edwin Hartman, Substance, Body, and Soul, Chapter Four, section V, and S. Sparkman, "Aristotle's Philosophy of Mind: Does He Give a Functionalist Account?" M. A. Thesis, University of Arizona, 1987.

② H. M. Robinson, "Mind and Body in Aristotle." Classical Quarterly 28 (1978). pp. 105-124. 一个对我论题的较为妥协的反驳出现于 D. K. W. Modrak. Aristotle: The Power of Perception (Chicago: University of Chicago Press, 1987), Chapters One and Two。

③ 鲁宾逊(Robinson)发起了一系列的反驳。其中，一个最为合理的反驳关注感受性在功能定义中的作用。鲁宾逊虽然注意到了：亚里士多德的提供了表面上看来是关于心理状态的功能定义，但是他认为，尽管亚里士多德相信"每一种生物过程都有一个解释其何以存在的功能"，但他对那些提供某种"对经验、情感或感觉(如疼痛)的还原论的说明"的陈述没有丝毫兴趣。鲁宾逊的反驳是模糊的，但他把功能主义的定义理解为是还原论的，因为它们本质上不涉及自己的性质特征，即感受性；并且他认为亚里士多德反对任何像这样的方法。如果是这样，那么他对功能主义的刻画就是恰当的，但是他对亚里士多德的解释没有说服力。首先，他没有提供一个单独的篇章来支持"亚里士多德反对这种方法"这一观点。其次，我们在一些篇章(如《论灵魂》403a26-27)中看到，亚里士多德提供了关于心理状态类型的定义，并且这些定义完全不涉及心理状态类型的性质特征。因此，鲁宾逊的反驳不能令人信服。他也提出了如下反驳：(a)没有任何确凿的证据能够证明亚里士多德接受功能主义；(b)亚里士多德有一可供选择的、与功能主义不相容的理论；(c)亚里士多德担心他的理论(而功能主义者却没有这种忧虑)，所以他"陷入了一个比功能主义更复杂的理论之中"；(d)亚里士多德对潜能和现实的区分优于对功能主义的解释。简言之，我的答复是：(a)是错误的，因为已经有证据表明亚里士多德接受功能主义；(b)和(c)包含这样一个被误解的假设：功能主义者不能独立地阐明人类的知觉生理学。(d)的断言没有清楚的论证。

论点，但是对它们进行逐一评价将有助于支持我的观点。

例如，黛博拉·莫德拉克(Deborah Modrak)阐明了第一个方面并断定："亚里士多德的形质说(hylomorphism)与现代功能主义间的差异并不利于它们中的一个对另一个的同化"[①]，但是，她承认"亚里士多德在广泛意义上是一位功能主义者"[②]。在莫德拉克看来，这种同化的问题是：功能主义把心理状态类型等同于功能状态类型；这使得任何东西，如果它所处的状态具有与给定的心理状态相联系的功能作用，那么它就能处于这种心理状态。然而，亚里士多德"将生理学描述纳入对心理状态的完整定义中"[③]。亚里士多德给当代功能主义者的启示是：他限制了心理状态的潜在主体范围。

现在，正如莫德拉克在某处所讲的，这一问题不单是"心理状态被看作是身体某些器官的功能状态"[④]。显然，当代功能主义者也认为：*S* 处于疼痛状态，只要她所处的神经状态具有致使 *S* 产生痛苦表情并寻求规避的功能作用(伴随一些必要的信念和欲求)。所以，这方面的考虑不单是亚里士多德实际上认为，处于这样或那样的生理状态(如心脏周围血液沸腾的状态)就能实现疼痛。

或许，这种担心更为深刻。亚里士多德可能陷入了那种功能主义所要克服的狭隘主义(parochialism)。也就是说，功能主义能取代同一论，只要允许这样一种可能性：心理状态可以在根本上不同于人类的物理系统中实现，甚至也可以在非物质系统中实现(这是一种形而上的或逻辑上的可能性)。如果这就是莫德拉克所关心的，那么论证过程将是：

(1) 通过给定对可多重实现性的承诺，功能主义就原则上能实现心理状态的系统种类方面，预设了一种本体论中性(ontological neutrality)；

(2) 如果亚里士多德把生理学描述纳入他对心理状态的定义中，那么他将会不言而喻地反对这一预设；

(3) 亚里士多德确实多次把生理学描述纳入他对心理状态的定义中；

(4) 亚里士多德反对功能主义的一个核心信条，所以亚里士多德在心灵哲学中不能被划归为功能主义者。

(5) 或许是正确的。亚里士多德在那个用以证明他的功能主义的例子即对愤怒的标准定义中认为必定存在某种相关的身体运动[⑤]。但(3)本身并没有提供任何理由使(2)正确。像当代功能主义者一样，亚里士多德认为，心理状态实际上是以某些可指明的方式在人身上实现的，我们无需把这一点看作是他的功能主义本

---

① Modrak, p. 28.

② Modrak, p. 184, n. 18; cf. p. 187, n. 53 and p. 190, n. 26.

③ Modrak, p. 28.

④ Modrak, p. 28.

⑤ 请比较《修辞学》第 1378a31 页，亚里士多德在这个地方没有涉及这一运动。

身的一个结果①。下述观点是完全相容的:①心理状态类型可等同于功能状态类型。②这在逻辑上是可能的:任何系统都可以处于具有规定给定心理状态的功能作用的特殊状态。③事实上,也只有可指明的物理系统才能处于具有这些功能作用的状态。这似乎是亚里士多德关于一切非理智心理状态的看法。从这一点来看,亚里士多德似乎完全接近于当代功能主义者②。不管怎样,亚里士多德提及生理状态并不必然导致他反对功能主义。

然而,在亚里士多德看来,某物的功能与质料之间还有一种重要的概念联系。虽然许多功能状态是可多重实现的,但是适于实现某一给定功能的物质范围却受到这一功能的约束或限制。即便是在《天象论》中阐述 FD 时,亚里士多德也注意到,并非任何质料都能实现锯木头这一功能属性:"木制的锯子和画上的锯子都不是真正的锯子"(《天象论》390a14-15)。类似地,如果眼睛的作用是看,而看包括接收光线,那么某物只有在被构造得能接收光线时,才能成为眼睛。但是,这类约束性因素并不必然导致亚里士多德反对功能主义。相反,它们表征了这样一个独立而又似真的判断:只有那些结构上是合适又精致的东西才能实现心理状态③。

六、还原论与亚里士多德的功能主义

虽然我们看到了一些相似点,但是我们似乎还不能假定:亚里士多德拥有一个确切的功能主义理论。因为这些文献证据不足以说明这一问题;而且,亚里士多德是被迫合乎于某种功能主义理论的,尽管他对一些关键性问题的态度不明确。一个关键性问题是,亚里士多德的功能主义是否能被恰当地看作是还原论的?问题可能在于,亚里士多德没有充分地意识到他的理论目的,所以他没有系统地考虑所

---

① 大多数功能主义者都是唯物主义者,这一点表明:他们有理由认为,只有物理系统才能处于那些实现了与心理状态相联系的功能作用的状态。请参见第 33 页脚注①。但功能主义者自身并不是唯物主义者。正如 Block 在《导论:何为功能主义?》中敏锐观察到的:"功能主义者在如下情形中可能是物理主义者,即他们承认所有存在着的实体(事物、状态、事件等)都是物理实体,并且只否认'将某种类型的事物结合在一起的是某种物理特性'这一点"(第 172 页)。Cf. Fodor, Psychosemantics, 68.

② 亚里士多德认为某些状态(即物质状态)不能实现思维,并提供了一个独立动机的例子来说明。参见《论灵魂》第三卷,第 4 页。当然,他对这一结论的论证在这里没有争议。问题在于,亚里士多德像当代功能主义者一样,可能有理由来限定那些"能实现具有这种或那种功能作用的状态"的应用系统范围,并且他这样做并不削弱对功能主义的承诺。不管怎样,有一点应该是清楚的,即对亚里士多德而言,任何对心理状态的一般定义都不能涉及身体状态。

③ 这一点也可以通过如下方式得到阐明。没有一位功能主义者会接受这样一种荒谬的观点:任何东西都可以处于疼痛状态。也没有一位功能主义者会说,一把切肉刀在用于切一块很硬的牛肉时,会感到疼痛。她将赞同有条件的说法——如果这把刀能展现疼痛所特有的功能作用,那么它将处于疼痛状态;但是,她会明确指出:刀的结构不够精致,不能展现这一功能作用。同样,亚里士多德完全可以抛开他的功能主义而认为,只有某些特定的物质系统才能实现心理状态。

有相关的可替代物。尽管在某些方面对亚里士多德并不公正,但这一担心并不是完全没有根据的。应该注意到,上述所指出的功能主义的必需条件就是"弱功能主义"①的条件。弱功能主义认为,心理状态可以根据它们与输入、输出和其他心理状态之间的因果关系来定义②。弱功能主义之所以弱,是因它没有证实:如果心理状态 b 是指功能定义上的心理状态 a,那么也必定存在一个不包含任何心理谓词的、功能定义上的 b,以便避免循环性,并提供心理状态的定义——这些定义是话题中性的,因为它们不包含任何涉及心理的东西。强功能主义是弱功能主义加上这种明确的证实(所以,强功能主义蕴涵了弱功能主义,而不是相反)。正如一位注解者所指出的,亚里士多德有时使用心理词汇来说明心理状态(《修辞学》1378a31),所以他是否接受强功能主义或弱功能主义这一点并不明朗,也没有明显的证据表明他的观点在相关意义上是还原论的③。

尽管如此,我们仍有理由认为亚里士多德接受了强功能主义。有一点是真实的,即他没有明确地坚持认为:在不参照其他心理状态的情况下,心理状态在原则上必须是可定义的(说"原则上",是因为强功能主义者可以在实践中利用其他心理状态来定义心理状态,只要这些心理状态中有一些可以被给予"剔除了一切心理词汇的"功能定义,而其余心理状态则根据它们来定义)。但是,反观他在《论灵魂》(403a26-27)中对愤怒的标准定义,我们就会注意到:亚里士多德至少提供了一个完全不使用心理词汇的定义。当然,这本身并不能证明:亚里士多德认为每种心理状态都容许这种定义,或者甚至每种心理状态都可根据其他心理状态(这些心理状态容许这种定义)来定义。虽然如此,但它表明:亚里士多德在其有意识地对定义心理状态的恰当形式的论述中,采取了强功能主义方式来避免循环性问题。这样,尽管文献证据不具有说服力,但也能表明亚里士多德倾向于强功能主义。他有时援引心理词汇来定义心理状态,但这并不妨碍他成为一名强功能主义者。在对定义心理状态的恰当形式的最为明确的论述中,他又小心避免使用心理词汇。这一做法,虽不具有说服力,但可以证明,亚里士多德既乐于接受强功能主义又乐于接受弱功能主义。

---

① Shoemaker, "Some Varieties of Functionalism," section I. 舒梅克把提供心理的非循环性定义看作是功能主义的一项任务;但并非所有的功能主义者都赞同他的观点。

② 那么,功能主义的这种被我们常看作是高级的说明,就是弱功能主义。See, e. g. , Ned Block, "Are Absent Qualia Impossible?", Philosophical Review 89 (1980), p. 257; Cf. Georges Rey, "Functionalism and the Emotions," esp. p. 165: "毋庸赘言,哲学家(即功能主义者)会逐渐地发现:心理状态之间是以某种方式缠杂在一起的,所以任何一种心理状态只有通过提及其他心理状态才能得到恰当的识别,因此任何心理状态都不能'还原'为非心理的语词。"所以,即使亚里士多德的功能主义是非还原论的,这也不能把他与当代的许多功能主义者区分开来。

③ Cf. Modrak, p. 28. 但请注意:莫德拉克把这看作是支持"亚里士多德完全不是一位功能主义者"的理由。我却偏向于认为,虽然亚里士多德没有对话题中性做出一个明确的承诺,但他仍是一位弱功能主义者(参见本页脚注③)。不管怎样,可能有某些证据表明:亚里士多德既接受强功能主义又接受弱功能主义。

七、结　语

在心灵哲学中,亚里士多德的功能主义没有得到我们所期望的从当代理论家那里得到的准确阐明。尽管如此,它提出了一种对类和类资格(kind membership)进行高度系统化的分析方法,而且还与当代功能主义在心灵哲学中共享一些实质性原则和方法论原则。尽管亚里士多德的功能主义在表面上是目的论的,但是我们也没有必要为了认可他的功能主义而去接纳这种目的论。然而,亚里士多德的解释策略确有其理论方面的优势。在心灵哲学中,亚里士多德的方法论给予我们的启示是:只有将功能主义理论置于对属性和类的个体化(kind individuation)进行更广泛、更系统的分析中,哲学家才能为功能主义提供深层的理论支持,而这正是确立功能主义作为一种对心理的可行性分析的似真性所要求的①。

① 我十分感谢 Alexander von Humboldt-Stiftung 所给予的鼎力支持。同时,在准备这篇文章的过程中,与 S. Sparkman, J. Anderson. 和 P. Mitsis 的谈话也使我受益匪浅。同样感谢 J. -C. Smith 和 J. Whiting 在行文方面所给予的指导性建议。

中世纪晚期经院哲学中的心理表征

马丁·M. 特威代尔(Martin M. Tweedale)
艾伯塔大学

自从亚里士多德的心理学理论开始由极具影响力的阿拉伯思想家阿维琴纳(Avicenna)和阿威罗伊(Averroes)阐释以来，中世纪经院哲学家就以一些我认为是在哲学上有趣的方式，提出了一个理解认知的纲领。然而，在哲学和科学史中，对这一主题的研究渐趋衰落，因为它缺少这样一些学者的关注：他们对经院哲学家所面对的问题的意义十分敏感。但是，当前认知科学中的心理主义转向，可能有助于激起对经院哲学这方面的兴趣。当前的计算心理主义(computational mentalism)和经院哲学这两种纲领，都非常关注心理表征；并且，在西方哲学和心理学中，它们对心理表征的思考比认知研究的其他路径更为深刻。当然，这种对心理表征的关注根植于两种截然不同的纲领，我的一个重要目的就是要阐明它们的差异。另外，我将试图划定它们所共同关注的领域。

一

首先，让我们来勾画一下 13 世纪中期至 14 世纪二三十年代，几乎所有的经院哲学家都共享的那个一般性纲领。下面是一个十分简洁的概要。首先也是最重要的，认知显现于由灵魂的各种认知官能执行的领悟行为(即认识行为)中。这些认知能力有五种外部感觉和几种内部感觉①，包括想象和理智。这些行为都有对象(即被直接领悟到的东西)，并且这些对象在不同程度上都是导致行为发生的部分原因。相应于每一种行为的，是行动者表现这一行为的意愿(readiness)。意愿必须先于行为而存在，它在行为结束之后可能还会继续存在。这就是亚里士多德所区分的第一现实性(意愿)和第二现实性(执行)②。意愿背后隐藏着官能本身的能力。

对对象的领悟是如何发生的呢？亚里士多德曾深受恩培多克勒的这样一种观点的影响：当我们领悟外部世界中的东西时，这些东西就必定会在我们的认知官能中产生某种类似其自身的东西。亚里士多德对此进行了修正，目的是把对象本身

---

① 阿维琴纳列举了五种内部感觉官能："一般"感觉、想象、思考能力(cogitative power)、判断能力(estimative power)和记忆。See [6]. Chap. 1. and also pp. 49-52 in the introduction.

② De Anima II, 1, 412a22-29; II. 5, 417a9-14.

的第一现实性与官能的第一现实性(即官能领悟对象的行为)等同起来①。然而,这一带有准唯心主义(quasi-idealist)倾向的理论,似乎没有被经院哲学家认识到。但我们认为,外在于灵魂的对象,在认知官能中产生了一个"种(species)",某种类似于其自身的东西②。例如,我正在看一片树叶,这片树叶的颜色会在我眼中产生某种类似其自身的东西,并且这种东西能使我立刻看到这一对象,即这片树叶的颜色。需要在这里指出的是,大家都认为所看见的不是相似性本身,而是这种相似性所相似的东西③。在认识论中,直接实在论(direct realism)通常与这样一种信念并存,即认知通过一种具有因果性调解作用的实体发生。

从根本上讲,外部感觉都是被动的官能,因为它们的行为其实是它们的现实化,或通过某物作用于它们,从一种意愿状态转向为一种行为状态。但"想象"这种官能却不像外部感觉那样被动,它以某种感觉方式领悟那些可能完全不存在于外部现实中的东西。它可能具有这样一种行为——这种行为显然不只是对某一对象的外部存在的自动反应。但是,必定有某种对象以某种方式存在于想象中;也就是说,在这一官能中,必定有某种与所想象的东西相类似的东西。经院哲学家由此得出:所感知对象的"种"也存在于想象中,并且实际上是由感官中的"种"产生的。然而,感官中的"种"与想象中的"种"不同。感官中的"种",只要它们出现,就会产生感觉的领悟行为;而想象中的"种"只产生使想象进行领悟行为的"意愿"。想象中的"种"被称作"幻象"。它们被储存在想象中,以便在需要时使用。

亚里士多德的观点把感觉官能与其器官、生理学(physiology)紧密地联结在一起,这使得对如下观点的字面解释成为可能。这种观点认为"种"是相似于外部对象的东西。例如,"视觉种"可以被看作是一些经空气传播并存在于眼睛中的彩色映像(colored image)。一般而言,事情是这样的:所感知的外部事物的属性又再现于感官中,而无需实际上成为这一感官的属性。我们在这一感官中所拥有的,是一个具有某种颜色或某种声音、味道等的"种",如同镜像具有某种颜色一般。甚至想象也涉及某种能接收映像的器官——这种器官是用于思考的质料。

当把同样的理论应用于理智时,一种字面上的类似性就很难被理解,因为所有的经院哲学家都认为理智没有物质器官④。事实上,理智认知(intellectual cognition)是

---

① 亚里士多德对感觉的一般讨论主要出现于《论灵魂》III5 和 III2。这两个地方的论述在一些重要方面有所不同。

② 阿维琴纳和阿威罗伊并不以这种方式使用"种"这一术语,但是他们提到了"意向"。阿维琴纳论述了从可感对象中流溢出的各种形式。培根(Roger Bacon)在其著作中,把整个主题与光学和对光的一般研究联系起来。他使用"种"来指称那些从可感物体流溢出的、并存留在感官中的相似性,从而解释了感觉。See [12], introduction.

③ For example, Aquinas, Summa Theologica I. qu. 85. art. 2.

④ 关于理智灵魂的非物质性的深层辩护见 Duns Scotus's Or Dinatio(Opus Oxoniense) IV. d. 43, q. 2. The latin text with an English translation is in[14], pp. 134-162.

如何被看做类似于感觉认知(sensory cognition)的,这本身就是一个问题。然而,亚里士多德的纲领坚持这种类比。理智具有一些其对象是共相(universals)或"本是(quiddities)"[①]的领悟行为。这些对象是一些特殊主体的属性,我们把它们描述为脱离这些主体而独立存在的属性。除了领悟这些实体,理智还对它们进行整合以形成命题,然后再对这些命题进行证实或否定。所有人都假定:理智的领悟行为必须先于任何证实或否定的行为以及那些较倾向于理智的"知道"(knowing)和"相信"(believing)的状态;我们现在把所有这些行为和状态叫做命题态度。

这种对理智领悟和感觉领悟的区分,对于所有经院哲学家而言,是十分重要的。感觉也领悟属性,但总是以某种完全明确的形式(如,颜色仅被领悟为某种明确的色调或其他东西)。但是,感觉和想象不能抽象地思考某一属性,即就属性本身和脱离某种特殊实例的偶然性来思考属性。阿维琴纳把理智看作是"本是"的领悟者,并且这些"本是"在其现实存在中找不到任何明显的标记[②]。这一主题被13世纪中期之后的经院哲学家以这样或那样的方式重复着。

但是,如果凡所存在的,都是缠杂于具体感觉经验中的"本是",那么某一抽象的"本是"又是如何成为任何一种行为的对象的呢?这里所提出的答案彼此各异,但它们都把某种作用归于以下三种实体中的任何一个。这三种实体是:①"想象"中的幻象;②行动者或主动理智;③可能或被动理智。所有人都赞同这一点:与感觉和想象的用以获取对象的多少有些被动的方式不同(感觉的"种"和幻象都是外界事物"印记"在官能中的),理智在这一过程中相对是主动的。"想象"中的"幻象"既不能独立地直接为理智提供对象,也不能独立地在理智中产生一些"种"——这些"种"将为理智提供对象,如同幻象为想象提供对象一般。因而,就需要某种东西从所有附属于它的东西中抽象出"本是",但是这些附带于它的东西包含在任何实例化这一"本是"的东西的幻象中。这种东西是某种颇为神秘的"行动者理智"。阿维琴纳和阿威罗伊把它看作是某种"超人实体"(superhuman entity),但大多数经院哲学家把它看作是人类灵魂的一种创造性力量。

虽然外部对象通过"想象"对"理智领悟"所起的作用不是充足的,但是这种领悟也不是理智在不受任何外界影响的情况下所能执行的行为。如果我们通过感觉与外界没有任何接触,那么我们的理智,在这一生中(经院神学家总是必须记住无壳灵魂[③]的活动),将几乎没有可供领悟的对象。为了解释我们理智生活中的这一被动方面,经院哲学家假定可能或被动理智,它受幻象和行动者或主动理智的影

---

① quiddities 是 quiddity 的复数形式,译作"本是",它指一物的本质特征或本性,是使一物成为它所是的那类事物的本性。"本是"是作为理智的对象。——译者注

② See [7], vol. I. p. 237.28-238.42.

③ 即"disembodied soul",译作"无壳灵魂"或"无形体的灵魂",是指一个人在其身体死亡和解体以后的存在。——译者注

响,从而使对"本是"的领悟成为可能①。

这一点正是晚期经院哲学家所争论的焦点。我将对此进行详细的描述,因为它揭示了经院哲学家构造其纲领的方式。13 世纪后期的大多数思想家认为:行动者理智②和幻象,以某种方式协同工作,从而在"可能理智"中产生一个"种";并且,这种"理智的种"(intelligible species)使理智具有了实现其领悟行为的对象,类似于"幻象"使想象具有了实现其想象行为的对象。这种相似性的讨论,在某种程度上仍是一个问题。然而,在解释理智的非物质性(immateriality)时,这种对相似性的讨论,让位于对表征"本是"的"种"的讨论。事实上,我们很难在这一点上弄清楚:类似于某一对象,何以是指某个东西而不是指表征这个对象呢?

这种对表征的讨论,还带有意向的或被表征的存在(*esse intentionale vel repraesentatum*)这样的词汇。某一对象,只要它被表征,那么它就会具有这种存在;并且,即便它不具有真实存在(*esse reale*)了,它还能继续具有这种存在。它只是一种客体性或被表征的存在(*ens objectivum vel repraesentatum*),而非真实的或"主体性"存在(*ens reale vel subjectivum*)。(客体性存在就像故事中的人物。这个人物可能是现实中的某个人,但是,即便现实中的这个人不存在了,故事中的这个人物还可能会作为角色而继续存在。)那么,如同想象一样,理智的对象也可以只具有被表征的存在而不具有真实存在。但是,这种存在总是依赖于某一表征的真实存在,即"种"的真实存在。这样,意向的或被表征的存在通常被称做"闪烁于"(体现于)"种"中的东西。

第一位对"理智的种"这种假设方式提出异议的是根特的亨利(Henry of Ghent)(13 世纪 80 年代巴黎神学和哲学领域中极具影响力的人物)。亨利认为③,"幻象",一旦被行动者理智"照亮",就能为理智提供对象,所以完全没有必要专门假定一个先于理智的领悟行为的"理智的种"。事实上,亨利甚至怀疑某种幻象(即某种物理现象)是否是造成理智中非物质或非物理的"种"的部分原因。如果存在"理智的种",那么它们就是由理智的领悟行为本身产生的(这或许可以解释理智在一段时间之后,无需回忆"幻象"就能思考先前所思考过的"本是")。在亨利看来,负责从外界接收"种"的,只是这样一些认知官能:它们的生理机能受到某种外部物理对象的影响,这种外部物理对象通过某种介于它和器官的东西来起作用。理智显然不属于这类官能。

---

① 关于"幻象,还是行动者理智,抑或两者,作用于可能理智"这一点,存有大量的分歧。阿奎那认为幻象是直接的动因;行动者理智把幻象转化成为某种理智的东西,即某种可以影响可能理智的东西。See Summa Theologica I, qu. 84, art, 6. 司各脱则认为,对可能理智发生作用的是行动者理智;幻象只是确定行动者理智对哪一种"本是"会产生印象。See [9], vol. III., 381. 雷丁的约翰认为是幻象和行动者理智一并作用可能理智的结果。See [5], par. 172.

② 即主动理智。——译者注

③ 因手头没有亨利的著作,我所依赖的资料主要是司各脱在其 Ordinatio I, d. 3, p, 3, q. 1 中的描述(see [9], vol. III. 333-338)和雷丁的约翰在其 Super Sententias I, d. 3, q. 3(see [5], par. 9-31)中的描述。

邓斯·司各脱(John Duns Scotus)同样也对这一问题持相反的观点[①]。他曾在巴黎聆听过亨利的演讲,并且认为亨利是当时最著名的思想家。司各脱的反驳主要基于以下四个方面:

(1) 幻象,由于它确实表征了它所表征为“单个的”(singular)东西,所以无论行动者理智把什么样的“光”照射于它,它也不能把这个东西表征为“共相”。这只是因为,同一个表征不能在相反的方面表征同一个东西。然而,所有人都认为理智至少以共相作为它的一些对象。因此,就需要有某种别的表征或“种”来表征共相本身[②]。

(2) 行动者理智在这里执行了某个真实的操作,而不只是一个意向操作;并且,每一真实的操作都最终产生了某个真实的东西。但是,行动者理智在想象中产生某种真实的东西,这对其而言并无用处,因为那只不过是某种物理状态,并且这种物理状态同原初的幻象一样不能影响理智。只通过幻象表征“实存共相”(actual universal),进而产生实存共相,这也不能满足行动者理智的要求。因为这种被表征的共相只具有意向存在,而不具有真实存在。唯一的选择似乎是,在可能理智中产生某种真实的东西,可能理智通过这种东西使其对象呈现于其面前。这就是“理智的种”[③]。

(3) 如果我们靠幻象来为理智提供对象,那么我们将不可能无差别地领悟到某种高度可确定的共相(determinable universal),也不可能领悟到某种“统摄于这种可确定的共相之下的”确定性共相(determinate universal),因此最后也不可能领悟到某一个体。然而,我们实际上能领悟到某个属(genus),而无需领悟统摄于这个属之下的任何一个“种”,更不必说包含在这些“种”之下的个体[④]。

(4) 如果理智在原则上不靠其他认知官能的操作就不能使其对象呈现在其面前,那么它与感觉能力(sensory powers)相比就是一种不够完美的官能。然而,理智似乎是一种比这些感觉能力更为完美的能力[⑤]。

以上所述表明:亨利的基本问题是,所有感觉认知能力(sensory cognitive powers)的最终输出都是某种表征,但它不是理智操作所需要的那种表征。感觉的输出不能表征某种抽象物(abstraction),即某种我们以“具有属或可确定意义的”语词来指称的抽象物。只有当我们做出如下一个假定时,司各脱的反驳才具有效力。这个假定是:理智不仅是领悟感觉所领悟过的东西的另一种方式,而且还具有自己的一系列对象,即他称为“实存共相”的抽象物。

那么,司各脱的观点就是:想象中的幻象与行动者理智,以某种方式协同工作,从

① 司各脱的观点在他的如下两部著作中得到了充分阐述,即 Ordinatio I. d. 3. p. 3. q. 1([9]. vol. III, pp. 201-244) and in his Lectura I. d. 3. p. 3. q. 1 ([9]. vol. XVI. pp. 325-348). Also John of Reading recounts Scotus's arguments in op. cit. (see [5]. par. 76-168).

② [9]. vol. III. pp. 348-352, 357-358.

③ Ibid., pp. 359-360.

④ Ibid., pp. 364-365.

⑤ Ibid., pp. 368-369.

而在可能理智中产生关于“抽象本是”(abstract quiddity)的表征①。这一过程的发生,先于理智对“本是”的领悟行为;当然,也先于关于命题方面的任何行为,因为命题是“本是”的复合。我们通常把知识称作一种由“领悟命题真值的行为”所产生的习惯,但在潜在意义上,一旦“本是”在理智中被表征,知识就已经存在那里了。基本的认知工作,是由潜意识对感觉官能的输出进行操作来完成的;换言之,是由行动者理智来完成的,它的任务在于接受仅被感觉表征为缠杂于众多外部特征中的个体,并把这一个体表征为从任何附属于它的东西中抽离出来的共相。这一过程产生了适合理智知识(intellectual knowledge)的形式。理智的有意识活动就在于领悟这些被表征的对象,然后把它们整合进命题,并就这些命题的真值做出判断。

这一理论遭到了14世纪早期经院哲学家威廉·奥卡姆的攻击②。奥卡姆虽然承认这个领域几乎得不到严格的证明,但是他宣称:最合理的建议是把理论中的“种”完全清除掉,因为这个理论虽然假定了最少类型的实体,但是它可以解释所有的事实③。奥卡姆构筑了另外一个理论来取代司各脱的理论。他吸收了司各脱理论中的另一方面,即司各脱对对象的直觉领悟(intuitive apprehension)和抽象领悟(abstractive apprehension)的区分。当外在于官能而存在的对象,通过影响官能而使认知者(knower)意识到对象在场且存在时,对对象的直觉领悟就会发生;当外部对象本身没有引发这种领悟,而且认知者也没有意识到这种对对象的外部存在的领悟时,对对象的抽象领悟就会发生④。司各脱认为:就直觉领悟而言,官能中的“种”对于使对象呈现不是必需的;但是,它对于抽象领悟而言是必需的,因为如果没有了“种”,对象将不会出现。他也认为,理智的本性使其具有直觉领悟,正如感觉官能具有直觉领悟一样,即使它此生不能表现这种能力。最后,他认为理智的本性使其直接领悟个体(singulars),但这不是它此生所能表现的能力⑤。

奥卡姆使用这些概念重构了认知理论⑥。他说,理智主要领悟个体,并且可以直觉地或抽象地领悟⑦。理智对可感个体(sensible singulars)的直觉领悟是通过感

---

① Ibid., p. 370.

② See Ockham's Quaestiones in Librum Secundum Sententiarum. q. 13 ([13e]. p. 269, 20-276. 11). Also, John of Reading gives a verbatim rendition of Ockham's position and arguments in op. cit. (see [5]. par. 38-74).

③ [13e]. p. 256. 5-9.

④ 司各脱对这一差别的详细阐述见其 Quaestiones Quodlibetales, q. VI(see [8]. vol. 12. p. 145. art. 1) and q. XIII (ibid.. pp. 309-310). (English translation in [1], pp. 135-137, 291-292.). It can also be found in his Ordinatio (Opus Oxoniense) II, d. 3, p. 2. q. 2 ([9], vol. VII. pp. 318-323).

⑤ See Scotus's Ordinatio (Opus Oxoniense) IV, d. 45. q. 3 ([8]. vol. 10, p. 217. (21)); II, d. 3. q. 11, ([8], vol. 6. p. 491. (9)).

⑥ 奥卡姆对直觉领悟的定义有所不同,但这种差异与本文所考虑的不相干。

⑦ See [13a], Prologus, q. 1. pp. 15-38 (English translation in [2]. pp. 18-25). Also see Ockham's Quodlibeta Septem I. q. 13 (relevant portions in [2], pp. 27-32). Also, his position is set out in the references cited in note 16.

觉所提供的东西来实现的,尽管如此,它们都是理智的。与此同时,这些直觉领悟直接导致了对这些相同个体的抽象领悟,而这些抽象领悟接着产生了某种"习惯"——这种习惯在领悟行为终止之后还继续留存于理智中。正是这种习惯使得理智在直觉领悟和其对象都不存在的情况下,能够随时恢复抽象领悟。

理智也领悟共相,但共相只具有精神存在(mental existence)①。奥卡姆早期认为共相可能是心智为自己创造的影像或"虚构"的实体,但他成熟的观点是:理智的领悟行为本身就是共相。一些抽象的领悟行为同样也是对众多不同个体的领悟,所有这些个体都是由一个行为来领悟的。当理智反思某一共相时,它只是反思某一行为领悟其众多个别对象的方式。科学的对象(在亚里士多德的概念中)就是共相,因而也就是精神实体;但是,这些精神实体本身与外在于精神的个体(extra-mental particulars)相联系②。这些行为或概念被奥卡姆看作是它们领悟实体的自然标记,因而它们为某种心理语言提供了术语。言说语言之所以具有意谓能力,是因为它的术语与心理语言中的术语有某种联系③。通过这些简单的心理术语,命题的综合,即作为判断、同意、异议、相信等的对象,才能形成。

显然,"种"在这一解释中完全消失了。相反,外在于心智的单个实体(singular entities)成了基本直觉领悟和抽象领悟的对象,而其余的领悟只依赖于由前者确立起来的习惯。奥卡姆实质上取消了主动理智和被动理智的区分,因为一旦我们放弃了"共相是理智的主要对象"这一看法,就无需设定一个主动理智来协调感觉官能和被动理智④。

奥卡姆的理论所引发的争论是持久而复杂的,学者们未能很好地记述这种争论。在此,我只提及一些由雷丁的约翰(John of Reading)(一位14世纪30年代的司各脱主义者)提供的争论⑤。约翰意识到,奥卡姆对作为抽象领悟基础的习惯的严重依赖,一旦对象不再出现时,将是这一理论中的一大弱点。他说,习惯在奥卡姆的理论中必须具备两个功能:①它必须引发之后的抽象领悟行为;②它必须表征这些行为的对象⑥。如此说来,习惯就是某种由"它使行动者所倾向于表现的"行为的具体事例所产生的东西;并且,习惯通过这些行为的不断重复而得到强化。然而,原因本身并不通过其结果而得到强化。由此,我们可以得出:习惯不应被看作

---

① See [13b], d. II, q. 8, pp. 266-292 (English translation of part of this in [2]. pp. 41-43); also, [13d], pp. 351-358 (partly translated in [2], pp. 43-45); and in [13c]. Pars Prima. cap. 14 & 15, pp. 47-54.

② See Ockham's Expositio Super Octo Libros Physicorum, Prologus (relevant portion with English translation in [2], pp. 2-16).

③ 但是,口头的术语并不主要意谓心理术语;相反,它们仅意谓心理术语所意谓的东西。See ch. 11 of [13c], Pars Prima, pp. 38-41.

④ See [10], pp. 40-42.

⑤ See [5].

⑥ 我的这一总结在很大程度上概括了雷丁的批评。See [5], par. 283-292.

是导致它使行动者所倾向于表现的那些行为的原因。这些行为,在奥卡姆看来,就是习惯所产生的抽象领悟行为。

并且,由领悟行为产生的习惯就是某种相似于其自身的东西,如果习惯是某种东西的相似物。换言之,如果习惯有所表征,那么它表征了那些产生它的行为。但是,习惯形成之后的抽象领悟行为,并没有把类似于其自身的其他领悟行为作为自己的对象。相反,它们所领悟的对象等同于那些先于习惯并产生习惯的原初行为的对象。

这一怀疑可表述如下:在我们进行了某种领悟行为之后,我们就既可以领悟原初行为的对象,也可以领悟原初行为本身。现在的问题是,之后的这些领悟行为是源于原初行为所产生的同一个习惯,还是源于不同的习惯?如果奥卡姆认为是源于同一个习惯,那么"我们对一朵玫瑰花的认识"和"我们对领悟这朵玫瑰花的行为的认识"就是同一种理智倾向。因此,"对外部世界的认识"和"对我们自己行为的认识"将可以合二为一。但是,认为两种不同的习惯是由原初的单个行为产生的,这同样也是荒谬的。而且,我们只做出如下推理也是无济于事的:如果伴随这种原初的领悟行为的是某种对这一行为的反思性领悟行为,那么这两种不同的习惯就分别由上述两种行为产生。因为透过经验,我可以不通过领悟自己的领悟行为,就能强烈地领悟到某种对象,并且之后我还能回想起这种行为。在这种情况下,所产生的任何习惯都源于这种原初的单个行为。

我们可以清楚地看到,雷丁的约翰并没有去论证这些观点,而只是借此来确定奥卡姆的理论不如司各脱的看起来合理①。然而,坚定的奥卡姆主义者不可能会因此而止步不前。如果把奥卡姆的观点完全展开,我们会得出这样一个结论:完全不需要任何东西来表征某种领悟行为的对象。任何使这种行为成为对某一确定对象的领悟的东西,都内在于这一行为本身。或者,换言之,只有行为本身才能表征或意谓某物。只要心智能保持恢复过去行为的某种倾向性,我们就能解释心智何以能回忆先前领悟到的对象,而无需假定这些对象以实存表征(actual representations)的形式被保存下来。

"种"理论(species theory)的提出是为了试图解释感觉认知。其基本观点是:存在真实的物理实体,它们从物理对象中流溢出来,并充当意向的或被表征的存在的载体。这些载体可以存在于各种内部和外部感官中,在某种程度上还可以留存在那里,而且还能引起感觉官能的领悟行为。由于亚里士多德曾提出要把理智看作是类似于某种感觉官能的东西,所以我们借此可以顺理成章地得出:尽管理智没有任何物质器官,但是它也可能有某种承载意向性的东西,即"理智的种"。亨利的看法是试图把"种理论"限定在物质领域之中。这在某种程度上是基于这样一种担忧:如果把"种理论"延伸至理智领域中,将会导致对理智的唯物主义解释。奥卡姆的选择或许更具概括性。为了支持如下观点,就必须拒斥感觉的种和理智的种。这种观点认为意向

① [5], par. 263.

存在的唯一载体(即唯一的实存表征)就是领悟行为本身。

二

对于当代认知科学家而言,经院哲学家对心理表征的依赖指出了当前心的计算理论(computational theories of mind)(如皮利欣(Zenon Pylyshyn)和福多所拥护的那些心的计算理论)的研究方向①。但是,通过前面对经院哲学理论的粗略考察,我们可以确定无疑地得出:这两种纲领在一些基本问题方面大相径庭。

首先,计算理论内嵌于关于心理实体的某种功能主义理论中,而经院哲学家则似乎从未考虑过这种心灵哲学。功能主义宣称:事物属于心理类型(即事物是欲望、领悟、意愿等),并且事物具有由外在命名,即它们与其他事物(包括行为)之间的关系(通常是因果关系)来规定的心理属性②。它不同于行为主义,因为它认为有机体的内在心理事件与其行为之间有某种因果关系;它也不同于还原论的"中心状态"唯物主义,因为它并不认为心理的类型和属性在原则上可以从对有机体生命的完整解释中清除出去。

我认为这是经院哲学家一开始就拒斥的那种不合理的主张。对于这一点,我们需要做出一些澄清。这并不是说经院哲学家没有意识到外在命名的定义,也不是说他们在其哲学心理学中拒绝使用这种定义。例如,司各脱和奥卡姆给出的对直觉领悟的定义,就依赖于直觉领悟和产生它的对象之间的关系,以及直觉领悟和随后对对象存在的判断之间的关系。这一点完全符合功能主义者的惯常做法。但是,在解释"负载这些关系的东西是什么"的时候,在大多数情况下,经院哲学家会认为,它本质上是某种我们能完全经验的东西,同时我们还把它经验为某种精神现象。

但是,当我们把它经验为精神现象时,我们把它经验为什么东西?我们在这提出了一个经院哲学家从未提过的问题,因为他们实际上没有一个与我们完全一致的精神范畴。灵魂存在一些行为和倾向,但这些东西延伸到了那些显示生命的活动,包括呼吸、繁殖以及其他我们不能完全叫做是精神的活动。比较接近我们精神范畴的是构成认知的所有事件、行为和倾向性。然而,我认为经院哲学家用以刻画我们所称为精神的最有用方式,是存在于认知有机体(cognitive organism)中那些负载意向的或被表征的存在的东西。现在,经院哲学与功能主义间的分歧可以被较准确地表述为:实体是精神的,或者实体负载意向存在,根据它们本身而非它们所负载的与外在于它们本身的事物之间的关系。换言之,心理状态或行为的意向内

① 我在认知科学中并没有断言任何第一手的专门知识,而是主要基于[3]、[4]和[11]。当我提及"计算心理主义"时,我是指在一般哲学理论框架和方法论原则(Jerry Fodor 和 Zenon Pylyshyn 信奉)范围之内的理论。

② See [3], pp. 8-11.

容可以从该状态或行为自身中读取出来,而无需考虑它与其他事物之间的关系。

在我看来,这似乎是经院哲学家坚持如下一种看法的含义所在,即他们认为"种"、认知行为甚至习惯都是其对象的相似物。粗略地讲,这一观点是认为只通过观察它们,你就能分辨清楚它们相似于何物。这个时期的思想家们几乎都秉承这一观点,尽管很难明显地看到实体是如何相似于它所应相似的东西。例如,奥卡姆就坚持认为理智的领悟行为是其所领悟的东西的相似物①。如此推断,对一只牛头犬的领悟,就相似于一只牛头犬!另一方面,功能性解释将会坚持认为,某一状态的意向内容是由该状态所适合的网状关系(通常是因果关系)来确定的。的确,某一状态的意向内容的承载物必须被看作是某种内嵌于它的某一网络中的东西。这是经院哲学家和计算心理主义者在哲学上的一个根本分界线。

另一个重要差异是,当他们在处理理智认知时,计算主义者基本上只关注命题态度,而经院哲学家则把非命题对象(non-propositional objects)看作是根本的。我认为这一差异并不是那么严格。经院哲学家认为:要知道或相信 P,我就必须首先领悟 P,或者必须知道那个我可能会有的信念的内容。因此,要领悟 P,我就必须领悟那些组合起来形成 P 的词项,因为每一个命题都是某些意向(这些意向与所谓的次级意向的关系有关)的综合。一切事物最终都依赖于对简单的、非复杂的、非命题的东西的领悟。

在此,我们需要做出一个说明。经院哲学家并不去分析各种命题态度动词(如"知道"、"相信"、"希望"等)是什么意思,他们认为并非所有情形下的知道和相信都符合这一模式,即使是在语法对象是某个句子或 *that* 从句的情形之下。经院哲学的理论只适用于理智认知。但是,感觉也知道、判断和相信,并且其对象实际上也不是一个命题。在我看来,经院哲学家承认,被误当做知识的东西大都是命题性的,不过只是隐含的。也就是说,这种被误当做知识的东西通常导致理智有意识地接受某个命题,仅当理智被唤醒这样做时。

那么,这与现代的心理主义看法有何不同呢?首先,由于解释认知的计算模型基于有机体的状态间的逻辑关系②,由于我们的逻辑理论基本上是一个关于命题间关系的逻辑体系,所以自然地倾向于寻找这样一些命题——在这些命题中,简单有机体不能期望发现它们。由于心理主义者认为,认知在很大程度上依赖于我们所未意识到的计算过程,所以他假定了存在于心智中的命题,而非那些认知者有意识地使用公共语言的声音和语词来阐明的命题。这些命题是心灵所独有的语言中的符号,并且这种语言甚至不可翻译为像英语这样的言说语言。当然,认知者也就

---

① [2], p. 45.

② [4], p. 5:"计算概念内在地连接于语义概念(如蕴涵、证实和逻辑结果等)。具体而言,计算就是对涉及这类语义关系的表征进行转化……然而,它是这样一种规定:这些语义关系只适用于那些能意谓 P 的事物(福多所强调的)。"

无需具有公开表述其心灵语言中的所有命题内容的能力。另一方面,经院哲学家将心理命题大多局限于与人类自然语言中的语句相关的命题。说某人头脑中有一心理命题,等于说他能有意识地思考这一命题。鉴于此,我们在阐明这一命题时候就不会出现“乏词”(*penuria verborum*)的情况。

这一差异是普遍假定心理表征路径中的某一差异的重要组成部分。在感觉官能中,经院哲学家从未假定那些在通常情况下不易被带入意识的表征。他们认为潜意识知识的唯一用处就是用于储存那些一经需要就能成为有意识的东西①。因此,那种通过典型心理状态内容间的逻辑关系来进行的解释,基本上被经院哲学家限定在有意识的推理和思量之中。另一方面,像从可感个体中抽象出共相这样的无意识过程,可以通过假定相关实体间的机械因果相互作用而得到解释。

那么,我们可以看到,经院哲学所强调的对非命题性事物的领悟,在本质上就不是它和现代心理主义纲领之间的一个根本差别。我们可以设想:福多可能会受到某类经验证据的驱使而认为对命题词项的“认知”(cognizings)比对整个命题的“认知”更为根本。但是,经院哲学所强调的是关于解释的合理范围的一个较宽泛的差异的特征,这个范围是通过被认知的实体之间的逻辑关系来解释的。从这一方面讲,经院哲学的认知科学,像其他所有认知科学(现代计算研究路径之前的)一样,在这一范围中更具局限性。

最后一个明显的差异是,经院哲学家都相信某些心理状态、事件等,可能存在于某个非物质的中介物中。事实上,他们大都认为理智过程只有在非物质的中介物中才是可能的。但是,我想说的是,这种分歧只是表面上的,它实际上遮蔽了一个很重要的契合。

第一,经院哲学家使用的物质概念,在外延上比我们使用的物理概念更具局限性,因此理智的非物质性并不意味着它在我们的感觉中是非物理的。物理学中常见的电磁场和其他无质料的实体(matterless entities),尽管它们寄居于物理领域中,但它们(对经院哲学家而言)都是非物质的存在物。

第二,像现代计算心理主义者一样,经院哲学家明确地把心理学和认知科学置于自然科学领域之中②。总之,经院哲学家在用物理学来整合认知理论方面,似乎比现代心理主义者走得更远。整个“种理论”试图解决这样一个根本问题:物质实体自身是如何放射光线的?并且物质实体在放射光线期间,又是如何在光线中与领悟者的强烈兴趣发生关系的?“种”这一概念不单是出于认知理论的目的而被创造出来的。

---

① 根据某些观点,唯一例外的是:主动理智内在地包含了一切理智表征。但是,主动理智一般倾向于丢弃那些解释理智认知的基础,除了一些由现代理论提出的东西。没有人能佯装很好地理解它。支持奥卡姆建议的最有力的一点是,他们摒弃了对这样一种实体的需求。

② 在阿维琴纳和阿威罗伊看来,理智有时是一个例外。但在这一方面,基督教徒拒斥阿拉伯人的观点(这些观点主要源自自然科学和形而上学),虽然也明显存在一个神学的动机。

第三,经院哲学家在亚里士多德的导引下,明确地持一种非常类似于心理-物理一元论的观点(这一观点流行于心的功能主义哲学家中)。我的意思是说,虽然他们不会因支持有机体的非心理的物理特征,而认为有机体的心理特征在某种程度上是可消除的;但是,他们认为每一心理实体也具有非心理特征,并且还是联结因果的部分纽带。换言之,它也是我们物理感觉中的一种物理实体。这一点也可以表述为:由于意向存在只存在于由"真实"存在所负载的存在物之中,所以现实的心理特征部分是属于受(适用于一切自然物的)因果法则支配的实体,而非那些不受因果法则支配的实体。表征不但有其内容,还有其形式,并且形式存在于"现实"领域中。也许有人会说,在这一方面,现代功能主义的心理主义和经院哲学的心理学,在涉及本体论问题时,共享一种深层的反笛卡儿主义,因为笛卡儿虽然使用形式存在(formal being)与客观存在(objective being)这一区分,但是他的心理物体的"形式存在"处于自然科学研究的领域之外。

三

在我看来,经院哲学纲领和心理主义纲领之间最显著的交点莫过于:双方都感到有必要对某些心理现象做出各自不同的解释。一方面,在意向存在的层次上,我们具有联系(connections),包括系统的逻辑关系。这些逻辑关系,连同某种对人类理性的看法,可以一并用于解释——我们为何相信我们所做的事情,和我们为何选择去做我们选择要做的事情。并且,这些逻辑关系在计算纲领中,被推广到用于解释处于非意识层次上的过程。另一方面,我们这里着重讨论心理表征的意义。但是,意向存在或意义,不能独立存在,它们必须由这个世界中的某个真实东西来负载,并且这一东西根据自然科学所力求系统阐述的原则,与其他真实的东西发生交互作用。灵魂及其官能、状态和行为都是真实的实体;并且,要解释灵魂是如何从一种状态转向另一种状态,或灵魂是如何行动,就一定会涉及某种因果性描述——这种因果性描述依赖于这些东西的真实性特征,而非意向性特征。用现代术语讲,心灵的实际运作过程(actual mechanics)依赖于这些表征的形式而非其内容[①]。

考虑到所有这些情况,我们就能很容易地看到,在奥卡姆同司各脱主义者的争论中,计算心理主义会赞同什么。"种理论"引出了这样一种可能性,即把所表征内容层次上的解释延伸至我们所未意识到的心理过程。对行动者理智的假定,可以说是通过福多所说的某种"输入系统"来研究感觉和理智的接口的开端[②]。奥卡

① 参见 Pylyshyn, [11], p. 39:"……语义表征并不能使一个系统以其所表现的方式来表现;只有物质形式的表征在因果关系上才是有效的……实际上的原因是表征状态的某些物理属性——但是以一种反思表征状态之内容的方式。"

② [4], p. 41.

姆实质上把这种层次上的解释局限到对有意识行为的解释;其余心理过程都全然不是心理的而是纯物理的,因为它们没有包含任何负载意向存在的东西。由于这一点,当代心理主义者把奥卡姆的建议看作是朝"浅心理主义"(superficial mentalism)迈进了一步。这种浅心理主义把属于心理的东西大都局限于可内省的、脱离了隐性结构的心理主义,并且,计算理论家发现这种心理主义是十分富有前景的。

参考文献

[1] F. Alluntis and A. Wolter (1975). *John Duns Scotus, God and Creatures. The Quodlibetal Questions* (Princeton. N. J.: Princeton University Press).

[2] P. Boehner (1957). *Ockham. Philosophical Writings* (Edinburgh: Nelson).

[3] Jerry A. Fodor (1983), *Representations* (Cambridge: The MIT Press).

[4] Jerry A. Fodor (1983), *The Modularity of Mind* (Cambridge: The MIT Press).

[5] Gedeon Gal (1969), "Quaestio Ioannis de Reading de Necessitate Specierum Intelligibilium Defensio Doctrinae Scoti," *Franciscan Studies* 29. pp. 66-156.

[6] Abu'Ali al-Husayn Ibn Sina (1968), *Avicenna Latinus, Liber de Anima seu Sextua de Naturalibus*, IV-V, S. Van Riet (ed.), with an introduction by G. Verbeke (Leiden: E. J. Brill).

[7] Abu'Ali al-Husayn Ibn Sina (1977, 1980). *Avicenna Latinus. Liber de Philosophia Prima sive Scientia Divina*, S. Van Riet and E. Peeters (eds.). 2 vols. (Leiden: E. J. Brill).

[8] John Duns Scotus (1639), *Ioannis Duns Scoti Opera Omnia*. L. Wadding (ed.). 12 vols. (Lyons).

[9] John Duns Scotus (1950-?), *Ioannis Duns Scoti Opera Omnia*. P. Balic (ed.) (Vatican; incomplete at present).

[10] Gordon Leff (1975). *William of Ockham, The Metamorphosis of Scholastic Discourse* (Totowa, N. J.: Rowman and Littlefield).

[11] Zenon W. Pylyshyn (1984), *Computation and Cognition* (Cambridge, MA: The MIT Press).

[12] Peter G. Sobol (1984), *John Buridan on the Soul and Sensation* (Ph. D. dissertation for Indiana University).

[13] William of Ockham (1967-). *Guillelmi de Ockham Opera Philosophica et Theologica* (St. Bonaventure, N. Y.: Franciscan Institute of St. Bonaventure University; incomplete at present).

[14] William of Ockham (1967). *Scriptum in Librum Primum Sententiarum Ordinatio. Prologus et Distinctio Prima* in G. Gal and S. Brown (eds.), *Opera Theologica* I.

[15] William of Ockham (1970). *Scriptum in Librum Primum Sententiarum Ordinatio, Distinctiones* II-IIIin in S. Brown and G. Gal (eds.), *Opera Theologica* II.

[16] William of Ockham (1974). *Summa Totius Logicae* in P. Boehne, G. Gal, and S. Brown (eds.), *Opera Philosophica* I.

[17] William of Ockham (1978), *Expositio in Librum Perihermenias Aristotelis* in A. Gambatese and S. Brown (eds.), *Opera Philosophica* II.

[18] William of Ockham (1981). *Quaestiones in Librum Secundum Sententiarum* (Reportatio) in G. Gal and R. Wood (eds.), *Opera Theologica* V.

[19] Alan Wolter (1962). *Duns Scotus, Philosophical Writings* (Edinburgh: Nelson).

奥卡姆论心理语言

卡尔文·G. 诺莫尔(Calvin G. Normore)
多伦多大学

幸亏有诺姆·乔姆斯基(Noam Chomsky)的大量工作,我们才得以目睹近30年对如下两种观点研究兴趣的再度复兴:①存在一种普遍语法,即一组一切人类语言所共有的结构特征(structural features);②对这一语法的探究,在某种程度上就是对思维结构的探究。

14世纪的文法家和哲学家同样也对这些复杂的问题抱有极大的兴趣,他们对这些问题的争论与现在一样异常激烈。在这场争论中,有一传统发端于13世纪的唯名论逻辑(terminist logic),并由奥卡姆给予显著的改造。他们设想了一种完备的思维语言。这种思维语言为一切理性存在物所共有,并先于任何语言学的约定(linguistic convention)。本文试图概览奥卡姆对这种心理语言的论述,并考虑一些14世纪对这些论述的反驳(这些反驳导致对心理语言的进一步改造)。最后试图表明:奥卡姆的方法在某种程度上导致了现在对意义理论和任何一种思维语言之间关系的争论。

奥卡姆在其《逻辑大全》一书的开篇就宣称:存在三种不同类型的语言,即书写的、言说的和心理的。他认为书写的语言和言说的语言在性质上截然不同;并且,有一种语言,它的词项是概念,只存在于心灵当中①。

奥卡姆的心理语言在其哲学体系中发挥着重要作用。一方面,心理语言在言说和书写语言的语义学中占据重要位置;另一方面,心理语言是一种被完全阐明了的语言,由天生的通灵者(natural telepaths)和天使所言说。这两种作用要求心理语言具有不同的特征。这些特征,我们将会看到,有时会把心理语言的结构拉向相对立的方向。

一、作为语义学的心理语言

"意谓"(signification)和"附属"(subordination)是奥卡姆的作为语义学之心理语言中的两个关键术语。"意谓"是奥卡姆语义学中的一个基本术语,他把这一术

① Cf. W. Ockham, Summa Logicae (hereafter S. L.) I. c. 1. in P. Boehner. G. Gal. S. Brown (eds.), Opera Philosophica (hereafter O. P.) I (St. Bonaventure, NY: The Franciscan Institute, 1974).

语的用法解释为:某一词项意谓某个对象,当它能被选定这一对象的代词真实地断定时①。“人”意谓你,是因为“那是一个人”(指向你)是真实的。奥卡姆是后来被称为“唯名论者”中的一员,他的“唯名论”(思想)反映在他对意谓的论述中。在奥卡姆看来,一切意谓都是对个别具体对象、概念和语词的意谓。“苏格拉底”这样的单称词项意谓某一单独的事物——苏格拉底,“动物”这样的普通名词意谓所有的动物。

奥卡姆在《逻辑大全》的开篇引入了心理语言。他认为,言说语言的词项(通常)不是充当心理语言词项的标记,而是充当世界之物的标记(“人”所意谓的是人,而非概念上的人)。尽管如此,言说的词项之所以能意谓其所意谓的东西,就是因为它们附属于心理词项。如果一个心理词项变更了自己的意谓,那么附属于它的言说词项也随之发生变化。我将把言说表达式附属的心理表达式看作是与其相应的心理表达式。

这种言说语言与心理语言之间的对应性,是由它们之间的附属关系导出来的。但它不单是词项与词项之间的一一映射。奥卡姆在其《神学论辩集》的一个重要篇章中对此做出了明确阐明:

> 正如在言说的和书写的词项中,有些是名词,有些是动词,有些是代词,有些是分词,有些是连词和有些是介词一样,显然,在心智中,对于每一个真或假的言说表达式,都相应地存在某一由概念构成的心理表达式。因而,正如言说语句的组成部分(被迫用于意谓事物,因为事物需要意谓和表达)……是不同的部分,所以那些构成心理语句的相应于语词的部分是不同的(如果需要的话),从而使得不同的语句成真或成假②。

奥卡姆在此宣称:心理语言具有相应于言说语言词项的不同词项,我们不能保留真值地(*salva veritate*)把一个替换为另一个。这一点在《逻辑大全》I, c. 13 中得到了进一步阐明。他认为,严格地讲,心理语言中没有一个词项或概念是模糊的。正如奥卡姆所解释的,这是因为,“如果某一语词作为一种标记,在用于意谓不同的事物时,从属于多个而不是一个概念(或灵魂的意向),那么它就是模糊的。”③那么,根据奥卡姆的论述,语词的模糊性隶属于,因而也就局限于言说语言和书写语言中。每一心理词项都有其单独的含义。奥卡姆认为:“一个词项是模糊的,是因为其事实上能作为言说语言的不同部分而发挥作用,即同时作为名词和分词、名词和副词等。”④

心理词项结构中的这些约束性因素和言说词项同心理词项之间的附属关系表

---

① Cf. S. L. I, c. 33, in O. P. I. p. 95 ff.

② W. Ockham, Quodlibeta V, Q. 8, Art. 1. in Joseph C. Wey (ed.). Opera Theologica (hereafter O. T.) IX (St. Bonaventure, NY: The Franciscan Institute, 1980), P. 509.

③ W. Ockham. S. L. I, c. 13, in O. P. I, p. 45.

④ Ibid., p. 46.

明:心理语言的功能非常类似于言说语言的某种意义理论。我们可以将心理语言所发挥的语义学作用归结为如下四个方面:

(1)一个言说词项的意谓是与其相应的心理词项的功能。

(2)一个语句的真值是与其相应的心理语句的真值功能。

(3)如果两个表达式具有与它们相应的同一个心理表达式,那么它们具有相同的意谓。

(4)一些具有与其相应的同一个心理表达式的表达式,在任何地方都是可替换的,但其真值保留不变。

如果我们把上述陈述中的"心理表达式"替换为"惯常意义"(customary sense),把"意谓"替换为"惯常指称"(customary reference),那么这些陈述就变成了弗雷格语义学中的陈述,它们通常被认为是确定意义与指称关系的关键所在。由此,我们可以做出这样的断言:言说词项的意谓和言说语句的真值,完全取决于其所相应的心理词项和附属关系。

二、心理语言与认识论

心理语言所具有的这种语义学作用,不仅是由连接它和言说语言的附属关系来决定的,而且还是由它自身的结构来决定的。同时还基于这样一个事实:心理语言不包含任何同义词和模糊的表达式。正如约翰·特雷特曼(John Trentman)在其关于心理语言的开山之作中所指出的,这些结构特征使得心理语言更像20世纪早期分析哲学中的理想语言①。它们都包括那些与语句真值有关的差别。而且,正如理想语言的结构被认为是逻辑学家所要真正研究的东西一样,心理语言的结构也被奥卡姆认为是逻辑学家所应真正研究的东西。

但是,应该强调的是:奥卡姆将心理语言看作是一种沟通的中介。如果我们是通灵者,那么我们就可以使用心理语言来沟通,天使(同样是通灵者)也能使用心理语言来沟通②。要弄清楚心理语言作为沟通中介是如何发挥作用的,我们就必须研究心理语言的结构及其同世界的关系③。

言说和书写的词项意谓世界中的事物,但它们的意谓附属于心理词项。奥卡姆区分了心理词项的意谓与言说和书写的词项的意谓。他把前者叫做自然意谓

---

① Jonh Trentman, "Ockham on Mental," Mind LXXIX(1970). pp. 586-590.

② 它们的确产生了某些有趣的问题。例如,它是否可能存在于心理语言当中?关于这一问题的讨论,比较 Hester Gelber. "I Cannot Tell A Lie: Hugh of Lawton's Critique of William of Ockham on Mental Language." forthcoming in Franciscan Studies 1984.

③ 对作为沟通中介的心理语言的全面研究要求论述所"言说"的和所"听到"的。下面将有一些关于"言说"的论述,但是这里不试图做出对主词的全面处理。比较 Hester Gelber, op. cit.,和 Joan Gibson, The Role of Mental Language in the Philosophy of William of Ockham. Ph. D. dissertation. University of Toronto, 1976.

那样,而某一复合表达式则确切地意谓由构成它的非复合范畴词所意谓的东西[①]。这里,“意谓”的使用比我先前所讨论的更广泛,并且在这种广泛的意义上,某一复合表达式将意谓那些不能真实地谓述它的对象。我们可以在这种广泛意义当中,通过结合两种标准(这两个标准都具有似真性,但自身并不充足),对主要意谓和次要意谓做出辨别。最终的区别是:一个词项主要地意谓那种能正确谓述它的东西;并且,如果它是复合的,那么它次要地意谓任何构成它的非复合的东西(这些东西处于间接的格)所意谓的东西和任何它所意谓的但并不主要意谓的东西。

根据上面所引述的文本,绝对词只具有主要意谓。奥卡姆认为由此可以得出:它们没有名义定义(nominal definition)。因为任何具有名义定义的语词都同义于它的定义。一个作为复合表达式的定义,通常意谓一些它并不主要意谓的东西。(例如,一个“种加属差”定义,总是意谓外在于这一“属”的种的成员,但并不主要意谓它们。)既然绝对词不意谓它所不主要意谓的任何东西,那么若它有一名义定义,则这一定义表述所意谓的东西并不确切地就是表述所规定的东西。但是,奥卡姆宣称:两个表述是同义词,仅当它们在各方面意谓同一个东西[②]。故而,语词与其所公认的定义(putative definition)终究不是同义的。

绝对词不具有名义定义,而含蓄词则具有。如果心理语言没有任何同义词,那么由于语词及其名义定义必定是同义词,所以它们在心理语言中没有任何位置。那些出现在含蓄词定义中的语词通常还有其他用处,因而它们也通常是心理语言的表述恰当性所要求的。虽然奥卡姆表面上从未明确地做出结论,但是,如果心理语言无任何同义词,那么它就没有任何简单的含蓄词。每一个言说出来的含蓄词及其定义表述,将附属于心理语言的同一个复合表述,并且这一表述至少与定义具有相同的结构。例如,在分析性(analyticity)的讨论中,我们有时会发现这样一个断言:“单身汉”和“未婚男人”是同义词。如果是这样,那么“单身汉”和“未婚男人”将附属于相同的心理词项。未婚男人是指,他是男人且未婚。如果心理语言中有分别相应于“男人”、“未婚”的词项,并且还有一心理词项发挥联结的作用,那么我们就可以形成一个相应于书写表达式“未婚男人”的心理词项。既然心理语言是一种具有语法的语言,那么它将具有诸如此类的词项,如果它具有它所有的成分(components)。当然,“未婚”一词本身在逻辑上是复合的。因此,如果有相应于“已婚”的心理词项和一否定这一词项的心理词项,那么就存在一个相应于“未婚”的复合心理词项。这样,言说语言中的定义过程(the process of definition)就类似于

① Paul Spade, loc. cit.

② 如奥卡姆在 S. L. I. c.6(O. P. I., p. 19. 1.8-16):粗略地讲,它们被称作同义词,以各种方式简单地意谓相同的东西,结果是:没有任何东西是通过某物以任何方式来被意谓的,除了它通过其他东西以相同的方式来被意谓,即使并非那些使用它的东西相信它们意谓了相同的东西。正是在第二个方面,我意在本章和其他章节中使用“同义词”这一名词。

心理语言中的组合过程(process of composition)[①]。

绝对词是心智中与对象进行因果性联结的结果[②]。含蓄词可以从绝对词和助范畴词中构造出来。然而,助范畴词又源自何处?当然,如下假定是不合理的,即助范畴词是由直觉和抽象认知通过获取绝对词的方式来获取的。世界不能以坛坛罐罐的方式包含"如果(ifs)"和"能够(cans)"。

奥卡姆对这一主题似乎改变了看法,如同他改变了对概念本质的看法一样。例如,奥卡姆早期关于概念的观点(见其 *Reportatio*)认为,概念是意向的对象,在奥卡姆的术语中是"虚构物(*ficta*)"。在他将这一概念理论普遍化期间,他似乎强调了一个存在于两种心理语言之间的区别。一种是本文所关注的心理语言,另一种心理语言的词项是对自然语言本身的口头表述的心理表征。前一种心理语言(有时被其他作者称作"恰当的"心理语言)的词项先于言说语言。后一种心理语言(在某些专门术语中是"不恰当的")的词项后于言说语言。虽然奥卡姆持一种"虚构"(*fictum*)理论,但他似乎持这样一种令人惊异的观点,即一切助范畴词概念都是不恰当的心理语言的词项。他写道:

> 类似于"否(not)"、"本身(per se)"、"在……范围内(insofar as)"、"如果(if)"等诸如此类的助范畴词。通过这些语词的意谓,理智抽象出谓述它们的共有概念,并迫使这些概念去意谓那些相同的东西。这些东西是这些词所意谓的外在于理智的东西。理智通过相同的方式和这些东西形成类似的语句。这些语句具有类似于言说语句所具有的属性[③]。

这会粗略地得出:言说语言因其意义而依赖于心理语言(这一点在《逻辑大全》中提出)。由于言说语言是随意的(*ad placitum*),所以也可粗略地得出:心理语言是自然的。赫斯特·盖尔伯(Hester Gelber)指出:奥卡姆的同代人沃尔特·查顿(Walter Chatton)就曾批评过奥卡姆的早期研究路径[④]。或许是为了回应沃尔特·查顿的批评,奥卡姆抛弃了"虚构"理论,为了支持一种"状语"观点。这种观点将概念等同于构造行为本身或心智的某一特性。他似乎也抛弃了早期关于助范畴词起源的观点。但是,他后来所转向的关于助范畴词起源的观点却不是那么清晰。

一种意见是:它们是天赋的。在奥卡姆看来,先于任何经验的理智是一个"裸板"(*tabula nuda*)。因此,它没有任何理智的习惯,也没有任何概念。然而,它却有能力执行某些心理行为。例如,当一命题"整体大于部分"呈现在它面前时,它能执行同意这一心理行为。但是,助范畴词只是心智在范畴词上执行的某些操作而

---

① 奥卡姆的某些后继者把简单的含蓄词(simple connotative terms)纳入心理语言。For evidence that Buridan does. Cf. the introduction to P. King. John Buridan's Logic: The Treatise on Supposition: The Treatise on Consequences, Synthese Historical Library, Vol. 27 (Boston: D. Reidel Publishing Co., 1985).

② Cf. Ockham. S. L. III-II. c. 29. in O. P. I. p. 559.

③ Ockham. I Sent., d. 2, q. 8. in O. T. II. p. 285.

④ Cf. Chatton. Reportatio I, d. 3. q. 2. quoted in Gelber, op. cit.

已。它们与其说是思维行为,不如说是意愿行为。因而,心智先天地具有执行它们的能力。

这种天赋论的观点可能是奥卡姆的观点。但是,也存在其他的可能性。虽然助范畴词不能由直觉或抽象认知,通过获取范畴词的方式来获取(因为助范畴词不存在任何对象),但是这也不能确定:它们完全不能在直觉认知过程中获得。如果直觉认知的对象是充分复合的,例如,某人不仅直觉到了苏格拉底的苍白或苏格拉底本人,而且也直觉到了苍白的苏格拉底正坐在篱笆上,那么复合对象中的助范畴要素就会呈现在直觉当中。

然而,奥卡姆似乎不大可能认为我们具有这样的复合式直觉认知(complex intuitive cognitions)。斯科特(T. K. Scott)论证道:他有时至少会认为"所直觉到的东西是作为某一偶性主体(subject of an accident)的实体(substance),而不仅仅是偶性本身"①。因为奥卡姆认为,一些偶性(accidents),如颜色,是可以脱离任何实体而存在的真实东西,所以说"某人可以把苏格拉底直觉为白色"等于是说"某人能直觉到存在于苏格拉底身上的白色固有属性"。这种"固有属性"就是我们所正在谈论的某种助范畴词要素。奥卡姆有时的确是以这样的口吻述说的。如在《语句 II》,q. 12-13 中,奥卡姆写道:"如果某人经验到某物是白色的,那么他看到了存在于此物中的白色。"但是却没有明确说明我们是如何得到这些陈述的。很显然,奥卡姆认为我们的直觉认知是基于这一明确判断:偶然对象被叙述为它们偶然是——例如,苏格拉底是白色的。还不清楚的是,严格地讲,我们是否曾直觉到苏格拉底是白色的。的确,正如玛丽琳·亚当斯所论证的,奥卡姆认为我们完全直觉到了实体,这一点仍是不清楚的②。

在奥卡姆的哲学中,尽管我们不能确定心理的助范畴词源自何处,但是,到目前为止,我们所勾勒出的画面既简单又具吸引力。据此,对特殊对象的因果性联结产生了充当事物标记的概念,非常类似于原始因。它们是心理的绝对词。在某人的心理词库中,存有哪些绝对词,取决于此人的因果性历史,因此心理语言之间存在差异,但只在词库中存在差异。构成心理表述的是由心理的助范畴词联结的绝对词。如果这种联结本身是某种能成为一个语句之主词或谓词的东西,那么它就是心理的一个含蓄词。心理语言中的一切单称词都是绝对的,一切复合词都是含蓄的。我们可以假定,构成心理语句的是这样一些词项,它们由某一心理联结词连接。心理语言中没有任何模糊的表述和同义词。言说表述附属于心理表述,但是由于它们所附属的表述,所以它们直接地意谓,以它们所意谓的方式意谓。既然附属是约定的,那么言说语言也是约定的。心理的表述功能在许多方面相像于弗雷

① T. K. Scott. "Ockham on Evidence. Necessity, and Intuition." Journal of the History of Philosophy, Vol. 7(1969). pp. 27-49, note 22.

② Ockham. Sentences. Prol. q. 1. in O. T. I. pp. 6. 31.

格之作为附属于它们的表述的意义。具体而言,定义的过程相当于心理中的分解过程。

我们所描绘的这幅画面,在奥卡姆哲学的其他地方也可发挥作用。例如,有人会认为,只有那些由绝对词所意谓的东西才应被纳入本体论。

三、作为沟通中介的心理语言

以上所勾勒的这幅图画,在很大程度上也统一了奥卡姆的认识论和语义学,但是它几乎太好而不真实。当我们提到奥卡姆意在不仅把心理语言当做言说语言的语义学,而且进一步把它当做一种沟通中介时,一些问题就出现了。如果我们是通灵者,我们就可以使用心理语言来沟通,同样被认为是通灵者的天使也可以如此。心理语言为了发挥这种作用,会是个什么样子呢?

在一定意义上,它一定是某种具体的东西。奥卡姆认为心灵是某种非物质的实体形式,并且有这么一种可能性:某种通过这种中介来实现的语言将十分不同于言说语言或书写语言的实现。然而,心理语言作为一种语言,将会产生许多问题;心理语言作为一种语义学,则不会产生这样的问题。其中一个问题是:心理语句是否由其部分构成①。这个问题由里米尼的格雷戈里(Gregory of Rimini)提出,现在又被保罗·斯佩德再次提出。

问题是这样的。附属是言说语言中的词项与心理语言中的词项之间的某种关系。因此,对于言说语句的每一个可意谓要素(significant element)而言,都相应地有一个可意谓的心理要素。但是,一些言说语句确实包含有相同的可意谓要素,却具有不同的真值。例如,"每个人都是动物"和"每个动物都是人"。心理语句是如何对应于这两种不同的言说语句?

上面书写的语句和相应的言说语句在语词顺序上不同。在书写语句中,空间结构(spatial configuration)是可意谓的,在言说语句中,时间结构(temporal configuration)是可意谓的。然而,对于心理语句而言,无论是空间安排(spatial arrangement)还是时间安排(temporal arrangement),都是不重要的。空间安排不重要是因为心智不是一个空间客体(spatial object),时间安排不重要是因为奥卡姆认为心理语句完全可以立刻产生出来。的确,奥卡姆认为训练有素的逻辑学家能立刻领会长串的论证②。

解决这一问题的一种办法是:假设心理语言是如此高度地变化,以至于没有任

---

① 保罗·斯佩德已经把注意力转向中世纪对这个问题的讨论。Cf., for example, P. V. Spade. Peter of Ailly: Concepts and Insolubles. an annotated translation (Dordrecht: D. Reidel Publishing Co., 1980). Attend especially to his note 313.

② Ockham II Sent., q. 12-13, in O. T. V. G. Gal and R. Wood (eds.) (St. Bonaventure, NY: The Franciscan Institute. 1981). p. 279.

何两个心理语句曾确切地包含过相同的可意谓要素。奥卡姆被认为是格(case)和时态(tense)的创造者,我们为何不把他也看作是主词、谓词等的创造者？这是沿袭奥卡姆这一传统的、较为普遍的解决办法①。

我们不应采纳这种解决办法。理由是,它不能解决一个与此相关的更深层的问题。按照上述这种说法,简单构造心理语句的部分与感知这一语句本身之间,有何差别？心理语句的部分是如何连接成一个整体的？

奥卡姆也意识到了这一问题。他在几处都讨论了这一问题,尤其是在《语句评注》的第二卷和《解释篇疏义》(*Commentary on the Perihermenias*)的导论中。前者将这一问题置于他早期的作为虚构物或意向性对象的概念理论中;后者将问题置于他的成熟观点之中,即概念就是认知活动(intellectiones)或理解行为本身。

在II *Sent.*, q. 1和q. 12-13中,奥卡姆给我们讲述心理是如何理解由虚构物构成的心理命题以及这种领悟(comprehension)是如何区别于对心理词项和联结词的理解(understanding)。这种讨论直接引发的问题是:对于已知语句的每一部分,是否必定有一单独的知识(*ratio cognoscendi*)。奥卡姆宣称没有。他认为,当我们拥有某一语句的习惯性知识(habitual knowledge)时,我们就能通过相同的习惯了解整个句子及其词项。而且,即使我们初次理解这一语句,我们也无需以单独的行为来理解主词、谓词和联结词②。

在“虚构”理论中,我们可以区分虚构物和“言说”及“理解”语句的行为。前者是指主词、谓词和联结词,后者的对象都是那些虚构物。因此,在这一理论中,区分虚构物集(语句中的一串“语词”)和作为一个有序整体的语句的问题就尤为迫切。奥卡姆的解决办法是,把言说或理解联结词的行为看成是某种非常特殊的行为。正如他所说:

> ……那种结束于联结词概念的联结词行为,并非绝对地结束在那里,而是同时(结束)在主词和谓词。因此,那些只结束于主词和谓词的行为是非复合的,而那种结束于联结词的行为是复合的,因为它直接地结束于整个复合;这被称为组合或分解③。

在奥卡姆后期关于概念本质的“理智”(*intellectio*)理论中,通过概念理解事物的行为与概念本身之间已不再存有差别。有所差别的是行为本身。根据奥卡姆的这种“理智”理论,语句的主词和谓词都是行为,这些行为大概类似于“虚构”理论中的理解主词和谓词的行为。如果是这样,那么“虚构”理论中结束于联结词的行为就是“理智”理论中的心理命题联结词。这样,联结词本身就是某种组合或分解的复合行为,它在某种程度上利用这两个端项(它们是“非复合的”行为)。这使得

---

① For information on this tradition, cf. P. Spade. Peter of Ailly. note 217 and the references therein.

② Cf. the citation in note 24.

③ Ockham, II Sent., q. 12-13, in O. T. V. p. 280.

如下看法成为可能,即把一个语句(或者,甚至一个论证)看作是一种单个的复合心理行为。正如奥卡姆所言:

……语句可能是一种理解行为,相当于由(可能存在的)不同部分构成的整个语句,如果(部分)所具有的顺序是它们在言说中的顺序,并且但凡在言说中存在相应的不同语句,那么就存在不同的语句①。

这一研究路径所引发的问题是:它危及到了心理语言的递归性特征(recursive character)和它作为一种沟通中介的可能性。如果每一语句都是一个不同的原始心理行为,那么对每一语句的译解将完全是一种新的经验,我们关于其他行为的知识将起不到丝毫作用。奥卡姆试图通过这样一种方式来回避这一问题,即把某些行为,如联结词(根据"理智"观点),当做复合行为。在这些复合行为当中,比较简单的部分在某种程度上被表征,但是这一过程究竟是如何运作的,仍旧是一个谜。

心理语言是如此高度地变化,以至从未出现过像语词顺序这样的问题。这一观点(归属于奥卡姆)所引发的第二个困境是:存在这样一些情况,他可能诉诸这样一种策略,但他并没有这么做,即使不这么做的代价是使得心理语言(mental)模糊不清。例如,奥卡姆关于指代的论述就要求:语句中出现的词项,当它用于代表它所意谓的东西时,具有人称指代(personal supposition);当它用于代表它所附属的概念时,具有简单指代(simple supposition);当它用于代表它自身时,具有实质指代(material supposition)。以下三个语句很好地说明了"humans"这一词项的三种指代。①Humans 曾去过月亮。②Humans 不是种。③Humans 有 6 个字母。

在对模糊性的讨论中,奥卡姆明确地宣称:虽然心理词项在"具有两种不同意谓的"意义上不可能是模糊不清的,但是它们在如下意义上却是模糊不清的,即它们可以在一个语句中具有人称指代,而在另一个语句中具有实质指代。

对于言说语句而言,这不会产生任何特殊的问题,因为我们可以假定言说者的意向决定了主词的指代,即使听者很难发现它。然而对于心理语句而言,却存在一个现实的问题,因为在奥卡姆看来,构成语句的概念虽然已被指定,但主词的指代仍未被确定。那么,什么东西可以确定它呢?

奥卡姆似乎从未面对过这样的问题。他坚持认为构成心理语句的概念并没有确定主词的指代。借此,他摒弃了皮埃尔·德·爱丽(Pierre d'Ailly)的解决办法,即认为心理语句的主词总是在人称指代之中。所以我们不能假定:奥卡姆通过依据变化来解决心理语言的结构问题。并且,奥卡姆宁愿搁置心理语言中指代的模糊性问题,这导致人们质疑他的这样一个观点:心理语言是一种意义完全明确的(univocal)语言。

---

① Ockham, Proemium to Expositio in Librum Perihermenias Aristotelis in O. P. II. E. A. Moody, G. Gal, A. Gambatese. S. Brown, P. Boehner(eds.) (St. Bonaventure. NY: The Franciscan Institute, 1978), p. 356.

四、逻辑与心理语言

心理语言除了能作为言说语言的语义学、与天使沟通的中介，它还为奥卡姆充当逻辑分析的中介。我们正是从这里发现了奥卡姆的研究路径当中的一些最令人振奋的成就和一些最令人困惑的问题。我将就这两方面的问题各考虑一个。

任何一个逻辑学家，尤其是那些像中世纪逻辑学家一样研究自然语言的逻辑学家，所必须面对的一个任务就是：为论证的逻辑结构及其成分语句提供分析。如果我们认为言说表述附属于心理表述，并且心理语言是逻辑的恰当中介，那么我们就能阐明一个关于可接受分析的(acceptable analysis)强有力的约束性因素：一个分析是可以接受的，仅当那种替换，即用分析项来替换被分析项，保留了心理语言中的语法性(grammaticality)。但这不必蕴涵：这种替换将保留言说语言中的语法性。

这一点可通过观察这种分析是如何处理诺曼·克雷茨曼(Norman Kretzmann)已经讨论过的问题而得到阐明[①]。克雷茨曼对理查德·基尔文顿(Richard Kilvington)的《诡辩集》中所提及的第一个诡辩表现出极大的兴趣。这一诡辩是：苏格拉底更白于柏拉图开始是白的[②]。基尔文顿将“柏拉图开始是白的”分析为“柏拉图现在不是白的，且现在后不久他将是白的”。正如克雷茨曼所指出的，萨克森的艾伯特(Albert of Saxony)在其《诡辩集》中反驳道：要么这种分析是错误的，要么原始的诡辩是不规范的。他支持这种观点，因为他认为如果我们把嵌入的事件“柏拉图开始是白的”替换为它的分析，那么我们将得到：苏格拉底更白于柏拉图现在不是白的且现在后不久他将是白的[③]。很简单，这不符合语法。克雷茨曼认为艾伯特处于这一争论的错误的一面，但我们却不易确切地发现是什么原因。我的建议是：艾伯特错误地认为对某一表述的正确分析必须保留这一表述的语法范畴。我认为，这等于说是语法形式反映了自然语言的逻辑形式。这一观点被那些像罗素的摹状词理论的理论所驳斥。在这些理论中，某一语法范畴的表述被分析为像罗素的摹状词，或者甚至完全没有任何语法范畴。当然，分析必须保留意义，但是在某种像奥卡姆心理语言的框架内，这等于说被分析项和分析都附属于相同的心理表述。如果我们坚持认为心理语言中的分析必须保留语法性(即同一性)，而言说语言中则不必，那么艾伯特的论证就无效。

可以这么说，言说语句所附属的心理语句总是要表明自己的逻辑形式(心理语句把它的逻辑形式穿到了自己的袖口上)，而言说语句本身则在某种程度上遮蔽了自己的逻辑形式。在心理语言中，一切逻辑关系都是明确的。心理语言就是一种逻辑语言。

---

① Norman Kretzmann, “Socrates Is Whiter Than Plato Begins to Be White.” Nous XI(1977). pp. 3-15.

② 原文为：Socrates is whiter than Plato begins to be white.

③ 原文为：Socrates is whiter than Plato is not now white and immediately after now he will be white.

这一观点由奥卡姆关于谬误的论述得到了检验。正如赫斯特·盖尔伯所论证的,奥卡姆刷新了关于谬误的分类。他把传统的亚里士多德关于"言说中"的谬误与"言说之外"的谬误之间的区别,看作是因我们误解了言说或书写表达是如何关联于心理表达而产生的谬误,与因我们误解了心理论证本身的结构而产生的谬误之间的区别[①]。然而,如果心理表达的逻辑结构是明确的,为什么言说者还会误解它呢?

奥卡姆关于言说之外的谬误的范式是偶性谬误(the fallacy of accident)。正如盖尔伯所指出的,奥卡姆拒斥把这种谬误诊断为因中项的变动(variation)而产生。在他看来,谬误产生于对心理论证结构本身的误解。这是如何可能的呢?

奥卡姆在几处地方都认为:我们不可能误解某些特定种类的语句,这些语句的主词和谓词都是绝对词[②]。借此,可以诱人地概括出这么一个结论:任何心理语句(只有它们的范畴词才是绝对词),既然它们的逻辑结构是明确的,那么对思考者而言,它们将是透明的。如果,正如我上面所论证的,所有心理语句只包含作为简单成分的绝对词和助范畴词,那么根据这一观点,所有的心理语句将都是透明的,并且将没有任何言说之外的谬误。

这一谜团的关键之处在于这样一个假设:语句中的明确结构显现于思考者。奥卡姆索求的只是关于包含绝对词的特定范畴语句的证据,我们没有任何理由认为他的这种索求是正确的。而且,奥卡姆没有一般地认为我们的心理行为对我们而言是明显的。这样假设完全是合理的,即谬误的产生是由于思考者没有注意到自己思想中的像否定运算符范围等这样的东西,并且做出这种没有保证的推断:在这些情况中发生的是,某一心理表述被看作是一种好像不同于它所是的结构。复杂的心理行为是复杂的,并且人类作为其所是的有限工具,可能不会对这种复杂性做出正确的反应。奥卡姆并没有明确地赞同这样一种观点,但我认为,这是他著作中所体现出的思想。

五、结　　论

先辈思想家们的观点与当代思想家有着惊人的相似之处。这总是诱人的,也总是危险的。奥卡姆正是这样一位先辈思想家。在我看来,奥卡姆的研究路径正在被重新挖掘,而且14世纪的许多问题和理论策略应该,也正在被重新考量。

当代思想家杰里·福多的著作在众多方面都非常类似于奥卡姆。福多在其一系列著作,如《思想语言》中认为:解释有机体的行为,需要确定外界刺激是如何被内在表征的[③]。表征需要某种表征的中介,并且这一中介在特征上必须是符号的。

① H. Gelber. "The Fallacy of Accident and the Dictum de Omni: Late Medieval Controversy over a Reciprocal Pair." Vivarium 25(1987).

② Cf., for example, S. L. III-II. c. 29, in O. P. I. p. 558.

③ J. A. Fodor, The Language of Thought (New York: T. Y. Crowell. 1975). Cf. also Psychosemantics (Cambridge: The M. I. T. Press. 1987).

如此说来,如果没有一种内在语言,就不会有任何表征。而且这种内在语言还不能是一种自然语言。自然语言不能作为思维的中介,因为我们需要假设内在表征来解释非人(non-humans)和前言语儿童(pre-verbal children)所展现出来的行为,尤其是他们学习的行为。福多认为,学习,尤其是语言学习,预设了某种语言——在这种语言当中,关于学习材料的假设就可以被表征。他认为,这种语言与所要学习的自然语言一样是强而有力的。

福多认为没有任何一种语言能被获得,除非我们已具备某种语言,借此阐明新语言中谓词的意义或使用的假设。但是(他也乐于承认)这并不意味着:没有另外一种语言,就不能获得其他任何语言。相反,第一语言可以凭空(*ex nihilo*)获得,如果它的获得不牵涉假设形成(hypothesis formation)。

这就是奥卡姆何以认为心理语言实际上已被获取的原因。我们可以看到,奥卡姆认为绝对的范畴性概念,要么是亲知世界的效果,要么是对这些效果进行比较和抽象操作(我们自身所固有的)的结果。总之,它们不涉及任何假设形成。

虽然关于助范畴词的情况不是很明朗,但是把如下观点归属于奥卡姆似乎是合理的,即助范畴词是心智的操作,它们源于心智先天能力的运用。如果是这样,那么奥卡姆所描述的这种心理语言将极具吸引力。它为急切的心理语义学家提供了他们所可能需要的所有内在表征和计算特征,而为经验主义保留了精神(spirit)和绝大多数虚构的东西——即心智中不存在任何先前在感官中不存在的东西。

也并非全是如此。奥卡姆几乎站在了这一传统的最前端①。他和他的后继者们对心理语言的结构做了大量实质性的假设。例如,成熟的奥卡姆认为:心理语言既不包含模糊的语词也不包含同义词,并且心理语言只有在表达所需的恰当性时才会发生曲折变化。布里丹(Buridan)认为心理语言确实包含简单的含蓄词。萨克森的艾伯特认为心理的每一个范畴语句都包含一个主词、一个谓词和一个联结词。他们对心理表征的本质也进行了讨论和探讨。乔姆斯基将其语言研究路径中的某些要素的历史源头追溯到了笛卡儿。我们从奥卡姆及其后继者那里发现了一些其他的,或许是更为重要的要素,它们内嵌于一种研究纲领,这种研究纲领几乎贯穿于整个中世纪晚期,并且可能最终具有一些历史意义之外的更多意义②。

---

① 在这些有影响力的人物当中,应该提到的是 J. 布里丹、布里丹的学生 Pierre d' Ailly 和 John Maior。关于布里丹观点的讨论,比较 P. King 的 John Buridan's Logic。关于 Pierre d' Ailly 的研究,比较 P. Spade 的 Peter of Ailly。这一传统充满了争议,并且 Hester Gelber 在 Hugh of Lawton 中已至少发现了一个反对的声音。Cf. H. Gelber. "I Cannot Tell a Lie. "For an introduction to the later tradition, cf. E. J. Ashworth. "The Structure of Mental Language: Some Problems Discussed by Early Sixteenth Century Logicians. " Vivarium 20. 1(1982).

② 本文受益于许多人的帮助。当我们还是多伦多大学的研究生时,Paul V. Spade 就给予了许多帮助。本文的最早版本见于 1977 年普林斯顿大学。最新版本受益于 Hester Gelber 和 Peter King 关于是否存在简单的心理含蓄词的争论,也受益于 Amelie Rorty 的具体帮助。

笛卡儿与语言学

诺姆·乔姆斯基(Noam Chomsky)
麻省理工学院

虽然笛卡儿在其著作中很少提到语言,但是他关于自然语言的一些洞见在阐明其一般观点中发挥着重要作用。在潜心研究力学解释的局限性过程中,笛卡儿逐步使自己确信:动物行为的方方面面都可以通过如下假设得到解释,即动物是一台自动机①。这使得他超越了物理学,走向生理学和心理学。通过研究,他提出了一个重要的、极具影响力的思辨生理学(speculative physiology)体系。他最后得出这样一个结论:人具有一些独一的、不能纯粹凭靠力学基础而得到解释的能力,尽管力学在很大程度上能够解释人体的功能和行为。通过人类语言,尤其是人的构造新陈述(这些新陈述用于表达新思想并适用于新情境)的能力,人与动物的本质差异得到彰显。他认为:

> 我们可以设想一台机器:构造得能发出语词,甚至能对作用于它上的行为(这些行为引起其部件的变化)做出一些言语反应;例如,如果我们触摸它的某个特定部位,它会发问我们想对它说什么;如果触摸它的另外一个部位,它会大叫以示自己受到了伤害,等等。但是它从来不会以各种方式组织自己的语言,去对一切可能在它面前所说的东西做出恰当的反应,而这是甚至最愚蠢的人都能办得到的②。

我们决不能把这种使用语言的能力混同于“那些表现情感的、机器所可能模仿

---

① 他所提出的这一解释性假设,在任何绝对意义上,是否“正确”? 由于这个问题超越了人类理性的限度,所以他对此的态度是搁置、存疑,仅限于宣称:这些假设是充分的,尽管显然并非唯一如此。Cf. Principles of Philosophy, Principle CCIV.

这里关于力学解释之局限性的讨论,我们必须谨记在心。这不是关于心灵(本质是思想的实体)存在的问题。在笛卡儿看来,通过内省,心灵的存在事实上比身体的存在更容易得到证明。很难证明的是其他心灵的存在。这只能通过笛卡儿及其追随者所列举的间接证据而得到确立。这些证明其他心灵存在的努力,在当代人看来,是很难令人信服的。如 Pierre Bayle,就将笛卡儿之不能证明其他心灵存在刻画为“笛卡儿主义中最薄弱的方面”(“Rorarius”, in the Historical and Critical Dictionary. 1697. selections translated by Richard H. Popkin, Bobbs-Merrill, Indianapolis, 1965, p. 231)。

② Discourse on Method, part V. In The Philosophical Works of Descartes. translated by E. S. Haldane and G. R. T. Ross, Vol. I. p. 116. 这里,其他的引文出自本版的第116-117页。

一般而言,我会使用含有这些资料和原始资料的英译本,并且也会引用原始资料,如果可供我利用的话。在引用原始资料时,我会时不时对其中的拼写和标点符号稍作调整。

的、动物所展现出来的自然动作”。关键性差别在于：自动机“可能永远不会像我们那样使用言语或其他符号来记录我们的思想”。这是人的一种独立于智能的特殊能力。因此：

> 这是一个明显的事实：人不管有多么愚钝（甚至包括傻子），总能将不同的字眼编排在一起，用来向别人传达自己的思想；而动物则不同，不管它们有多么完满、多么得天独厚，都无法做到这一点。

这种人与动物之间的差别也不是基于外部的生理差异。因此，笛卡儿进一步指出：

> ……它不缺乏用以传递这种东西的器官，因为我们知道，喜鹊和鹦鹉也能像我们一样发出语词，却不能像我们一样讲话，即是说，它们不能像我们一样思考它们所说的东西。另一方面，那些天生就是聋哑的人，他们虽然缺少跟别人说话的器官，在这一点上跟禽兽一样，甚而不如禽兽，但是他们自己却常常能发明一些确定的符号来使自己被理解。

简言之，人具有一种人所特有的（species-specific）能力，一种独一的理智组织，它不能归属于外部器官或关联于一般智能（general intelligence）[①]；它表现出，我们所称之为的、日常语言使用的“创造性方面”——它在范围上不受限制的属性和不受外物刺激（stimulus-free）的属性。因此，笛卡儿认为：语言可供用于自由地表达思想，或者在任何新语境中做出恰当反应，它并不决定于任何话语（utterances）同外部刺激或生理状态（可通过任何非循环的方式得到识别）之间的固定联系[②]。

通过论证力学不可能用于解释语言使用的创造性方面，笛卡儿得出：除了身体，必须把心这种本质是思想的实体，归属于他人。我们可以从笛卡儿关于心身关

---

① 关于这一问题的一些现代的看法和证明，见 E. H. Lenneberg，“A Biological Perspective of Language” in E. H. Lenneberg（ed.），New Directions in the Study of Language（Cambridge：MIT Press，1964）.

② 显然，不受限制的属性和不受外部刺激的属性是彼此独立的。自动机可能只会有两种随机产生的反应。一台录音机或某个人，若它们的语言知识仅限于记录的能力，则它们的输出是不受限制的，并且这种输出在指定意义上是受到外物刺激的。动物行为，在笛卡儿看来，通常是不受限制的，但并不是不受外物刺激，因此从人类言说的意义上讲，动物的行为不具有创造性。Cf.，for example，Francois Bayle. The General System of the Cartesian Philosophy，1669（English translation dated 1670. p. 63）：“由于因对象作用于感觉而产生的印象可能有无穷种，因此测定流入体内的元气也存在无数种，随之而来的结果就是动物运动的无穷种，并且由于这种构造中存在更多种部分、更多的发明和技能”。人类言语的不受限制性，可以表达无穷的思想，它是一种完全不同的物质，因为人类言语能摆脱外物刺激的控制而适应于新情境。

区分“行为对情境的适应性”和“行为受外物刺激的控制”是十分重要的。后者是自动机的特征，前者超越了力学所能解释的范围。

笛卡儿假设：人类语言基于一个完全迥异的原理。现代动物交往的研究，到目前为止，还没能提供任何一个能驳倒这一假设的反证。每个已知的动物交往系统，要么是由许多固定的讯号组成——每一系统都相联系于一具体的诱发性条件或内在状态的范围，要么是由许多固定的“语言维度”（linguistic dimensions）构成——每一系统都相联系于一非语言学的维度，即顺着选择一个点，也就指示了另一相对应的点。这两种情形中，没有哪一种存在任何与人类语言之间的有意义的类似性。人类交往和动物交往的研究，都只处于几乎包括其他所有行为的普遍性的水平之上。

系的论证中,清楚地看到:所假设的实体,相比用于解释身体功能的"力学原理"而言,发挥着某种"创造性原则"的作用。事实上,人的理性"是万能的工具,可以用于一切场合",而动物或机器则不然,"一种特殊结构只能适合做一种特殊动作"①。

① 一般而言,"尽管机器能够像我们一样做一些事情,甚至比我们做得更好,但它们在其他方面则显得很欠缺,即我们所发现的:它们不能根据知识来行动,只能根据自身器官的排列来行动"。有两种"确定的测试",我们借此可以确定某一设备是否确实是人。一是语言使用的创造性方面,二是人类行为的多样性。"这实际上是不可能的(Haldane-Ross 译为'道德上的不可能'),即机器中应该有足够的多样性以使其能够在生命的一切事件中行动,正如我们的理性引导我们去行动一样。"在谈论这一点的时候,笛卡儿将其"认知能力"的概念扩展为一种官能。这种官能并非纯粹是被动的,它"被恰当地称之为心,当它在想象中形成新观念,或者注意到那些业已形成的观念时"。它的作用并非完全受意义或想象或记忆的控制(Rules for the Direction of the Mind, 1628; Haldane and Ross. p. 39)。笛卡儿更早地就指出:"动物之完满的行为令我们怀疑其没有自由意志"(c. 1620; cited by L. C. Rosenfield, From Beast-Machine to Man-Machine (New York: Oxford University Press,1941) p. 3 as the first reference by Descartes to the problem of animal soul)。

"认知能力",只有当它在创造性的意义上时,才能被恰当地称之为"心"。这一概念有更早的源头。一个(笛卡儿很可能熟悉的)源头是 Juan Huarte 的 Examen de Ingenios(1575)。这本书被译为多种文字,并被广泛传阅(我引用的是 Bellamy1698 年的英译本)。Huarte 将"Ingenio"一词理解为具有"产生"(engender)、"生成"(generate)的根意义——他把"Ingenio"与"gigno""genero""ingenero"相联系起来(p. 12)。这样,"我们就能在人(Man)中发现两种原动力(generative powers),一种是同牲畜、植物共有的生殖能力,一种是带有精神实体、神、天使的创造能力"(p. 3)。"由于 Ingenio 是一种生成的能力……所以我们可以把它理解为是一种生成的官能(generative faculty)"(p. 3)。与"神灵"(divine genius)不同,人的"理性灵魂"和"精神实体"并没有充足的力量和能力给予它们所产生的东西以真实的存在,只能"产生记忆中的某个事件","我们所知道或理解的某种观念或影像",由艺术作品而被赋予具体的存在(pp. 4-5)。同样,艺术和科学也是"某种影像和人物,由人的心在其记忆中产生,把与指定科学相关的主体的姿势和自然成分呈现在生活中"(p. 6)。如果有谁知道某个主体,那么他一定会"在他自身中产生一个完整而又真实的人物(这一人物表现出自己的原则和结构)"(p. 6)。真正主动的心(active minds)是"那种只受主体协助而不受任何身体帮助的东西,它们会产生无数它们所从未听说过的思想"(p. 7)。经验主义有句格言,"认识中,除了过往于感觉中的东西之外,没有任何东西"。这句格言源于亚里士多德,只适用于那些缺乏这种能力的"容易教的才智"(docile wits)。尽管"完满的才智"(perfect wit)只是一种理想,"但是有一点是肯定的,即我们已经观察到有很多人都趋近于这种完满的才智,他们发明并言说许多他们所从未听说过的东西"(p. 16)。甚至存在第三种才智,"凭此,一些没有接受过技能训练和学习的人,照样能讲出这些玄妙而又奇异的事情,并且是真的。这些东西都是我们所从未见过、听过,甚而从未思想过的"(p. 17);这三种才智分别包含有记忆、理解和想象。一般而言:

正如西塞罗(Cicero)所看到的,……所有人的荣誉和崇高,在于他的雄辩才能:由于才智是一个人的门面,因此雄辩乃才智所焕发出来的光芒和美丽。借此,他将自身区别于禽兽,并且走向神——作为最伟大的荣耀,并可以在自然中得到。(p. 22)

最为严重的"才智的无能"——这种无能使得人"无异于禽兽",是这样一种无能:"非常类似于太监的不能生育的能力",它阻止了人的理性官能通达……学者们所认为的,在人开始学习之前的,关于一切技能的首要的原理。因为才智除了把它们(即关于一切技能的首要的原理)接受为已知的东西之外,再无其他任何证据能证明自身。如果人不能在自己的头脑中形成关于这些首要原理的观念,那么我们就此可以断言:这个人完全不能从事科学研究……(在这种情形下),无论是当头棒喝,还是他的喊叫,抑或方法、例子、时间、经验以及自然界中的任何东西,都不足以激发他产生任何东西。(pp. 27-28)见 K. Gunderson,"Descartes, La Mettrie. Language and Machines."Philosophy. vol. 39(1964), pp. 193-222,这里,对笛卡儿论证的有趣讨论,与当代关于自动机"智能"的讨论相关。关于笛卡儿理论的发展与批判的一般背景,以及力学解释的局限性,见 Rosenfield, 前面引用的书和 H. Kirkinen. "Les origines de la conception moderne de l' homme-machine", Annales Academiae Scientiarum Fennicae, ser. B. vol. 122 (1961). Helsinki.

笛卡儿所论述的语言的关键作用,在其随后的通信中被更加明确地提了出来。在一封写给纽卡斯尔侯爵(Marquis of Newcastle,1646)的信中,他断言:“我们的外部行为中,没有哪一种能向审查它们的人保证:我们的身体只不过是一台自行运动的机器。我们身体里面还有一个能脱离一切情感而进行思考的心——除了主体用以表达自身的话语或其他符号。”[①]这一边界条件的加入是为了排除像“欢叫或痛苦的呼喊”和“所有可以由人教给动物的东西”[②]。然后,他又重复他在《谈谈方法》中的一些论证,并再次强调:没有一个人,不完满到不能使用语言来表达自己的思想;没有一个“禽兽,完满到能使用符号来向其他动物传达某些与其情感毫无关联的东西”;而且,他又再次指出:动物本能的完满,是其缺乏思维的标志,也可据此证明,动物是机器。1647 年,他在写给亨利·摩尔(Henry More)的一封信中这样说道:

> 然而,在我看来,能让我们确信禽兽缺乏理性的论点是:尽管在同一种中,一些比另一些更完满,正如在人类中(在马和驹中尤为明显),一些人会比另一些人更有能力去保存所学到的东西;尽管它们都能通过嗓音或其他身体动作让我们清楚地明白它们的一些自然动作(如愤怒、恐惧、饥饿等等);但是到目前为止,还没有观察到有哪一种动物能够达到使用真实语言的程度。也就是说,能够通过嗓音或其他符号来向我们表达意思的能力。换言之,只涉及思维而不涉及自然动作。因为语词是单独的符号,它是隐藏在身体中的思维之存在的确切的标记。现在,所有的人,包括最愚蠢、最笨拙的人,和那些失掉说话器官的人,都能使用符号,而禽兽则永远不能,这或许就是人与禽兽之间的真正差别[③]。

总之,正是由于人的行为的多样性,人的行为对新情境的适合性(appropriateness)和人的创新能力——语言使用的创造性方面,导致笛卡儿将心归属于人类,因为他认为这种能力超越了一切所能想象得到的力学解释的限制。因此,一个完全充分的心理学,需要假设“一个创造性原则”和“力学原则”。这个“力学原则”足以解释有生命和无生命的世界的其他一切方面,和人的一系列的重要行为和“情感”。

---

① Translated (in part) in H. A. P. Torrey. The Philosophy of Descartes. (New York: Holt. 1892), pp. 281-284.

② 也就是说,根据条件作用(by conditioning)。当动物由人来训导时,它们行为的产生与情感相关,即:这种行为与“吃东西欲望的被激起”,或者“它们的恐惧、希望、喜悦等动作”相联系。因此,笛卡儿指出,正是由于此,他没有对此进行详尽地阐述,相反他把这看成是太明显的,不值得探讨。值得注意的是,关于人类学习的现代行为主义思考,却否认这些真理。For some discussion, see Chomsky, “Review of Skinner. ‘Verbal Behavior.’” Language, vol. 35. pp. 26-58; Aspects of the Theory of Syntax (Cambridge: MIT Press, 1965), chap. 1, section 8; J. Katz, Philosophy of Language (New York: Harper & Row. 1966); J. Fodor, “Could Meaning be an ‘r_m’.” Journal of Verbal Leaning and Verbal Behavior. vol. 4(1965), pp. 73-81.

③ Torrey, The Philosophy of Descartes, pp. 284-287. 笛卡儿关于动物自动性(automatism)的信件,见 L. C. Rosenfield 所译的《动物科学》第一卷(1936)。笛卡儿进一步解释道:他并没有否认动物的生命、感觉,甚至情感,因为它们只依赖于身体感官。

笛卡儿关于语言的看法与力学解释的问题相关联。这一点由科迪默(Cordemoy)的研究得到了详尽的阐明①。在这一研究中,科迪默的问题是要确定:是否有必要假定他心(other minds)的存在②。人的行为的巨大的复杂性与证明其他人不仅仅是自动机这一点不相关,因为它可以根据假定的生理学术语,如反射、取向等,得到解释。

总之,科迪默认为,力学不能用来解释日常语言的新奇性(novelty)、连贯性和相关性。但是,他强调:"注意"(that care)必须通过使用言说的能力才可发挥作用,这可作为力学解释之缺陷的证据。可发出清晰的声音,或者可模仿话语本身这一事实,并不能证明任何东西,因为这一事实可以通过力学术语而得到解释。它也不具有任何关联性,即可能产生表达内在状态的"自然符号"(*signes naturels*),或可能因外界刺激在场而偶然产生的具体的符号。只有创新的能力、适应新情境的行为以及产生连贯交谈的行为,才能提供强有力的证据。

科迪默向来认为,只有涉及语言的使用,尤其是我们所称之为的创造性方面的"实验"才能揭示力学解释的局限性。在这里,他关于作为语言使用的声学和发音基础进行的探讨,和关于能促进人类对真实语言的习得和动物对非语言功能的交流系统的习得的调节方法、联系方法和加强方法的讨论,完全是在笛卡儿所设定的框架体系内进行的。

在此,我们的主要目的是强调语言使用的创造性方面,以及人类语言与动物的纯粹功能的、受刺激物约束的交流系统之间的差别,而非强调笛卡儿对解释人类能力而做出的努力。

值得注意的是,科迪默随后的讨论,很少试图去符合笛卡儿关于力学解释局限性的论证。笛卡儿认为,为了解释他所引用的事实,必须假设一种"能思维的物质"。这一建议遭到了持如下观点的人的普遍反对。这一观点是:身体的更复杂的组织足以解释人类的能力,但这是如何可能的,他们并未做出任何严格的努力来说明(正像笛卡儿、科迪默等,试图说明动物行为和人类身体的各种功能,是如何依据物理组织的假设而得到解释的)。例如,拉美特里(La Mettrie)就认为,人只不过是一台最为复杂的机器而已。"人之于猿,之于最聪明的动物,就如同惠更斯③(Huyghens)的行星运行仪之于尤利安·勒鲁瓦④(Julien Le Roy)的手表"

① Discours Physique de la Parole, 1666. Page references are to the second edition, 1677. 英译本出版于1668年。Rosenfield 评论道:科迪默充分地发展了笛卡儿关于动物缺乏真实言语能力的论证,并且"自科迪默之后,学者们很少关注这一点,他们好像把这看成了是对这一主题的最后说明"(From Beast-Machine to Man-Machine, P. 40).

② 在科迪默看来,确定他是否拥有灵魂,这是没有任何问题的。因为通过内省,这对于他而言是明显的,"que certaines pensèes accompagnoient toujours en moy la pluspart des mouvemens de mes organes"(p. 3)。

③ 惠更斯(Huyghens,1629~1695),荷兰物理学家、天文学家、数学家和摆钟的发明者。

④ 勒鲁瓦是法国有名的钟表商。

(p. 140)[①]。在他看来,根据力学原则来解释思维是件轻而易举的事情。"我认为思维与有组织的物质(organized matter)之间,几乎没有不可相容的地方,所谓运动的功能、不可入性、延展性等,似乎与电荷一样,都属于思维的属性"(pp. 143-144)。而且,从原则上讲,教会一只类人猿说话,几乎没有什么困难。唯一存在的困难是"言说器官中的某种缺陷",但是这种缺陷可以通过适当的训练而得到克服(p. 100)。"我几乎一点也不会怀疑:如果这只动物经过了适当的训练,那么它至少被教会发音,并且它因此也懂得了一门语言。然后,它将不再是一个野蛮的人,也不再是一个有缺陷的人,而是一个完满的人,一个绅士"(p. 103)。同样制造出一台会讲话的机器,也绝非异想天开。"沃康松[②](Vaucanson)造出一个吹笛者,比造出只鸭子需要更多的技能。同样,他要造出一个会讲话的人仍需要更多的技能。这种制造会讲话的人所需要的机理将不再被认为是不可能的……"(pp. 140-141)。总之,动物的"语言"完全被局限在力学解释的范围之内。这一点,笛卡儿和科迪默深信不疑。

显然,无论是拉美特里,还是伯格特(Bougeant),都没有抓住笛卡儿所提出的问题。这一问题是由语言使用的创造性方面和这样一个事实而提出的,即人类语言不受可识别的外界刺激物对内在生理状态的控制,它可作为思维和自我表达的普遍工具,而不只是作为一个报告、要求或命令的交流设备[③]。现在,就智能行为的处理问题所作出的努力,还远远不能令人满意。例如,赖尔(Ryle)在其对"笛卡儿的神秘"[④]的批判中,就完全回避这一问题。他宣称:我们应该要求笛卡儿主义者回答"智能行为与非智能行为之间相区别的标准是什么"的问题(p. 21),而不是去寻求对智能行为的解释。这些应该被正确地理解为:它们并不是相互排斥的选择。赖尔所讨论的标准,与科迪默所提出的"实验"之间,几乎没有差别;但是,赖尔只乐于引用那种具有某些属性的"智能行为"的事实[⑤],而笛卡儿主义者所关心的问题是,他们在无法提供力学解释的情况下,是如何解释这种行为的。我们几乎不能说,我们在确定智能行为的特征、借以获取智能行为的方法、支配智能行为的原理或者智能行为背后的结构本质方面,超越了17世纪的思想家。也许有人会选择忽略这些问题,但是没有任何合乎逻辑的论证能够表明它们是不真实的,或是超

---

① 拉美特里,《人是机器》(1747)。含有注释和背景材料的校勘版本,由普林斯顿大学出版社于1960年出版。这里所给出的译文来自《人是机器》(La Salle, IL: Open Court, 1912):页面索引于1961年的版本,这个版本含有英译的法文文本。

② 沃康松(Vaucanson),法国发明家。

③ 这并不是否认,拉美特里所提出的解释方法在原则上可能是正确的。我在这所关心的不是笛卡儿和其他人所提供的解释的充分性,而是由这些努力所引出来的关于人类语言的看法。

④ G. Ryle, The Concept of Mind (London: Hutchinson's University Library, 1949). See J. Fodor, "Is Psychology Possible?", chap. 1 of Psychological Explanation (New York: Random House, 1968), for a critique of the views of Ryle and others regarding psychological explanation.

⑤ 这些事实是以"能力""习性"和"倾向性"来描述的。它们构成了一个新的"神话",与笛卡儿的"精神实体"一样神秘莫测和难以理解。

越了研究以外的东西。

现代语言学家们,也未能以任何严格的方式来处理笛卡儿关于人类语言的观察。如布龙菲尔德(Bloomfield)就认为,在自然语言中,“组合的可能性实际上是无限的”,因此根据重复或列举(listing)来解释语言使用,是没有任何希望可言的。然而,他关于——言语者所发出来的新形式是“根据他所听到的相似形式类推出来的”——这一评论,并没有进一步说明什么[①]。同样,哈克特(Hockett)将创新完全归属于“类比”[②]。与此相类似的言论也可在保罗(Paul)、索绪尔(Saussure)、耶斯佩森(Jespersen)和其他人那里找到。把语言的创造性归属于“类比”或“语法模式”,就是以一种完全隐喻的方式使用这些术语,而没有任何明确的意义,并且与语言学理论的技术性应用也没有任何关联。这与赖尔的做法一样是空洞的。赖尔把智能行为描述为一种“能力”(powers)的使用和某种神秘的“倾向性”(dispositions),或者他试图根据“普遍化”“习惯”或“条件作用”(conditioning)来解释日常语言的创造性使用。如果这些术语具有类似于其自身专门意义的东西,那么使用这些术语所作出的描述就是不正确的,但它至少说明我们所谈论的“能力”在某种程度上可被解释为一种“更为复杂的东西”。

---

① L. Bloomfield, Language (New York: Holt, 1933), p. 275. 当说话者说出一些他所未曾听说过的言语形式时,“我们可以说,这些言语形式是他类比于自己曾听说过的相类似的形式而说出的”。在布龙菲尔德看来,人类语言与动物交往系统,在根本上几乎没有什么差别可言。在其他方面,它的功能是类似的。“人发出许多种口头声音,并利用这种多样性:在特定的外部刺激下,他会产生特定的口头声音,并且他的同伴,在听到这些相同的声音时,会做出相应的恰当反应”(p. 27)。他认为:“语言就是训练或习惯的问题”(p. 34),并且通过仔细的统计研究,“我们无疑能够预测:任何既定的话语,在确定的一些日子里,会被言说多少次”(p. 37)(结论当然是正确的,因为对于所有日常的话语,被预测到的被言说的次数几乎是零)。

② C. F. Hockett, A Course in Modern Linguistics (New York: Macmillan, 1958), sections 36, 50. 他谈论道:“据说,每当人在讲话时,他要么是在模仿,要么是在类比。”他认可这一观点,并陈述道:“当我们听到一段很长的,并且明显不是……直接引用的话语时,我们有理由确定这是类比在起作用。”(p. 425)在现代语言学家中,哈克特是很少见的,因为他至少注意到了这一问题的存在。

在讨论创新的问题时,哈克特似乎暗含着这么一层意思:只有通过参考语境,才能理解创新的表达(p. 303)。事实上,无法考虑那种确定日常生活中普遍很新的句子的意义的语言学机制,这是现代语言学的典型特征。

（一般也称为“实体”“神”或“自然”），我们可以通过它的两种无限多属性——思想和广延来认识。实体或神将自身展现为无限多样式，每一种样式都可以通过思想属性（作为一种观念）或广延属性（作为一物理事物）而得到认识。无论是以广延的属性来看，还是以思想的属性来看，样式的“序列和联结”都是相一致的。对于每一广延（物理事物）的（简单的或复杂的）样式，在思想（观念）上，都存在相同一的（简单的或复杂的）样式（因为，事实上，我们通过两种不同属性所认识的，乃是实体的同一种样式）。因而，对于思想的每一种样式，都有与其相同一的确定的物理事物，斯宾诺莎将这种样式的思想称之为“那个物理事物的观念”。

几个世纪以来，这种关于物质和精神之间关系的古怪描述，一直被人们以种种方式解释着。由于斯宾诺莎认为万物在各种不同程度上都有“灵魂”（*animata*）[①]，所以他被划归为泛灵论（或物活论）者（panpsychist）之列。最近，他又被认为是关于精神和物质词汇只不过是谈论某单一事物（通常是指“人”[②]）的两种方式的早期倡导者。为了达到我们的目的，我们无需考虑这些争论的细节，只需要注意斯宾诺莎将这一学说用于解释心灵及其运作机制的用途。

我们被告知，人之心灵，即是“人身之观念”。因此，心灵与身体就是同一个东西（某种样式的实体），它分别通过思想和广延属性而得到认识。但是，思想与广延属性之间，也存在一种认知联系，因为在某种认识意义上，心灵就是“身之观念”。心灵是对身体的认知——它是某种观念，将身体作为自己的意向性对象。心灵与身体之间的同一性和认识上的相关性，在斯宾诺莎的哲学体系中占据着相当重要的比重。例如，他在解释了身体的个体化（individuation of bodies）（《伦理学》第二部分开始）之后，就没有必要再解释心灵的个体化（individuation of minds）。因为心灵与身体本质上是同一的，他对身体的个体化的解释，理所当然地可以看作是对心灵的个体化的解释。并且，既然心灵在认识上与身体相关，那么精神过程就可以通过参考物理过程来理解和讨论。精神过程是对物理过程的认知反映[③]。用当代专门术语讲，就是心灵可被看作是一台身体中各种物理过程的监测器，因此精神变化就可被看作是物理变化的反映。

这种关于心身关系的解释，连同认为一切观念都是真观念的看法（“因它们都是神中的观念”），引发了斯宾诺莎和其他非严格的新柏拉图主义倾向的哲学家所特有的认识论问题。简而言之，所引发的不是理解我们何以能认识自己的问题，而是理解我们何以认识不到一切关于我们自己的东西。如果神的所有观念都是真观念，并且如果我们的心灵事实上都是由神的各种观念构成（具体地讲，是我们身体

---

① Ethics, 2. p. 13, Scholium.

② See, for example, Stuart Hampshire(1972).

③ 严格来说，斯宾诺莎不允许通过物理事件来解释心理事件，因为他想避免笛卡儿之二元交感论所引发的尴尬（《伦理学》第二部分，命题6）。但是，既然观念是通过参照物理事物（它们所意向的对象）来讨论的，那么坚持这种方法论的限制，有时需要冗长拖沓的解释。

的观念),那么我们何以看起来是如此无知,何以看起来会形成关于我们自身的如此错误的观念?斯宾诺莎给出的答案是,我们的认知起初是以知觉观念而开始的。知觉的观念,事实上是关于我们周遭外部事物激发我们身体(我们的感觉器官)的方式的观念。这些观念被称作“影像”,这种知觉的认知被称作“想象”[①]。这种程度的认知存在严重的混淆,因为在这些观念中,关于激发我们的外部对象的本质,与我们自身感觉器官所特有的本质之间,不存在任何差别。我们含混地认为,关于我们周遭外部事物激发我们身体的方式的观念,就是那些事物本身的观念。我们把这台复杂的环境监测设备(身体)当成了一面光滑的“自然之镜”,由此所产生的混淆就是关于世界和我们自己身体及心灵的无知和错误的源头[②]。

这种非常现代的观念,为传承斯宾诺莎哲学纲领的其他人设定了任务和指明了方向。为了摆脱混淆和错误,我们必须认识心灵和身体。我们在通常的感觉-知觉(想象)过程中,很容易产生这些混淆和错误。理解心灵需要更多地去理解身体(心灵是身体的观念),去理解自然环境中的事物所激发身体的方式。

二、关于想象之混淆的和不充分的观念

由于深受斯多葛学派的影响[③],斯宾诺莎认为,在我们的由无知和混淆所产生的最为微弱的结果中,存在着某些情感,它们搅扰我们心灵的平静,损削我们有序思维的能力,并且常使我们受困于它们的奴役。因此,他关于心灵获取自身知识能力的最完整的讨论,是在“克服情感”的标题下进行的。既然这些破坏性的情感只是某些混淆和不充分的观念,那么描述它们的病因和借以克服它们的方法,同时也是对斯宾诺莎心灵科学的导入。

在斯宾诺莎看来,人的身体是一个物理组织(physical organism),它的同一性在构成其身体的部分中,包含一个运动和静止间的相对稳定的比例关系[④]。身体被刻画为一种自我平衡,它在受到周遭环境中的事物以种种方式激发时,便倾向于维护其个体的物理完整性(physical integrity)。斯宾诺莎将这种自我维护(self-maintenance)的倾向性称之为个体的一种“坚持自身的存在”的努力[⑤]。在外界事物激发身体的正常过程中,有时会增强身体坚持自身存在的能力,有时也会削弱这种能力。个体的心灵,作为身之观念,反映了所有的这一切,尽管它以一种易受混淆(“想象”之观念所特有的)影响的方式

① 需着重强调的是:在斯宾诺莎看来,当我在注视比尔时,我关于他的观念,以及当比尔穿过小镇时,我关于他的观念,都是比尔的“影像”和“想象”的实例。

② See Ethics,2, p. 29, Cor.

③ 关于斯宾诺莎受斯多葛学派影响深度的重要证据,参见 Wilhelm Dilthey(1929)。

④ 这一句话的总结,对斯宾诺莎关于物理的个体物体(尤其是有生命的物体)所作出的卓越解释而言,几乎是不公正的。对生物学历史中概念发展感兴趣的读者,参看 Hans Jonas(1973)。

⑤ 这一原理是斯宾诺莎对笛卡儿所确切阐述的惯性概念的延伸,应用于综合身体时刻倾向于保持自身的物理完整性。

来反映。个体,在通过思想属性来理解时,它的这种自我维护(self-preservation)的努力,被称为"意愿"或"欲望"[①]。那种增强身体中自我维护能力的观念等同于喜悦,而那种削弱身体中自我维护能力的观念等同于悲伤。斯宾诺莎从这基本的三种情感(欲望、喜悦和悲伤)中,构造出一个详尽而又系统的分类学和关于情感的病因学理论——这一理论的目的在其对行为、认知和情感的解释中发挥着重要作用。

更多的情感,也是以这三种情感和心灵关于它们原因的观念(混淆的)来理解的。例如,爱被看成是"为一个外在原因的观念所伴随着的快乐"。我们产生爱的事实状态的欲望或意愿,就是对身体力求实现增强自我维护能力的自然平衡的精神反映。通过这些来理解其他情感的可能性是无穷的,斯宾诺莎在《伦理学》第二部分中,用大量篇幅解释了许多其他情感。然而,我们无需遵循他对这些东西的解释,因为我们现在已经有了足够的解释来支持研究他的通过认识身体及其心灵运作机制来克服有害情感这一纲领。

三、功能的及精细结构的说明

在斯宾诺莎看来,心灵由身体的观念和身体的"情感"(身体受外在物体激发的方式)构成。身体的这些情感,一般而言,通过功能术语而得到理解。身体的相关性状态,被看成指示外在物体临场的东西,或者是那些指示身体在环境中所增强了的或削弱了的自我维护的能力的东西。这些状态被进一步看成是身体的某些行为的原因(如避开破坏性的东西,寻求所爱东西的出现)。这通常会引发出两个问题:①在微观层面上,这些以功能术语所描述的状态,能否等同于由生理学所确切识别的状态或事件?②在更深层的描述中,"身体坚持自身存在的努力"这一片语中所保留的类目的论和意向性残余能否被拔除?这两个问题被研究斯宾诺莎的学者们激烈地讨论着。我认为,关于这两个问题的答案是肯定的。

有两个因素有助于解释斯宾诺莎所强调的身体状态(心灵由关于这些身体状态的观念构成)的功能解释。首先,也是最明显的,他对生理学的精细结构的认识,是最为原始的。其次,他的主要目的在于治疗,为此他需要把与情感恰好相对应的状态,作为"民俗心理学"中被一般指称的东西[②]。民俗心理学关于解释和预测方

---

① 斯宾诺莎实际上做出了以下三种区分:(a)只涉及身体时的努力("食欲");(b)只涉及心灵时的努力("意愿");(c)当与心灵和身体一并相关时的努力("欲望")。参见《伦理学》第三部分,命题9,附释。

② 在这里,我所使用的(非严格意义上的)术语来自当代认知科学。"民俗心理学"是一恰当的术语,因为它涉及关于态度、信念和行为的一般的描述——这些都使用"相信某物就是那种情况"的概念,并且不加批判地接受关于命题态度、情感的分类等……它们都是被普遍接受的。事实上,尽管保留了意向性的用法(如下),但斯宾诺莎的情感理论提供了某些类似还原的情感解释(这些情感不是阿姆斯特朗大街小巷上所谈论的情感,而是传统的学术著作(拉丁文的)中所谈论的情感)。为了确切地阐述自己的理论,斯宾诺莎大量地引用了霍布斯的著作和笛卡儿的《灵魂的激情》。

面的成就，我们可以通过这样一个假设做出最好的解释，即民俗心理学中所指称的对象都是在功能上被界定的状态[①]。正如我们所将看到的，他对克服情感的第一阶段的治疗，并不需要一个关于身体运行机制的详细的结构性解释。

尽管如此，我还是认为他坚持这样一种观点：在以功能术语描述的身体状态和以纯粹精细结构的物理术语描述的状态之间，至少存在一种"殊型-殊型同一性"(token-token identity)。我们将引用他的一段话作为证据。在这段话中，他解释了我们为何有时认为某些物体出现在我们面前，但实际上并未出现。他简单地提到了"对身体的激发表明外界物体即在面前"，他进一步详细地解释道：

> 外界物体决定着人体中的那些部分，因而它们经常冲击着那些柔软的部分，这使得它们改变了自身的表面。结果，它们是以另外一种方式被反映的，不同于它们过去被反映的方式。之后，当液体部分通过自发运动而遭遇那些新的表面时，它们被反映的方式与它们在受到外界物体冲击时被反映的方式相同。所以，它们尽管以这样的方式被反映，但是仍继续运动，它们将会以相同的模式来激发人体，从而使得人心再次想到该外界物体；换言之，人心将再次认为该外界物体即在面前。(《伦理学》第二部分，命题17)

这段话，不仅解释了斯宾诺莎的那种生理学理论的原始特征，也说明了这样一个事实：对于"身体的每一典型的激发"，都有一个关于所谈论的生理状态或过程的精细结构的描述。斯宾诺莎承认自己对这种描述细节的无知和不确定，但是在讨论这段时，又说道："……在此，我已满足于指出了一个足以解释这事的原因，就如同我曾通过它的真正原因来解释它那样。"在精细结构层面上，存在一个真实原因的描述，这一点无可置疑。的确存在这样一个描述，但是它对斯宾诺莎的哲学治疗纲领而言，却是未知的，在任何情况下都是不必要的。

斯宾诺莎认为，人体所担负的每一种行为都可以(并且一定能)通过身体和身体与其周遭事物间的相互作用(物质描述的)，而得到完全理解。他坚决反对笛卡儿的这种观点：对身体行为的解释，在某些方面，需要引进诸如精神行为之类的东西[②]。例如，吃的欲望或意愿，就是对身体力求以增强自我维护能力的方式被激发的精神反射(mental reflection)(可能更好的表述是"心理看法"(mental version))。这种意愿或欲望，既不能解释这种努力，也不能解释身体吃的这个事件。对身体的这种努力和它的吃这个事件，必须通过纯粹的物质术语才能得到最终解释。

---

① 当然，斯宾诺莎并没有使用"功能的"或"功能界定的状态"之类的术语，但是他对具体作用的解释是清楚而准确的，所使用的术语可以被抽象为"身体之功能界定的状态"。

② 为了反对那些坚持把心理因素引入因果性描述的人，斯宾诺莎写道：

> 当然，他们将会说：仅凭人的技能而创造出的东西，如建筑物、油画等诸如此类的东西所产生的原因绝不可能只凭自然规律而推演出来；如果没有心灵的探知和导引，人体也不能建造出一座庙宇。然而，我已经指出，他们全然不知身体能够做什么，也不知什么东西才能够只凭自然规律而推演出来。

当然,这里存在一些问题,并且上面提到的第二个问题引发了最严重的问题。也许有人会反驳道:谈论身体之“力求以增强自我维护能力的方式被激发”并不单是纯功能主义,而且还是彻底的目的论,且在表面的纯物理层面所引入的目的性(purposiveness)。这种谈论至少在物理描述层面上,表明了对意向性的怀疑。斯宾诺莎不能直接地解决前面的问题,这一点很是令人诧异,尤其是根据他在别的地方攻击目的论思维时的明确性①。在他的辩护中,应该值得注意的是,根据他的观点,身体努力坚持自身的存在,只不过是笛卡儿惯性定律的延伸而已。他可能曾认为(正确地),根据这种“内在目的论”(immanent teleology)所做出的解释,比起根据神的目的所做出的解释,很少会引起异议。

这一问题仍旧很棘手。然而,抛开目的论问题,谈论“努力去保持自己的存在”,很明显是意向性的谈论,并且这种意向性的状况也是一个问题。上面已提到,斯宾诺莎坚持一种我们所称之为的,关于功能所描述的状态与生理学上精细结构所描述的状态之间的殊型-殊型同一性。他的功能描述中的意向性要素是什么?他是否会最终认为,我们可以从微观层面上描述,并以此来解释身体的行为,而无需归因于意向性。在这一点上,斯宾诺莎并不是很明确,部分原因是,在 17 世纪意向性概念还没有得到确切地阐述。在他看来,由于从身体惯性地“努力坚持自身的现有状态”,到身体“努力去做能传导为它的坚持自己的现有状态的事情”,是一个平稳的过渡,所以他从未明确地处理过非连续性问题(这种非连续性是以引入意向性的要素而被标志的)。如果他遭遇过这一问题,那么我想,他将可能会认为,意向性要素在对身体及其行为和情感的微观层面的最终解释中是可略去的。他预想的这种层次的描述(最早出现于《伦理学》的第二部分),是一种机械的描述,深受笛卡儿式的基于几何学的物理学影响。它是对“简单身体”的描述。这些“简单身体”通过其“运动和静止”而彼此相区别,特征是倾向于维护自身特有的运动,除非并且直到受到其他简单身体的激发②。这种描述并不牵扯意向性,并且如果能最终以这些术语对人的身体进行描述,那么关于身体状态的功能描述中的意向性要素将最终可以被略去③。

四、心灵关于自身知识的缺陷

为了能快速有效地解决心灵之自我知识的问题,我们已就斯宾诺莎关于身体

---

① 例如,他在《伦理学》第一部分的附录中,对将目的归因于神的观点所进行的猛烈攻击。

② 按照我的理解,对“综合身体”的讨论,无需引入某种实体(这种实体的描述需要不可还原的和新原理的解释)。综合身体是那些完全受控于运动规律的简单身体的“群集”(constellation)[“群集”这一术语来自 Walther(1971)]。参见我的《作为自我保存的自我知识》(1986)。

③ 这是一个有争议的解释,需要作出比我在此所给出的进一步的辩护。参见我的《作为自我保存的自我知识》(1986)。

的过程和状态的各种解释，进行了过多的说明。在此，我们先扼要地回顾一下：我们关于知觉对象（perceptual objects）的观念，事实上，就是关于外部物体激发我们身体的观念（也就是说，它们是实体的各种样式。当实体以其广延属性而被认识时，它们是外部物体激发身体的方式；当实体以其思想属性而被认识时，它们是关于外部物体激发身体的方式的观念）。在心理上，情感（passions）被理解为关于某些在功能上被确认的身体状态及其过程的观念。在这些状态和过程中，身体力求自我保存，或者身体自我维护的能力得到增强或削弱。这些在功能上被确认的身体状态，在解释身体的行为中，发挥着重要作用。它们与以民俗心理学来确认的情感之间，具有类型-类型同一的关系；它们与以微观结构来确认的物理状态之间，具有殊型-殊型同一的关系。正如斯宾诺莎所坚持的，如果“样式的序列和联系”在两种属性之下都是相同的，那么我们关于功能状态的观念就必须同一于关于身体微观结构状态的观念。

这应该足以说明斯宾诺莎所认为的：我们通常的内省并不能揭示关于我们自己心灵的真理。这使我想到了克里克（Crick）的观点。他认为“我们在各种层面上，都受到自己内省的欺骗”[①]。一般而言，我既不会认为自己的观念同一于身体的状态，也不会把自己的知觉或情感看成是关于外界物体激发自己身体的观念。但是，在斯宾诺莎看来，那正是我的观念所是的东西，并且我的心灵只由这些观念构成。为了理解心灵是如何运作的，我们必须理解身体是如何运作的——并且我们对身体之运作方式理解的越是充分和精确，我们对心灵之运作方式理解的也就越是充分和精确。通过对身体和心灵的真正的、充分的理解，我们将会发现我们所认为的关于心灵的大部分情况，都是极为模糊的。

五、混淆的克服

通过把情感看成是关于功能描述的身体状态的观念，我们据此可以得出一种关于伴随这些观念而来的混淆的解释，以及如何克服这种混淆的方法。爱、恨、愤怒和嫉妒都是关于身体自我保存能力变化的观念，同时还伴随着关于这些变化的一外部原因的观念。但是，这些观念的因果性描述是极为不可靠的。几乎是按照弗洛伊德的精神分析法，斯宾诺莎细述了那些我们凭此而能以适当的方式，情感性地倾向于事物的过程。之所以会产生关于因果性联系的错误的信念，是由于对基于表面相似的观念、基于事物之间的偶然的时间或空间巧合的观念，甚至是基于身体病理学的非理性的联系（non-rational associations）。为了理解心灵对这些非理性作用的敏感性（susceptibility），有必要理解关于身体情感的病因学。确切地说，知觉知识系统地歪曲了世界的某些一般特征。我们对事物的有失偏颇的看法（考虑

① Cited in Patricia Churchland(1986).

到我们认识事物的唯一方式是它们与我们身体的偶然遭遇),使我们误入歧途,误以为自然之中存在偶然性,人之中存在“自由意志”。这些错误的观念进一步恶化了破坏性情感。只有通过认识这些错误观念的根源,并且专注于受规律支配的自然特征(也就是科学的认识),我们才能克服这些错误的观念。

所有这些治疗性的结果,均得自这样一种认识:把情感理解为关于功能描述的身体状态之混淆的知觉观念。斯宾诺莎在《伦理学》的第三、四部分中的大部分篇幅中,都是从这个层面来展开讨论的。这种认识有助于消除我们的这种假象(illusion):认为我们的观念、情感和其他心理状态,构成了一个内生的(endogenous)、自治的王国;在认知上,我们可以直接而又准确地出入这个王国,并且,我们还自发地对它进行直接控制。这种认识是斯宾诺莎所说的“摆脱情感奴役”的重要一步,但这并不是最后一步,因为这种关于身心的认识,并没有反映出关于这些(情感)的终极真理——没能提供它们“存在于神内”的知识。正如我就《伦理学》第五部分中的一些关键命题所做出的阐释一样,要最终挣脱情感的奴役,需要那种以最基本的自然过程而获取的心灵知识。也就是说,这种心灵知识是关于身体的非意向性的、微观结构特征的观念。

斯宾诺莎所说的那种我们借以获取这种知识的方式,是其整个哲学体系中最不合理的方面之一。他奉行笛卡儿式几何物理学,并且,由于他认为几何学是一门先验科学,所以他确信:关于身体的真正科学所涉及的规律都被人们所先验地拥有①。斯宾诺莎关于我们如何认识基本物理规律的观点(根据当代的标准),不应分散我们对如下宣称所涉及的更为有趣的概念问题的注意力。这一宣称是:认识身体之运作机制,实际上等同于认识心灵之运作机制。

如上所述,斯宾诺莎对与观念相对应的身体部分,所进行的最接近微观结构的描述,是“柔软部分”“液体部分”等诸如此类的术语。从这些术语看来,可以通过——处于构成感官、组织等的“最简部分”中——的相对运动的程度,而得到兑现。斯宾诺莎最终的描述将会是:无数微粒在四处运动,彼此相互碰撞,通过运动来相互沟通,等等,一切都依照几何物理学的基本规律。我们会认为,心灵同一于这些物理过程(只是以两种不同的属性来认识同一个实体的样式罢了)。

这种看法蕴含了我们现在看法中的一切最初的非似真性(implausibility)。现

① 实际情况远比此复杂。在斯宾诺莎看来,神或实体永恒地、处处行动所依据的自然法则“包含在”实体的每一种延伸了的样式之中,并部分因果性地构成了这种样式。(我把《知性改进论》中所讲的“确定和永恒的物体”,和《伦理学》中所讲的“无限和永恒的样式”看成是神永恒地、处处行动所依据的自然法则——这些是当我们确切地阐述自然界的规律时,所要试图描述的“物体”。Curley,1969 年把它们看做为“自然法则的事实”。)由于这些东西包含于实体的每一种样式当中,所以它们的观念包含于,并且部分地构成了每一延伸的样式的每一观念。因此,这些规律先天地(天赋的)包含于人的心灵之中,并且可以通过克服想象观念中的混淆而取得。那种认为普通人的心灵中暗含有关于自然界根本规律的观念,在我们看来是极不可理喻的。然而,斯宾诺莎这样认为则没有什么值得奇怪的,因为他把几何学看成是延伸了的自然之科学,而且几何学也长期被认为是一门先验科学。关于这一点的更深层讨论,见我的《作为自我保存的自我知识》(1986)。

在的看法是，我们疼痛时是C类纤维在燃烧；我们相信天马有双翅膀是大脑中的一个过程或一种状态。毕竟，疼痛和具体的信念，具有大脑过程所不具有的内在的和能够立刻认识到的属性。这种反驳阐明了斯宾诺莎的同一性理论中的一个重要方面。它给予还原主义或取消主义之类的同一性理论以致命的打击。把心灵看作确定的、由生理学所描述的大脑事件的观念，这将会缺少大量的关于我们现在日常意识的性质特征，而这正是我们所知道的。然而，正如我们所看到的，斯宾诺莎认为，就心灵的真实本质而言，我们的日常意识是混淆的和被误导了的；要是这种混淆能够通过获取一个比较好的认识而得以消除，那就更好了。

例如，我们的日常意识告诉我们：在充斥着威胁我们生存的环境中，我们总是忙于努力去保存自我。我们把自己经验为易遭受冲突的。这些冲突有时是我们自身之内的，但更多的是我们自身与其他物体或人之间的。我们以上所讨论的一切情感，它们的产生是由于我们所知觉到的自己努力保存自我的相对成功或失败。然而，在最基本的物理规律层面上，对事物进行描述和解释的一个重要特征是，“冲突”的概念不起任何作用，并且（假设这种最基本的物理规律层面删除了目的论）也不提及“努力”。神经生理学过程（如此描述的）中不牵涉任何努力，且依照化学或物理学基本规律来发生作用的化学物质（或微粒），彼此之间并不发生冲突。故而，对于通过生理学来认识自身的心灵而言，在概念上，几乎不存在任何能产生使人虚弱的情感的根基。而这些使人虚弱的情感，正是作为哲学治疗师的斯宾诺莎所关注的。

虽然斯宾诺莎所感兴趣的这种观点是可理解的，但是这一立场是否贯穿于他的整个哲学纲领，是不清楚的。评注者已经注意到：在克服情感奴役的第一层面的纲领（《伦理学》第三、四部分所勾勒出的）与最终摆脱情感奴役的看法之间（第五部分所描述的），似乎存在一种深刻的张力。构成较早纲领基础的那种完整的概念性（entire conceptuality）——这种概念性涉及努力、尽力、时间、被动性等等——似乎在其最终的观点中被削弱了。如果某人，他真正地认识到了自己的“正如在神中”的心灵，但不是以这些概念来认识自身的，那么克服情感奴役的第一层面的纲领所完全关乎的是什么呢？我认为，斯宾诺莎必须给出的答案是，第一层面的纲领是基于这样的观念，它们从终极真理的视角被揭示为混淆的观念。

这种回答有无意义是不清楚的。然而，那种产生混淆的冲突和被动性，从终极真理的视角来看，根本没有被揭示为已经是冲突和被动性的。斯宾诺莎并没有诉诸冲突引发的（conflict-induced）混淆，来解释产生冲突和被动性观念的混淆。斯宾诺莎哲学体系中的这种困境，明显地类似于，困扰那些试图为心灵辩护的唯物主义的困境。正如理查德·罗蒂（Richard Rorty）于1965年所指出的，“大量地丢弃无用的实体，心灵，”不适用于唯物主义者用来解释假定的“观念”（被认为本身不存在）。在遭遇到二元论者的质问“当我经历到剧烈的疼痛时，那么我所经历到的这种剧烈是什么东西呢？”时，唯物主义者一定会这样答复道：不存在任何剧烈的东西

(nothing sharp),也没有任何剧烈(no sharpness)。有人可能会说,剧痛是关于C类纤维燃烧的混淆观念,但"混淆观念"似乎在心灵主义者看来是无可救药的。取消主义者会说剧痛是混淆的观念吗?他们会说确实根本不存在任何观念,只存在复杂的大脑过程吗?在我看来,这是取消主义者所必然会说的,也是斯宾诺莎一定要说的。

斯宾诺莎认为心灵不外是身体的观念。这一看法在这里是很有助益的。因为当我们以不同的方式去思考身体的时候,我们的心灵就变成了不同的观念。这些新获取的观念(物理过程的观念,物理描述的),可能不具有那些需要调用混淆概念来解释的属性或特征。因此,斯宾诺莎可能会认为,对于根据自然界最基本的运作方式来认识自身的个体而言,没有必要去解释那些假定的混淆观念的各种属性(一种"消失策略")①。一种相类似的策略也可供取消式唯物主义所利用,如果他这样认为的话。即由于经验的理论负荷(theory-ladenness),我们的经验将会因自发地接受一个非民俗心理学理论而发生根本性的变化。也许,这样一种经验不会显现,比方说,那些看似对唯物主义的解释发起挑战的现象特征(phenomenal qualities)②。

我在这的目的不是去解决这些问题,而是要指出,产生于斯宾诺莎最终立场的张力与现代取消式唯物主义的立场所遭遇到的困境之间异乎寻常的相似。意向性的问题是需要值得我们注意的最后一个问题。斯宾诺莎将心灵定义为"身之观念",并且他认为观念既同一于身体(观念的),又意向性地关联于身体。在终极理解的意义层面上,存在证实同一性和意向性的困难,因为物理状态(心灵是这些物理状态的观念)不是意向性状态。如果心灵所同一的物理状态是非意向性构造的,那么心灵何以能够具有意向性的结构。这一同构性(isomorphism)问题(意向论与物理主义之间,微观结构的描述),在斯宾诺莎哲学中,没有得到任何解决。现代的文献资料表明,同构性问题可能是当代认知科学家所面临的最为棘手的问题之一。功能主义者可以处理这个问题(斯宾诺莎在关于身体的功能描述层面上,也可能处理这一问题),但是取消主义者则需要搞清楚指称和其他意向性概念的意义,而无需借助于心理状态的关涉性(aboutness)。在对"理智的爱"(*amor dei intellectualis*)

---

① 斯宾诺莎在讨论善和恶的观念时,的确持这种相类似的立场(《伦理学》第四部分,命题68)。然而,在其他篇章中,他说道,那些混淆认知的"影像"仍然存在,尽管它们将构成个体(她真正地认识到了自身及自我的心灵)心灵的次要部分。

② 诸如此类,似乎是丹尼特(Dennett)在"Quining Qualia"中的策略。最近,保罗·丘奇兰德(Paul Churchland)和弗兰克·杰克逊(Frank Jackson)之间就"黑白玛丽"问题所进行的交流,就是围绕这一点而展开的(Paul Churchland, 1985,1986; Frank Jackson. 1982,1986)。在我看来,丘奇兰德应该勇敢地认为:当玛丽在她的黑白房子之外面对番茄时,所经验到的将不是红色感受性(red qualia),而是某一对象(客体)中的"反射效率(reflectance efficiencies)",或者(比较好的)她的视网膜/视觉皮层中的某些神经生理方面的事态。丘奇兰德似乎更倾向于寻求一种关于感受性的还原主义策略(正如其最近的论文《心灵》所指出的)。我已经在"神经科学之自我知识和经验变化"中,论证了这些问题(read at the Central Division APA, 1987)。

(斯宾诺莎使用这一片语来描述最高级的自我知识)这一概念进行有趣的历史研究中,威内根(G. A. Wyneken,1898)把它描述为心灵的努力“清除自身中的一切主体性痕迹,以使自身像所有其他的物体一样,成为一个客体”。这似乎是今天对斯宾诺莎的治疗性纲领和丘奇兰德纲领的倾向性的恰如其分的描述。

六、结 论

我在上文中阐释了斯宾诺莎的哲学体系,揭示了它与当代认知科学和心灵哲学在某些问题上的类似性和相关性。某些术语,在用于解释一个17世纪哲学家的思想时,显得很不合时宜。但愿我没有严重地曲解斯宾诺莎的意图。斯宾诺莎哲学中最有趣的特征之一是这样一个事实:他的哲学很适合于根据当代术语,或根据斯多葛哲学和新柏拉图主义,来进行似真性的解释。有些人会因此而认为他在根本上是不连贯的。然而,尽管他的观点中确实存在一些问题,但在我看来,这种判断未免失之偏颇。斯宾诺莎是这样一个哲学家,一脚插在斯多葛哲学和新柏拉图主义的传统之中,一脚迈向新“自然哲学”。他享有这样一种古老的观点:自我知识是通往拯救的道路;同时他也享有这样一种现代的观点:构成真知识的,是那些依照由数学(或几何学)系统阐述的自然规律而获取的关于事物的认识。

按照我对斯宾诺莎思想的理解,这两种考虑促使斯宾诺莎依据基本的物理过程来认识心灵。他是方法论上的一元论者(也是形而上学上的一元论者),认为(同上文所引述):一定存在着“……(一种)理解一切事物本质的方法,这就是说,运用普遍的自然规律和法则去理解一切事物的本质”(《伦理学》第三部分,序言)。然而,他也同等程度地受到新柏拉图主义的影响。新柏拉图主义认为,自然中明显的“不完满”一定是由于我们的无知和混淆所造成的。例如,在他看来,努力和冲突就是不完满,因而,他倾向于根据没有努力和冲突概念的理论去理解人类和人类的心灵。

由于他认为心灵即是观念,所以他可能会持这样一种观点:如果个体根据主动自然的最为基本的规律去认识自身,那么个体将有一个,主要由关于“神的最基本的行为方式”的观念构成的心灵。由于这些观念不牵扯尽力(endeavor)或目的,所以我们以这种方式认识自身所能达到的程度,就是对尽力或目的的一无所知。既然斯宾诺莎认为这些基本规律是永恒的,那么构成我们心灵的大部分观念,都不涉及时间。因此,我们认识自我的方式,既不强调持续性,也不参与永恒性。最后,由于善和恶的概念产生于我们所考虑到的事物激发我们努力去保持自我的方式,所以这些善和恶的概念,对于心灵主要由不牵扯努力或持续(duration)的观念构成的人而言,毫无意义。

以这样一种方式来认识自己,我们将会拥有一主要由诸如此类的观念所构成的心灵。这就是斯宾诺莎所认为的最终摆脱情感奴役的看法。这种“拯救”或“至福”,类同于斯多葛学派的“不动情”(*apatheia*)和新柏拉图主义的“自我超越”“与‘至高的一’(the one)相一致”。在这个时代,我们已不再期求从哲学(自然哲学,以科学为导向的心理学哲学)中求得救赎性的结果,尽管维特根斯坦的关于“幸福”人的类似描述看起来并不是很遥远。斯宾诺莎认为,这种有益的救赎性的结果,是由通过身体的最基本的生理过程来认识人的心灵而直接产生的。或许,这可能会成为彻底反驳他的观点与当代认知科学所关心的不相干的根据,尽管存在上面所讨论过的概念上的相似性。另一方面,我们可以把这些相似性看成是重新思考实际采纳取消式唯物主义来研究心灵所可能产生的情感性结果和经验性结果的基础。

莱布尼茨的共鸣

费雷德里克·克赖林格(Frederick Kreiling)
纽约理工大学

……两名哲学家之间将不再需要争论,就像两名会计师之间一样。他们只需拿起笔来,坐到自己的石板前,然后彼此说……"让我们计算一下吧。"

——戈特弗里德·威廉·莱布尼茨

凡是不能谈的,就应该保持沉默。

——路德维希·维特根斯坦

莱布尼茨有太多的思想不仅与我们的认识论情境相关,而且还与我们现在所关心的问题相关,因此在展现他的思想之前,一开始就扼要地列举一些例子将是十分有益的。在物理学领域,爱因斯坦写道:

等效原理的要点是:为了说明惯性质量等同于引力质量,在这一理论中必须允许四个坐标的非线性变换,也就是洛伦兹变换群。故而,"许可"坐标系的集,都必须加以扩充。那么,什么样的坐标变换群能用来取代洛伦兹变换群呢?数学为我们提示了一个基于高斯和黎曼的基本研究的答案:合适的代替物是坐标的所有连续(解析的)变换群。在这种变换下,只有一种东西保持不变,即邻近的点具有近似相同的坐标;坐标系仅仅表示空间中点的拓扑次序(包括它的四维特征)。对于坐标的一切连续变换,表示自然规律的方程都必定是协变的。这就是广义相对性原理。

刚才所描述的这种过程,克服了力学基础中的一个缺陷。这个缺陷,即惯性抵抗加速度,牛顿已经注意到了,莱布尼茨和200年以后的马赫都批判过。但是加速度又相对于什么而言呢?在古典力学框架中,可给出的唯一的解答是:惯性抵抗那个相对于空间的加速度。这是空间的一种物理性质——空间对物体发生作用,但物体不对空间发生作用。这或许就是牛顿所说的"空间是绝对的"(*spatium est absolutum*)这一断言的较深一层含义。然而这种观点引起了某些人,特别是莱布尼茨的不安,他不认为空间是独立存在的,而认为它只是"事物"的一种性质(物理对象的邻接性)。他的这些合理的怀疑若是在当时赢得了胜利,那么这对物理学很难说是一种恩惠,因为要把他的观念贯彻到底所必需的经验基础和理论基础,在17世纪都还是无法获得的。①

在数学领域,伯努瓦·曼德布罗特(Benoit Mandelbrot),分形几何学的发现者,也见证了莱布尼茨的思想遗产:

> 分形分析的一些基本观点,应被看做那些宽松但很有说服力的概念在数学和科学上的具体贯彻。这些概念可追溯到亚里士多德和莱布尼茨,它们渗透于我们的文化之中,甚至影响了那些认为它们是不受哲学影响的人。②

在概率论的发展中,伊恩·哈金(Ian Hacking)注意到莱布尼茨:

> ……是第一个研究概率的哲学家。他是第一个坚持认为概率论,像演绎论一样,可作为逻辑学的一个分支的人。在他去巴黎之前,在他钻研"帕斯卡、惠更斯和其他人"的著作之前,他就曾试图提出一种算术概率。这种算术概率并非基于机会博弈(games of chance),因而更具有普遍推广的潜在性。他也是第一个撰写关于组合论(theory of combinations)专著的人,并且看到了组合论与概率论之间的联系。他也是第一个试图将概率公理化为一门纯推理科学的人。他看到了广义博弈论(a generalized theory of games)是如何成为人们在那种必须根据非决定性的证据来行动的情境中做出任何量的决策的基础。如果我们撇开他所处的时代环境的话,那么他更像是一位20世纪的人物。③

在知觉理论中,莱布尼茨直指那个在现代仍持续争论的论证的核心:

> 此外,坦白地讲,知觉以及依赖于知觉的东西,根据机械的理由是无法解释的,即不能用形状和运动来解释。设想有一台机器,构造得能够思想、感觉,具有知觉,那么它必须被设想为在比例上是可放大的,大到我们能走进去,就像走进一座磨坊。然而,通过察看它的内部,我们只发现:各个部件的运作都是彼此相互推动的,我们找不到任何可以用来解释知觉的东西。因而,应在单纯实体之中,而不是复合实体或机器之中去寻找知觉。而且,在单纯实体中所能找到的也只有这个东西,即知觉和它的变化。也只有在这里面才会有单纯实体的所有活动。④

在此,我们还可以轻而易举地列出更多莱布尼茨在其他领域——从微积分到

---

① From Albert Einstein (1950). "On the Generalized Theory of Gravitation," Scientific American, Vol. 182, No. 4(April). pp. 13-17.

② From Benoit B. Mandelbrot (1977), The Fractal Geometry of Nature (New York: W. H. Freeman), p. 405; cf. James Gleick. "The Man Who Reshaped Geometry", New York Times Magazine, December 8,1985, p. 124.

③ From Ian Hacking (1986), The Emergence of Probability (New York: Cambridge University Press). pp. 57-58.

④ From The Monadology and Other Philosophical Writings, trans. Robert Latta (London: Oxford University Press, 1898), pp. 227-229.

矿业,从历史学到生物学,所做出的贡献和他那些激起争端的洞见的例子。随着科学历史的演进,莱布尼茨作为“最后一个无所不知的人”,他在历史上所起的作用,无论是在广度上还是在强度上,均得到了彰显。

一、作为实践哲学家的莱布尼茨

莱布尼茨,作为德国唯心主义传统的创始人,同时也是一位活跃的政治家、工程师和发明家。这使我们消除了那些否认他的理智的或技术的或社会经济的背景的看法。莱布尼茨认识到:文明是一种生态过程,它因许多不同的人类贡献和社会体制的交互作用而产生。“艺术”“科学”和“技术”这些词的恰当含义在不同历史时期差别极大。由此也产生了许多歧义和重叠之处。实证主义者可能会反驳这一点,因为他认为只有科学才具有预测能力。然而,在我们这样一个到处讲概率的时代,甚至这样的差别也会变得模糊。而且,我们有各种形式的科学,它们都具有合理的范式。如在进化生物学中,只有逆推(retrodiction)才是可能的。

农民、机械师、木匠、渔夫,以及其他行业的人员,创造了人类文明过去所依赖并且现在仍旧依赖着的东西。由此产生了一个可追溯到古代甚至更久远的传统。有许多东西仍旧需要我们做出研究。例如,我们至今依然不清楚木匠的工具箱和兽医的阉割术从何而来,而它们对早期的农业而言是十分重要的。这些基本技能是人类文明的物质基础和社会基础所必需的,并且长期以来被看作是经验的根基,因为它们是准确而又直观的手艺,或者是由人们实践的“手工方法”。在过去,人们是通过艰难的学徒生涯而掌握这些手艺的。难怪他们十分坚持传统的方式。16~17世纪,技工在许多重要方面都导致了科学革命。他们阐释和证明了一些有趣的问题,并对人类在如下方面的理性探询和系统探询发起了挑战。这些方面有桥梁建造、用风和水来进行的电力传输、车床、纺纱机等,其中最具有挑战性的是钟表的设计和制造。他们的工作导致了技术信息的聚集(这可以通过科学的方式来处理),激发了人们使用和制造各种仪器的极大兴趣。

下面是一种来自17世纪罗伯特·胡克(Robert Hooke)的典型观点。他在仪器和理论方面都很精通。

> 存在着太多的实际哲学所依赖的联系。在这些联系中,只要有任何一个环节变得松散或微弱,整个关系链就会处于被摧毁的危险。起初依赖于双手和眼睛,然后继之以记忆,再通过理性进行下去,然而到此并没有停止,又复归于双手和眼睛、记忆等,从一个官能到另一个官能,这样它就在生命和力量中保存了下来。①

在这里,胡克从官能心理学(faculty psychology)的角度觉察到了学者与技工之间

---

① From the Preface of Robert Hooke's Micrographia (London, 1665).

的某种联系。这种官能心理学首先由弗兰西斯·培根提出,之后产生了深远影响。

莱布尼茨十分着迷于技工的技能。虽然他与这些技工之间有时也发生激烈的争论,但对他们表现出了极大的尊重。在17世纪80年代期间,他写道:

> 鉴于那些散见于许多不同职业人员身上的、没有文字记录的知识,我确信这种知识无论是在数量上还是在重要性上都超过了那些我们在书本里所能找到的东西,并且我还确信仍有巨量财富尚未被记录。甚至有许多信息,被某些特定的人所私密地掌握或失传。没有哪一种机械技术,微不足道到不能为我们提供一些重要的观察和思考;并且所有的职业都具有各自独特的富有创造性的技术,这些技术并不容易得到,而且它们可能还会引起极具重要意义的后果。我们可以进一步补充道:许多制造业和贸易方面的重要问题,只有通过对这些技术的准确描述才能得到控制;那些关于军事、金融和航海方面的问题也非常依赖于数学和物理学。许多学者身上最大的缺点是:他们只专注于那些模糊不清而又陈腐的论证当中。然而,现实中却存在着一个如此好的领域,可以将他们的思想应用于真实可靠的对象中。猎人、渔夫、商人、航海者,甚至赌徒的技术,都能为我们增添大量的有用知识。即便在孩子们所玩耍的游戏中,也存在令最伟大的数学家都感兴趣的东西。①

当然,他也认识到了问题的另一方面,即技工。

> ……或许懂得一些关于动力、杠杆、楔子和螺杆千斤顶方面的一般规则,但他不会懂得机械学中的我所称之为科学的阻力和硬度,它们尚未被充分地转化成规则;他也不会懂得那些支持活动件的零部件应该具有强大的阻力,并且将产生作用的是这些零部件而不是活动件。这些坚硬的部件愈接近于最终的行动,愈需要更强的硬度。如果我们懂得了这些东西,我们就不易受到攻击,并且我们也不再需要大量的团块——这些团块被那些能力低下的工匠用来确保它们的硬度。(同上)

在巴黎的时光对于莱布尼茨而言极其重要。他到巴黎时才年仅26岁,还几乎未曾开始研究数学。在克里斯蒂安·惠更斯的出色指导(1672~1676)下,莱布尼茨创立了微积分,这使得他与牛顿的伟大功绩平分秋色*。当然,莱布尼茨所创立的微积分对于科学技术史而言有着难以估量的重要意义。但是,莱布尼茨依然保持着自己所惯常的广泛兴趣,进一步扩大到对技工的制作品和工业制造的研究。例如,他曾一度沉浸于研究镜子的制造中(这或许对于莱布尼茨而言是很自然的,因为他的"单子"被认为是在不同程度上反映了宇宙;我在下文中还将对此做出讨论)。

莱布尼茨的背景是17世纪新官僚主义者所特有的。他不仅是一名训练有素

---

① Cf. Philip D. Wiener (ed.), Leibniz Selections (New York: Scribners, 1951), pp. 45-57.

* 莱布尼茨和牛顿同为微积分的创始人——译者注。

的律师(律师是一种当时出现的并开始在行政事务中取代牧师的新职业),而且是一名有着丰富工艺技术的律师,一个能在众多领域——从矿业到神学,给出意见的人。莱布尼茨的某些观点是这种"新人"所特有的。这种新人在政治学中是一名统计学者和在经济学中是一名重商主义者。很遗憾的是,莱布尼茨作为一名公务人员所担负的过多职责浪费了他的天赋。假若有一个人拥有像莱布尼茨一样的天才,如果他能把自己的全部时间投入科学研究,那么他在科学方面极有可能做出比莱布尼茨更多的成就。

然而,考虑到他的实际处境和学术兴趣范围,我们很难看到莱布尼茨在青年时代除了供职于行政还会做些别的什么。如果没有这个公职的话,他将会过着他所极其厌恶的枯燥的大学生活。然而,在他最终获得这个职务之后,又拒绝遵循这样的生活方式。在任职期间,他访问了欧洲各国首都,并结交了许多当时最具才华的人物。与这些才华横溢的人之间的交往对莱布尼茨而言意义非比寻常。因为他的大部分思想都是在与这些人的讨论中发展起来的,或者通过谈话、大量的信件往来,或者通过发表在期刊上的论文。他甚至预见到了科学研究将是由团体合作完成的,因为他一再强调合作在科学研究中的价值。然而,最重要的是,莱布尼茨有强烈的社会良知,他渴望帮助帝国和欧洲一同战胜发生于上个世纪的灾难。即30年战争(1618~1648),人类历史上最具破坏性的战争之一,直到1648年才结束,也就是在他出生后的两年,并且这次战争的破坏性后果当时在欧洲的许多地方仍能见到和感受到。

莱布尼茨几乎总是同时进行着几个不同的工程。例如,在参与统一基督教教会的复杂而又棘手的计划的同时,他还试图为汉诺威的约翰·弗雷德里克(John Frederick)公爵提高哈茨银矿的产量。干旱使得抽水不能连续作业,这给公国造成了巨大损失,而公国重商主义政策的目的是要实现自给自足。矿业部门的主管曾建议使用风力来进行抽水,但莱布尼茨使公爵相信他能做出更好的设计。1679年,莱布尼茨签订了一份合同。按照这份合同,莱布尼茨要建造并开采一个矿山,还要用风车进行抽水,而且要保持一年。如果成功了,他将得到每年1200泰勒*的收入。然而,矿业部门的官员对莱布尼茨的谴责不断,声称莱布尼茨是一个与他们打交道的危险人物。

结果,在实际使风车运转时,遇到了许多难题。风力强劲时,风车的部件会被刮断;风力微弱时,启动风车的动力不足。尽管如此,莱布尼茨仍旧继续研究这项工作,并实际构思出了如图1所示的风车设计。这种风车不是垂直的而是水平的,用于捕捉各种方向不定的风力。但他并没有停止,仍继续做出新的设计。到1638年为止,他已经花掉了2270泰勒,而原来的合同上只答应支付300泰勒。这使得矿业部门官员的不满和愤怒与日俱增,他们将莱布尼茨告上了法庭,并声称:莱布尼茨对矿业一

* 即thaler,德国15~19世纪所使用的银币。——译者注

无所知,并且他相信自己的全部数学能在实际中发生作用完全是在自欺欺人。但他们私下里却派莱布尼茨到最困难的矿井去工作。接着,莱布尼茨向公爵控告矿业部门官员的无效率和任人唯亲。后来,在 1683 年,法庭派出一个代表团去调查这个矿井。然而,在代表团抵达时,风车并不工作,因为当时没有任何风,所以莱布尼茨被禁止向这个项目再提取任何钱。但他还是坚持了下去,直到 1685 年的秋天,他才在绝望中放弃了风车设计,因为担心自己的名誉会因此而被毁损。

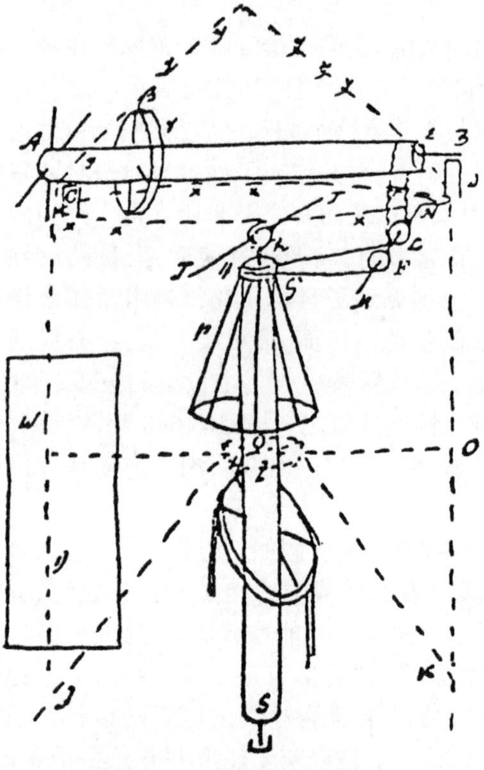

图 1　莱布尼茨设计的风车

实际上,后来的工程观点证明这个设计是合理的。它把风力系统和水力系统结合在一起,从而使这两者通过我们所称之为的抽水-蓄能系统,实现了彼此之间的能量互补。也就是说,当风力足够强劲时,水就被抽到一个比水轮高的蓄水池。当风力变小时,水就会沿着泄水道被释放出来,冲击并使水轮转动起来,从而启动抽水机排掉矿井里的水(这是整个设计过程的目的)。这比它表面上所乍一看起来的更有意义,因为它涉及对反馈原理的有意识的应用。这一概念虽然长期隐含于自然和技艺,但它对其他方面的应用,包括现如今的计算机设计等,都将是十分重要的。莱布尼茨的失败,并非是他的设计所造成的,而是他对哈茨矿山的风力、风的变化、风向以及风的频率缺乏认识所造成的。气象学方面的缺乏击败了他的机械技术,因为在莱布尼茨之前没有像荷兰一样广阔的滨海平原①。尽管如此,我们在这里看到了这位对启蒙运动有着重要影响的人物的生命中的一个插曲,即他同时参与数学、工程学和政治的生命片段。他是一个在历史上有着巨大影响力的全才。

二、作为计算机科学家的莱布尼茨

莱布尼茨在技术方面的兴趣相当广泛,包括气压计、指南针、助听器、火器、望

① Cf. Ulrich Horst and Jurgen Gottschalk (1972), "Uber die Leibniz' s schen Plane zum Einsatz seiner Horizontalswindkunst" Studia Leibnitiana Supplementa (Wiesbaden: Franz Steiner), Vol. 2, pp. 35-59.

远镜、怀表、船体、货车——他曾自行完整地设计出一部汽车(包括最后一个螺栓)。莱布尼茨有着令人不可思议的细节感。当然,他也追寻一般原则。由于通晓机器的工作原理,又加上他反对永恒运动的可能性,莱布尼茨构想出了能量守恒定律。正如外尔(Weyl)所注意到的:

> ……根据原因等于结果(*causa aequat effectum*)这一公理,通过把状态的每种机械变化(原因),变换成一个"标准的结果",并伴随有给定重量的上升。然后,上升的高度可以被用来量度能量。莱布尼茨的看法的确击中了能量原理的根本。这可适用于一切自然现象,只要上升的重量是可替换的,也就是说,通过水量热计。(但这在19世纪中期之后才得到普遍推广。)的确,状态的非机械变化并不总能变换成机械效应,如重量的上升,但是它总能变换成某一给定的标准物体的加热或冷却。①

"演算",莱布尼茨说道。这的确是一种振奋人心的和乐观的看法。莱布尼茨是那些最初发现力学计算(mechanical calculation)本身的巨大优势的人之一。有没有一种更好的能最终消解差异、消除激烈争端的方法?从《论组合的艺术》(1666)到《单子论》(1714),莱布尼茨反复思考的一个主线是寻求一种普遍语言和一种理性演算。之后,他创造了两个基本概念:普遍文字(*the characteristica universalis*)和理性演算器(*the calculus ratiocinator*)。我们可以把前者简单地界定为信息池或数据库。它里面的词项被编码或被贴上标签,以便我们能了解它们的大量信息,但并不是全部。我们使用符号来指谓那些我们所确定知道的属性或过程。换言之,我们有一个事实网。在莱布尼茨看来,这个事实网永远是不完整的,只有上帝才会有一个完整的事实网,因为他不受时空或任何别的东西的限制。莱布尼茨所构想出来的理性演算器是由一系列可操作的规则和算法构成,它们能使我们在信息池中挑选出我们想要了解的属性或过程,并把这些属性或过程整合在一块,以期发现一些新联系,从而获得知识。

例如,如果我们把某一集合 U 看作是一个全集,并且子集可以用任选的算子 x、y……来命名,那么 $x(U)$ 就是 U 的一个子集,它所包含的元素都具有规定算子 x 的属性。如果 U 表示某一池塘鱼的集合,那么我们就可以根据某一任选的算子 x 挑选出雌性鱼,用"$x(U)$"来表示。同此,可以用"$y(U)$"表示所有的成年鱼,"$z(U)$"表示红眼鱼,等等。当然,我们也可以连续地使用任选的算子。若首先选出所有的雌性鱼,然后再从它们中选出所有的成年鱼,则可符号化为"$y(xU)$"。若首先选出所有的成年鱼,然后再从它们中选出所有的雌性鱼,则可符号化为"$x(yU)$"。不论是哪一种情况,最终的集合是相同的。因此,我们可以写出"$y(xU)= x(yU)$",或者简之为"$yx=xy$"。这显然是类比交换代数的产物。

---

① From Hermann Weyl, Philosophy of Mathematics and Natural Science, revised and augmented English edition based on a translation by Olaf Helmer (New York: Atheneum, 1963), pp. 182-183.

那么根据结合律而得出的式子"$x(yx)=(xy)z$"，就可以立刻得到检验，因为式子的两边的集合表示的都是雌性鱼、成年鱼和红眼鱼。由此我们也就能够很容易地理解为什么诺伯特 · 维纳(Norbert Wiener)，本世纪计算机科学的重要奠基者，把莱布尼茨看成是自己的守护神。诺伯特 · 维纳写道：

> ……从系统演绎走向机器演绎是简短的。莱布尼茨的"理性演算器"(*calculus ratiocinator*)只需一个引擎就能成为一个"推理机器"(*machina ratiocinatrix*)。这个方向需要迈出的第一步是从演算到理想的系统推理机器，这已经由 A. M. 图灵于几年前完成。①

这与图灵机一并表明：莱布尼茨与当前人工智能和认知科学领域的工作有着关联性。

直到 19 世纪的工业革命，钟表是唯一广泛使用的最复杂的仪器。1657 年惠更斯发明了摆钟，这使得钟表水平得到了大幅改进，而且它的效用也得到了极大提高。从历史的角度来考虑，钟表长期以来一直被用来作为宇宙的隐喻，从 14 世纪的尼科尔 · 奥尔斯姆(Nicole Oresme)到 17 世纪莱布尼茨与牛顿学派间的争论，再到伏尔泰和启蒙运动，甚至更长。发条齿轮装置为莱布尼茨构造计算器提供了基本的力学模型。联锁齿轮的功能和通过杆、滑轮进行力量传送，已得到广泛研究。虽然自古代以来各种形式的齿轮装置就已被人们所知晓，但是直到西方欧洲技术的兴起，它们的使用和制作方法才被人们所探求。

莱布尼茨的前辈有塞缪尔 · 莫兰德(Samuel Morland)、契克卡德(W. Schickard)和法国最伟大的科学家布莱兹 · 帕斯卡(Blaise Pascal)。他们已经基本上构造出计数机(counting machines)，并使用联锁嵌齿轮来表示个、十、百等。构造计数机的核心是布局问题。借此，当任一齿轮转动一圈时，它会触动自己左边的齿轮转动十分之一圈。这些被构造出的机器中没有一个能很好地工作一段时间，这存在一些技术原因，并且这些原因也使得莱布尼茨的努力变得徒劳。例如，在制作必要的齿轮时，不仅材料必须足够坚硬以便耐用，而且齿轮要切割的足够精确，这是极其困难的。而且由于机器必须非常小，它们中最大的在长度上也只有 30 厘米，因此工匠们制造它们的难度也就可想而知了。

莱布尼茨的计算器是独一无二的。因为它的设计目的是要执行所有的四则运算，而其他的计算器只能进行加法运算，有时也能进行减法运算。起初，莱布尼茨希望它也能开平方根，但这被证明是极为困难的。虽然它执行了其他功能，但它仍遭受到了早期模型固有的构造问题的诘难。第一个实际有效的模型是托马斯(C. X. Thomas)于 1820 年在阿尔萨斯制造出的计数器。它利用了莱布尼茨的组件设计。近些年来，莱布尼茨的计算器已被人们根据他在信中的说明进行了多次重构，而且它也被造得能进行实际工作。这样一种模型最近已在纽约市的海顿天文馆展出。

---

① From Norbert Wiener (1954), Ex-Prodigy (New York: Doubleday), p. 193.

莱布尼茨对他的计算器寄予了很高的希望。这也是他呈交给法国科学院的多项作品中的一件,但他未能实现他所希望的获得像他的朋友和老师——克里斯蒂安·惠更斯一样的薪水。在与俄国科学研究机构的创始人彼得(Peter)的谈话中,他提议改善与中国的关系,并认为他的计算器可作为一个合适的外交礼物赠予中国皇帝。他一直对天朝王国的语言和文化有着浓厚的兴趣。当他设计二进制运算系统时,他欣喜地听到一名在北京的法籍耶稣会传教士博文特(R. P. Bouvet)说二进制数字类似于《易经》中的线形八卦符号。《易经》是一部中国古代关于变的书,并且长期以来被认为是人类智慧的象征。

从长远来看,经过19世纪逻辑学家乔治·布尔(George Boole)等的工作,二进制系统被用来帮助实际设计在当代计算机中使用的电子线路。例如,一个开关,必须要么是"开"要么是"关",并且用符号串来表现它的最简单的方式是0和1。而且,零散信息的传送通常是通过符号逻辑来执行,它利用"真"或"假"的二进制步骤。当然,莱布尼茨虽然对电子线路一无所知,但他确实认识到了后来所使用的这种系统的效用和简单。

通过19世纪加工模具的改进,早期设计者所遇到的机械问题在很大程度上已经得到了解决。然而,仍旧存在许多障碍。可怜的查尔斯·巴贝奇(Charles Babbage)在他的"差分机"上花了几乎半辈子的时间,但最终还是没能成功!电子的使用标志着计算器设计的巨大进步,并最终导致了计算机的出现。它促进了逻辑机的发展并最终使逻辑和数学传统得到了更加广泛地应用。当然,莱布尼茨是对这一传统做出过重要贡献的人。

莱布尼茨把整个世界看做一个集合体(conspectus),或者是一个他所称为单子的存在物的集合。它们的活动以上帝所设定的预订和谐为基础,彼此之间交互感知。显然,他主要是以光学术语来对这种交互作用进行思考的。单子被设想为没有任何"窗户",因此机械的交互作用,实际上变成了一种微妙的光的交互作用。他所独创的两个概念(普遍文字——事实网或数据库、理性演算器——现代数理逻辑的原型)都依赖于信息的传送。这一过程对于所有当代的信息加工模型、计算机编程技术和机器人技术等而言是极为重要的。他甚至在某处根据知觉来定义因果关系:"因此说单子具有能动性,是就它具有清晰的知觉而言,说单子具有被动性,是就它具有混乱的知觉而言。"①

然而,莱布尼茨也明确地说到物理实体的语言。他一再坚持认为:一切自然过程都是机械过程的复合,因而它们可以根据力学和数学来解释(人类知觉除外)。当然,他认为这些用于解释的原理均源自逻辑学和形而上学,也就是说,它们本质上都是观念。那么他是如何调和自己的逻辑学和形而上学与他对物理实体的感觉的呢?

答案是,他构想了两种基本的单子集。一种由惰性物体(inert objects)构成。它

---

① Cf. The Monadology, No. 49.

们被称作普通的或“单纯的”单子集。活的有机实体和杰出的人类属于另一种,它们存在于统一的单子集中或单子的等级结构中,它们被充分地个体化。在人中占据支配地位的单子是具有理性能力的精神(spirit),它不仅反映宇宙中的其他单子而且还反映上帝。只有人才具有自我意识(统觉)能力。虽然人类生活的伦理方面和文化方面脱离于物理世界,但莱布尼茨却看到了两者间的某些相似之处。为了试图调和通常所谓的“恩典秩序”(order of grace)和“自然秩序”(order of nature),他使用了充分性(plenitude)、连续性(continuity)和线性渐变(linear gradation)的概念。这些概念实际上出现在他思想的方方面面。为了试图消除笛卡儿二元论中的在他看来是心理学上的荒谬性,他提出了一种解决身心平行论问题的办法。这种身心平行论被称为心理神经同构论(psychoneural isomorphism),它假设:对于意识或心灵的每一个方面,在神经系统或身体中都一定存在着某个相关联的方面。他的这种解决办法为物理过程的语义学解释及之后的计算理论的一个重要方面,提供了一个范例。

莱布尼茨十分青睐符号、几何图形、图表和所有实际上对数学思维有用的记号方法。他把这些东西称作是“阿里阿德涅的线团”*,认为它们像神话中女主人公的线团一样,能引导我们走出连续性的迷宫。在与他所知道的众多的重要数学家(如瑞士的伯努利(Bernoullis)、英国的约翰·沃利斯(John Wallis)和巴黎的克里斯蒂安·惠更斯)之间的信件往来过程中,莱布尼茨对记号进行了拓展性研究。最终,除了伦哈德·欧拉(Leonhard Euler)外,他所引进的记号和符号比任何其他数学家都要多。他曾建议用圆括号取代线括号来分离代数式的各个部分。他还曾建议使用小圆点来表示乘法(因为他感觉圣·安德鲁(St. Andrew)的叉号很容易与字母“x”混淆),用小数点、等号和冒号来表示除法和比例。

今天我们所熟知的微积分记号,在很大程度上要归功于莱布尼茨。在求积分的过程中(这自阿基米德以来发展十分缓慢),他提出了用一种熟悉的符号“∫”来表示“积分”,它是字母“s”被拉长了。他发明的最有名的符号大概是用于表示微分的记号“d”。艾萨克·牛顿也独立地发明了微积分。他在字母上使用小圆点和破折号来表示,它们无论是读起来还是印刷起来都很困难。一般认为,英国的微积分发展受到阻滞,一直到19世纪才有了好转。这是因为英国的数学家十分信守牛顿的记号,而他们的大陆同行则由于使用了莱布尼茨的更具有表达力的系统而领先并进入新领域。

莱布尼茨总是试图使用这种符号形式表达它的内容,因为他认为记号在简洁地表达某物的确切本质方面有着巨大的优势,并且能节省思维劳作。当然,他看到的不仅仅是数学符号在技术方面的便利,他也觉察到了数学与逻辑学之间的联系。

---

* “阿里阿德涅的线团”(thread of Ariadne),引自希腊神话,阿里阿德涅是克里特国王弥诺斯与帕西淮之女,她给了忒修斯一个线团,助其逃出弥诺陶洛斯的迷宫,他进入迷宫时将线团解开,杀死米诺托后循线逃出。——译者注

他通常被认为是现代符号逻辑的创始人。上面所提到的普遍文字和理性演算器通过某种组合技巧相联系在一起,我们凭此可发现新知识。他的形而上学与他的逻辑学是相一致的,因为他认为我们的组合将总是不完全的,我们只能不完美地模仿神的那些用以表达一切可能东西的组合。在为一种普遍的逻辑语言(它的句法保证了正确性)做出了一些基础性工作之后,他期望增强科学之间的交流、改善伦理道德和推广文化普遍主义。

三、作为认知科学家的莱布尼茨

认知科学像是一幢有许多房间的房子,里面住着许多持有不同观点的专家。心理学、哲学、人工智能、语言学、神经学和人类学,都可以在认知科学里面找到位置。因而,跨学科研究也就理所当然地受到鼓励。认知理论通常集中于描述心理的结构和过程,而不是生物或历史要素。它们大都把计算机作为科学研究的工具和人类心灵的隐喻。从历史上看,认知科学的出现,是为了试图回答一些经典的认识论问题。这些问题,从前苏格拉底、柏拉图和亚里士多德,到 17 世纪的科学革命,一直是传统西方哲学所关注的重要问题。兴起于问题重重的本世纪的非决定论、相对论和量子理论,无一不受此影响。唯理论和经验论之间的差异,大陆理性主义者和英国经验主义者之间的争论,洛克和莱布尼茨之间的争论,非常接近于这一问题的核心。心灵是否具有那种先天的它所强加于感觉经验之流的理性能力,或者心理的结构和过程是否完全依赖于外界的感觉材料(*sensa*)? 我们的行为是否是条件反射,或者我们的经验是否由某种精神内核(a mental core)塑造?

一般而言,行为主义者倾向于拥护经验主义,而认知主义者则通常持某种形式的理性主义,或这两种传统的混合。"认知科学"这一术语,首次被用于指谓二战后 10 年间的心理学研究模式。这些心理学研究模式在意识、心理的结构和过程方面表现出明确的兴趣,并对当时占主流地位的行为主义学派发起了挑战。当然,行为主义并没有因此而消亡。它的代表人物,斯金纳,依旧是美国最著名的心理学家,他的众多追随者依旧延续着他的工作。我们可以清楚地看到,认知科学的发展得益于两个新条件:一是计算机的出现,作为一种研究工具和一种人类心灵的模型;二是乔姆斯基语言学的兴起。在这两方面,莱布尼茨的共鸣都可清晰地听到。

(1) 关于莱布尼茨对计算机模型及其认识论(我所了解到的)的影响的最为显著的实例,我们可以在著名理论家维斯特·切奇曼(C. West Churchman)的著作中找到。他提供了一种令人信服的证明,认为莱布尼茨的系统是某种特殊形式的探知系统(inquiring system)的原型,并且这种探知系统实际上是自然科学领域中所持有的系统论的一般形式。与笛卡儿所给出的方法不同,莱布尼茨所谓的探知者(inquirer)不是以"清晰而又明确的观念"开始的。相反,它(探知者)具有识别句子和使用逻辑的能力。它能确定哪些句子是重言式,哪些是自相矛盾的,以及哪些既不是重言式也不是自相矛盾的。莱布尼茨把这种既不是重言式也不是自相矛盾的句子称之为“偶发的”(contingent)。它是通过一种普遍文字来实现这一能力的。这种普遍语言,具有某种精确到足以使处理器——理性演算器,不糊涂的结构。那些存储的定义,为确定某一给定的语句是否逻辑地遵循它们提供了基础。如果确实遵循了,那么它就是一重言式;如果没有遵循,那么它就是自相矛盾的。

莱布尼茨认识到,处理器只需分析提交给它的句子的形式,就一定会以逻辑代数的形式提出这些问题。因而,处理器被设计为处理符号串。莱布尼茨把这种能力称做是知觉(perception)。每一个单子,即莱布尼茨的处理器,都在不同程度上具备这种能力。知觉源自单子,它产生符号串,并识别构成自身的要素。单子之间存在着一个有序的等级,它们各自反射所有其他单子的能力均有所不同,并且,宇宙总体上处于所谓的预定和谐(被确切地表达为“关于实体间和谐的假说”)之中①。在较高级形式的单子,尤其是人类心灵中,系统能以不同的方式对知觉流进行操作。莱布尼茨把这种能力称做统觉或意识。“具体而言,系统能够存储记忆片段,并贴上适当的标签用以标示这些片段何时出现过。而且,系统还能检索记忆片段,并通过各种方式(想象)把它们组合起来”②。

偶然真理属于我们所称作的“事实网”(fact nets)。它们蕴涵了别的偶然真理,或者被别的偶然真理所蕴含。一切有待审查的句子,如果它能与另一在先的偶然真理联系起来,那么它就是一偶然真理。随着事实网的扩展,某些句子会变得十分重要。因为如果这些句子不正确,那么事实网的某个部分,甚至整个事实网将会变得不正确。

莱布尼茨的探知者实质上就是一模型建构者。由于存在无限的组合,所以它需要一个完全受控制的执行者。这个执行者必须在知觉流中只搜寻那些形成融贯真理的句子。然而,是什么在导引模型建构者呢?莱布尼茨自己给出的回答是,在于寻找一种支配所有其他模型的模型,因为这种模型的融贯性蕴涵自身的真理性:上帝这种存在,具有一切达到最高程度的属性,而且这些属性能够共存,也就是那个现实最优系统的唯一保证者。正如莱布尼茨在谈论本体论证明时反复言明的,“上帝存在,如果他(he)可能”。既然上帝的善显现于自然之中,那么人就能通过科学研究自然而获得那些伦理的原则和指引我们通达人类幸福的原则。

切奇曼(Churchman)把莱布尼茨关于系统设计的基础,简要地陈述为:

①系统凭靠天赋观念来控制知觉流;

②系统能产生符号串,这些符号串能被分解为可识别的单元;

---

① From G. W. Leibniz, Basic Writings. Correspondence with Arnauld (La Salle, IL: Open Court, 1962), p. 69.

② From C. West Churchman, The Design of Inquiring Systems: Basic Concepts of Systems and Organization (New York: Basic Books, 1971), p. 30.

③系统能把这些单元划分为恒真的,或非恒真的;

④系统通过联系或操作者能形成单元网;

⑤系统能依据某一标准对这些单元网进行等级划分;

⑥系统具有一种处理符号和形成单元网(如系统所达到的或形成的最优网)的方法,并认识这种方法①。

切奇曼认为,以下所说的三种广泛使用的机器,从本质上讲,都是根据莱布尼茨的系统设计要求而设计出来的,并且都满足上面所列举的大部分条件。这三种机器分别是:算法机(*algorithm machines*),它自动地解决某些特定种类的问题,如找出某个函数的极大值,或求解某些不同的方程式;启发式搜索机(heuristic search machines),它使用近似值法或试错法来找出某一函数的最大值;定理证明和问题求解机(theorem-proving and problem-solving machines),它检查自己的数据以确定那个定理是否被证明过,并且有一"执行者",能在某种方法使用不灵的时候,舍弃此种方法而采用另外一种②。

莱布尼茨的另外两个观点在这一语境中也被证明是具有重要意义的。第一个观点(与其他理性主义者共享)是,如果在整体上没有一个先天的系统概念,那么系统组件的最优设计是不可能的。当然,这给现代的系统设计者提出了许多难题。只要考虑到现代机器的复杂性,我们就会发现:众多系统之外还有更多的系统!我们知道物体可以分解为分子,原子又可以分解为亚核粒子,等等。确实,我坐着的那把椅子,可以被描述为只不过是一团旋转的电子。然而,那团旋转的电子(即我坐的这把椅子)是如何融入那些构成世界的日趋变大的系统?简单来说,这就是那类当设计者试图更改某复杂系统中的某一部分,使其朝向某一特殊目的时,频频出现的问题。

第二个观点是,认为在所有系统组件的设计中,存在一种根本的相似性。这意味着,自然的许多(如果不是所有的话)复杂性反映在构成它的所有单子之中。"若以现代术语来解释,这种观点是说:在所有功能系统的设计和评估中,总是要涉及那个所考虑的相同的事实网(the same net of considerations);哪怕是忽略掉任何一个所考虑因素(consideration),所设计出来的功能实体都将是不完整的。"③

这是莱布尼茨影响现代系统设计思想的最为显著的例子之一。难能可贵的是,他的理性主义哲学可以被转换成现代系统分析和计算机设计。莱布尼茨把他的单子界定为"隐德来希"(entelechies),而不是机器,但是单子与机器之间共同享有足够多的特征,从而使得这种转换得以可能。他的数学给予我们以重要提示。充分性、连续性和线性渐变,是莱布尼茨所构想出来的宇宙和单子总体的主要特征。莱布尼茨所设想的宇宙,有一等级序列:从最低形式的生命到上帝;并且,没有

① Ibid., p. 34.

② Ibid., p. 48.

③ Ibid., p. 41.

任何两个完全相同的单子,每一单子与其周遭的单子之间存在可能的最小差异。(有趣的是,在这一语境中,莱布尼茨促成了物理学中最小作用量原理的发现)。

(2) 关于莱布尼茨在语言学方面的思想,及其对认知科学的贡献,我们也可清晰地看到,20 世纪 50 年代,人们围绕乔姆斯基的思想展开了广泛讨论。他们截然反对当时语言学界中的领军人物,行为主义语言学家,布龙菲尔德·伦纳德(Leonard Bloomfield)。布龙菲尔德对标记外来语言的方法做了大量的研究工作,并激发了许多学生对音韵学的探究。但是,他认为,语言纯粹是一种物理现象,语言的使用就是所发生的一系列生理事件,这样也就避开了意义的关键性问题。对此,当然存在能与之相抗衡的声音,如雅各布森(Roman Jakobson)、萨丕尔(Edward Sapir)和沃夫(Benjamjn Lee Whorf)。他们不仅使用分析的技术,而且还从哲学传统中汲取了丰富的养分。这些传统可追溯到 18 世纪和 19 世纪早期,可追溯到格里姆(Jacob Grimm)、博普(Franz Bopp)(懂 40 种语言)、冯·哈姆博尔特(Alexander von Humboldt)、波尔-罗亚尔语法学家(Port-Royal grammarians)以及 17 世纪的笛卡儿和莱布尼茨。乔姆斯基的研究就是以这一传统开始的,这体现在他早期关于笛卡儿语言学的著作当中①,并且,作为一名历史学家,我发现这是令人耳目一新的,即乔姆斯基唤醒了某种深深潜藏于美国人理智生活中的历史感。尽管如此,乔姆斯基在符号逻辑和数学方面的高深造诣,也由其同代人(图灵、维纳、香农和冯·诺依曼)的著作而被人们所熟知。

像他的早期先辈们一样,乔姆斯基认为语言的创造潜力和逻辑潜力乃是人与动物之根本差异。一般来说,但凡有历史学背景的人几乎都不会不同意这一点,但莱布尼茨却是个例外。正如乔姆斯基(1966)所写道的:

> ……似乎在经过长时间的中断之后,语言学和认知心理学正在将目光投向研究语言结构和心理的过程——它们在某种程度上由"世纪天才"所产生和恢复,并一直到 19 世纪才得到充分发展。语言使用的创造性方面又一次成为语言学所关注的焦点。17、18 世纪所勾勒出来的普遍语法理论,在转换生成语法理论中,已经得到了恢复和详尽的说明。②

在乔姆斯基看来,句法规则不容违背的秘密,可以在心智先天的自主结构中找到。这种先天结构,虽然在根本上是独立的,但与语言中的语义学、音韵学等维度彼此之间相互作用。他认为:"每个人生来就有某种学习语言的强烈愿望,并且一个人所能学到的语言的可能形式(possible forms),受到他所属的种之本质规定性和他所特有的基因遗传的极大限制。"③这些形式被讲母语的人所直接地直觉到,

① Cf. Noam Chomsky, Cartesian Linguistics: A Chapter in the History of Rationalist Thought (New York: Harper & Row, 1966).

② Ibid., p. 72.

③ From Howard Gardner, The Mind's New Science: A History of the Cognitive Revolution (New York: Basic Books, 1985), p. 193.

它们被认为是理想的语言能力(ideal competence)部分——语言的形式结构,而不是语言表现(performance)——塑造言语的实际过程。

从历史的角度来看,乔姆斯基抽象的句法能力(syntactic competence)概念明显类似于数学中的验算(proof)概念,即用于解释:当给定某些公理和推理规则时,符号之间的组合是如何确定一个命题的。寻找融贯性和形式的一致性,一直是数学史中的永恒主题。正如莱布尼茨所认识到的,验算总是纯形式的①。虽然我们无法绝对地保证我们的公式化表述将会反映那些被研究的现象,但是它们形式上的一致性促使我们相信:存在一个它们这么做的可能性。

莱布尼茨也为乔姆斯基的天赋原则提供了强有力的支持。通常,他与从17世纪到浪漫主义早期的其他人,一道被世人称颂。他们虽然不属于同一个学派,却有许多相同的观点和兴趣,包括在理性主义的心灵哲学中的相同背景。乔姆斯基言明:自己的表层结构概念和深层结构概念,都来源于波尔-罗亚尔受笛卡儿启发的《存在的普遍语法》(出版于1660年)。虽然莱布尼茨未曾与波尔-罗亚尔圈子里的人交往,因为他当时只有14岁,但是后来,在他进行改进和完善单子概念的期间,与阿尔诺(Antoine Arnauld,詹森派的主要支持者,耶稣会的反对者)保持着长期的通信往来。而且他对帕斯卡的概率论和计算器有着强烈的好奇心。莱布尼茨不仅与乔姆斯基所列举的早期哲学家交往过(莱布尼茨与谁没有交往过?),而且像洛克,他作为一个笛卡儿主义者,开始了自己的理智生活。尽管莱布尼茨后来在许多问题上与笛卡儿有分歧,但是他从未反驳过笛卡儿的语言观点。他还对V.哈姆博尔特,施莱格尔(A. W. Schlegel)和赫德(J. G. Herder)(早期的浪漫主义学者,都支持天赋原则的观点)产生了深刻的影响。

莱布尼茨在语言学方面的高深造诣(体现在他的《人类理智新论》一书中),主要源自他的博学精思,源自他对从古代到17世纪的欧洲思想的吸纳。这本书是作为批判洛克的《人类理智论》而写就的。《人类理智论》对于讲英语的世界而言具有极其重要的意义。洛克虽然读到过一些摘要并对此做出过反驳,但他从未读到过这本书,因为这本书是在他去世(1704)之后才出版的。莱布尼茨当时并没有发表这部著作,因为,正如他所说,他不愿去批判一位刚刚去世的作者。所以这部书直到1765年,在洛克去世半个世纪之后,才得以发表。遗憾的是,莱布尼茨是以极为谦和礼貌而又带有调和的口吻写就的,因此给人的感觉是他们两人之间在总体上似乎并不是相去甚远。这部书是以对话的形式写成的,好像是两个天才在对话。书中以极大的篇幅谈论了语言。莱布尼茨在语言学方面的研究几乎是面面俱到:词典编纂、音韵学分析、历史渊源探究和语法的本质,等等。在莱布尼茨看来,语言是一面人类灵魂的最为清晰的镜子,语言实质上同一于心理过程:“……而对于语

① Cf. Ian Hacking, “Proof and Eternal Truths: Descartes and Leibniz” in S. Gaukroger (ed.), Descartes: Philosophy, Mathematics & Physics (New Jersey: Barnes and Noble Books, 1980), p. 170.

词意义的一种精确分析，将会比任何其他事情都更好地使人认识理智的活动。”①

莱布尼茨与洛克之间的本质差异牵涉到天赋观念的存在。莱布尼茨认为数学、逻辑学、形而上学和伦理学之中充满了必然真理。这些必然真理是心灵所固有的，它们独立于感觉的验证。必然真理被认为是形式的或结构性的，因为个体的人和多样性的文化拥有各自不同的表达方式。人们并不总能知觉到它们，因为大自然留在人类灵魂上的手迹总是模糊难辨的。尽管他反对那种关于前世生活回忆的学说，但他承认这一概念根植于从柏拉图到圣·奥古斯丁，以及从其他人到F.苏雷兹(Francisco Suarez)(一名他那个时代的西班牙耶稣会士，而且莱布尼茨还钻研过他的著作)。在莱布尼茨看来，将这些形式的模型印记在理智之上的，是上帝而不是生物学。但是，他并没有摒弃经验，因为形式的观念可能需要适当的外部刺激以使自己在意识中被唤醒。

在寻找心灵中的目的论原则方面，莱布尼茨比乔姆斯基走得更远。这些目的论原则所支持的那种认为上帝是一种形式的概念的观点，与柏拉图如出一辙。伦理的目的，对于莱布尼茨而言，具有十分重要的意义，因为它们明显属于人类精神的范围。谁要是忘却了这些伦理的目的，就一定会遭到莱布尼茨异乎寻常的苛责：

> 因为我不愿苛刻地去评判任何人，所以在道德上，我也不会去批判我们的新哲学家——他们宣称要摒弃科学中的目的，但我必须言明：他们这一观点的后果是极其严重的……完全丢弃终极因，这种做法会导致好像上帝并未给其活动提供任何目的和任何善。②

他担心伦理的立场可能会被粗糙的机械决定论抛弃。莱布尼茨对斯宾诺莎的批判，反映出他对纯粹必然论的否认。另一方面，笛卡儿的交感二元论也激发了莱布尼茨的强烈不满，正如他不赞同牛顿的偶因论一样，因为它需要奇迹。很明显，莱布尼茨在其科学中，接受了那种在他那个时代占主导地位的宇宙之普遍力学模型，但是他也坚持宇宙之普遍力学模型在人类领域方面所存在的不足之处。

显然，莱布尼茨从未担心过科学和技术会给社会和伦理带来负面后果。他认为后者对于成功地维护一个社会的正义而言具有十分重要的意义，这一观点非常符合一个17世纪的相信人类进步的人。当然，他不可能预见到人类今天所面临的潜在的巨大灾难。但是，他早先对知识的深层原则的理解，无论是理论上的还是实践上的，都使得他的观点与现代认知科学所包含的学科之间具有持久的相关性。

---

① From G. W. Leibniz, New Essays Concerning Human Understanding. trans. A. G. Langley (New York: Macmillan, 1896), p. 368.

② From Leibniz, Basic Writings, Discourse On Metaphysics. p. 33.

休谟与认知科学

约翰·I. 比罗(John I. Biro)
俄克拉何马大学

在本文中,我将探究休谟的人的科学与新认知主义之间有何共同之处,以及在哪些方面有所不同。我认为,通过详细地考察这两者之间的相同点和不同点,我们将能更好地理解它们。我们将从休谟的旧科学中,吸取到一些新科学所应慎重考虑的教训。

一、背　　景

近来出现的两种相关进展或许使得这一点颇为出人意料,即就任何对这两种进展中的一个感兴趣的人而言,这种主题间的耦合显得既合理又有用。第一个新进展是对休谟的两种权威性解释的摒弃:一种是经典的解释,把休谟看成是一个纯粹的怀疑论者;另一种是比较新近的解释,把休谟看成是一个关于原始概念的分析师(proto-conceptual-analyst)。后者是20世纪70年代休谟研究发生革命的标志[①]。与所有的革命一样,这一革命也有其过度之处;但一幅更为平衡的图景将会出现:这幅图景中的那些目前得到较少强调的要素,如《人性论》第一卷中的那个无可置疑的怀疑论要旨,将会找到各自的合适位置[②]。然而,现在可以看到,休谟思想中可能有某些与现代科学相关的东西。这是近一段时间以来,我们对休谟看法发生根本改变的一个既显著又受欢迎的方面。

第二个新进展自然是那种被称做认知科学群(cognitive sciences)的出现。我们这个时代,在理智研究方面将可能取得的最显著的进步,莫过于对理智进行许多

---

① 这一革命的精神之父是 Norman Kemp Smith;参见"The Naturalism of Hume," I and II, Mind 14 (1905), and The Philosophy of David Hume (London: Macmillan, 1949)。关于这一革命的较为新近的例子太多而不能一一列举;一些有用的综述是由 N. Capaldi, J. King 和 D. Livingston 在"20 世纪 70 年代休谟研究文献"(Philosophical Topics 12(1981))中提供的,还有一些是由 D. E. Yalden-Thomson 在"休谟研究近作"(American Philosophical Quarterly 20(1983))中提供的。一个关于休谟研究文献(1925 ~ 1976)的近乎完整的参考书目,参见 R. Hall 的 Fifty Years of Hume Scholarship: A Bibliographical Guide (Edinburgh: Edinburgh University Press, 1978),和 Hume Studies 的年度增刊。

② L. A. Selby-Bigge ed. "A Treatise of Human Nature" (Oxford: Oxford University Press, 1958). 本文中对该书的引用以 T 加页数的形式在圆括号内给出。

学科之间的、松散的联合研究。一般而言,这至少包括心理学、神经生理学、理论语言学、人工智能研究和计算机研究,以及那些不属于这些学科但由这些学科所界定的领域之内的交叉性混合研究。它们愈来愈被认为是一门新兴的、至少潜在地拥有确定研究领域的单一科学。这门科学常常被贴上"认知科学"(cognitive science)这一恰当的单数形式的标签。

关于这门新科学的总体目标,休谟在其《人性论》中已经做出了最好的总结,即那些用于刻画他的人的科学的语句。这本书的目的,他说,"在于审查心灵……以发现它的最隐秘的根源和原则"(Txviii)。然而,关于这些"根源和原则"的真理"一定隐藏在极其玄奥的地方"(Txviii),但哲学家期望通过"以一种正当的方式对人的本质进行剖析"[①],从而通达这个地方。如此说来,他所充当的不是一名思辨的形而上学家和独断的怀疑论者,而是一名科学家,即"一名解剖学家"[②]。

为了使我在开篇就提出来的主张言之成理,我将试图考察作为认知科学之哲学构架的认知主义方面的三个问题。若从休谟的视角来审视它,我们将可能得出一些洞见。这三个问题是:意义与内容的问题、感受性问题、"得到豁免的行动者"(exempt agent)问题。然而,在阐述这些问题之前,为了能就实体和方法方面得出一些普遍性的比较,我将对这一新科学再做出一些描述。

二、休谟与认知科学

认知科学的主导性观点是:理解人所表现出来的某种特殊行为,以及这种行为所彰显出的能力的最佳方式是,根据这种被认为是其能力运用的行为背后的内在过程(和状态)。这种被集中研究的行为具有智能性和意向性双重特征,它们典型地包含于知觉、行动、记忆、言语、概念形成和推理等之中。关于这些心理状态和过程的经验性研究是沿着常规科学的路线前进的:没有任何可供使用的特殊方法,如内省,或通过分析我们那些与心理相关的概念来发现先验真理。心理的研究与物理的研究所采用的方法如出一辙,尽管局部上稍有不同[③]。

---

① D. Hume. "Abstract of a Treatise of Human Nature" in J. M. Keynes and P. Sraffa(eds.)(Cambridge:Cambridge University Press),1978.

② D. Hume. Letter to Hutcheson,17th September 1739。

③ 事实上,所采用的方法各式各样,十分广泛,包括从对心理过程的计算机模拟(通过精确观察'假定与心理过程相联系的'大脑活动),到对心理学实验中的反应的研究(如语法判断或知觉判断的速度和模式)。

由于认知科学具有兼蓄性特征,因此关于认知科学的本质和地位,存在多种相竞争的哲学理论。出于本文的目的考虑,在这些理论中,我将主要探讨福多所主张的心智的表征理论(RTM)。理由有二:一是尽管存在许多能与RTM相抗衡的重要理论,如丹尼特(Dennett)的工具主义,帕特里夏·丘奇兰德(Patricia Churchland)和保罗·丘奇兰德(Paul Churchland)的取消式唯物主义,以及斯蒂芬·史迪奇(Stephen Stich)的"句法理论",但是,我认为,公平地讲,到目前为止,RTM仍是哲学中所主要讨论的对象,并且更重要的是,它也是一种实际上广为人知的科学实践①。二是RTM作为一种研究方法,最接近于休谟对人的科学的看法,并且这也是一种他(休谟)发现的比其他理论更合意的理论,尽管实际存在着一些差别(后面将会看到)。

第二个理由似乎看来令人十分诧异,因为传统观点把休谟刻画为一个超级经验主义者,他的经验主义立场是如此坚定,因而决不会认可RTM所随意采用的理论构筑方式。他这样说的确是正确的:"我们对这一科学所能给予的唯一牢固的基础……必须建立在经验和观察基础之上"(Txx);而"我们必须力求使我们的全部原则达到最大可能的普遍,通过把实验追溯到底并且用最少和最简单的原因来说明所有结果"(Txxi),"但我们也不能超越经验,这一点仍可以确定"(同上)。然而,这似乎与现代科学总体和一些认知科学家(尤其是福多)所一直诉诸的那些与观察联系不甚紧密的理论实体(theoretical entities)相冲突。的确,它与休谟在"隐秘的根源和原则"(也称作"隐秘的运作"——如《人性论》第104页)方面的兴趣相左。

但是,这种冲突只是表面上的:休谟的经验主义比其他各种经验主义更深刻②。作为一个解剖学家,他所提出的那些支配人性的原则,虽隐秘,但不玄奥。之所以隐秘是因为它们并不存在于现象的表面,即它们必须是通过这种正确方法而被发现的、最具一般性的解释性原则。这就是哲学在其能产生一门人的科学之前,为什么需要"某种完全的改变",甚至"某种革命"的原因。但是它们并不玄奥,因为它们不是那些休谟所鄙弃的形而上学家所诉诸的原则。

休谟的原则,大抵是那些联想原则——它们在精神世界中所发挥的作用类似

---

① 我将参考在这一讨论过程中由福多和丹尼特所撰写的各种论文。有一些已被收入现在的两本论文集当中:J. Fodor, Representations(Cambridge: Bradford/MIT Press, 1981)和D. Dennett, Brainstorms(Montgomery: Bradford Books, 1978)。其他方面的讨论,参见Paul Churchland, Scientific Realism and the Plasticity of Mind(Cambridge: University Press, 1979)和"Eliminative Materialism and the Propositional Attitudes," The Journal of Philosophy 78 (1981); Patricia Churchland, "A Perspective on Mind-Brain Research," The Journal of Philosophy 77 (1980); S. Stich, From Folk Psychology to Cognitive Science (Cambridge: Bradford/MIT Press, 1983).

② See J. I. Biro, "Description and Explanation in Hume's Science of Man," Transactions of the Fifth International Congress on the Enlightenment, Vol. 4(New York, 1979).

于牛顿的原则在物理世界中所发挥的作用;大抵是那些心灵本身所固有的习性(propensities)和禀性(dispositions)——它们构成心灵遵从联想原则的基础,并用于解释心灵何以依赖这些原则。像牛顿的原则一样,它们也需要通过哲学将自身彰显出来(注意,正如传统对休谟的解释所假定的那样,"哲学"不能理解为与"科学"截然不同的东西)[1]。

另一方面,如果我们要探问:为何我们所发现的那些原则就是它们本来的面目而不是其他,那么我们就需要走出我们的视野,成为自然哲学家,即兼有科学家和哲学家双重身份。为了说明这一点,我将参考休谟在其《人性论》附录中论述人格同一性(personal identity)时,所发的抱怨和牢骚。关于这一众所周知的十分费解的篇章,一种解释是:困扰休谟的问题是,他的解释"使得这样一个事实全然不可理解和神秘,即这些'材料'(他的解释就建立在这些材料的基础之上)是其本来的面目"[2]。但事实上,休谟承认,这些"神秘的东西"在哲学上没有任何答案。而且,关于"处理这些材料的东西,即我们的心理官能,何以是它们本来的样子"这一问题,也没有任何答案:"关于我们的那些最概括、最精炼的原则,我们给不出任何理由"(Txxii)。

形而上学家佯装通过援引那些"并非建立在经验权威基础之上的玄奥原则"(同上)来对这些问题做出解答。但这不同于哲学家对隐秘原则所进行的真正探索。前者与这些玄奥原则的根源相关,并且在休谟看来,这些玄奥原则"必须永远被关在人类视野之外"。那些猜想和假设,它们声称创立了用以描述和解释心灵或世界之性质的、在某种意义上更"原始"或"终极"的原则,"在一开始,就应该被认为是狂妄和空想而予以拒斥"(Txxi)。这类假设正是休谟和牛顿所鄙弃的。现代认知科学总体和福多所称作的"思辨心理学",都不加回避地使用这类假设,并且假定各自理论所需要的那些隐藏的机制[3]。思辨心理学试图说明心智是如何运作的,它试图就语言和认知的经验性研究所产生的问题做出解答。驱使心灵遵从休谟的联想原则的习性和禀性所遭遇到的困境,在方法论和本体论上,与牛顿的力学和现代语言学家或心理学家所假设的用以解释认知能力和行为规律性的心理过程所遭遇到的困境相同。

这无疑存在一些相似之处,探究它们将是十分有趣的。同样,也存在一些重要

---

① 关于休谟的原则和牛顿的原则之间关系的讨论,以及关于他们各自对科学方法的看法的讨论,参见:J. Noxon, Hume's Philosophical Development(Oxford: Clarenoon Press, 1973); N. Capaldi, David Hume: The Newtonian Philosopher(Twayne, 1975); J. P. Monteiro, "Hume's Conception of Science," Journal of the History of Philosophy 19(1981), and "Induction and Natural Selection," McGill Hume Studies, eds. D. F. Norton, N. Capaldi and W. L. Robison(San Diego: Austin Hill, 1979).

② B. Stroud, Hume(London: Routledge and Kegan Paul, 1977), p. 138.

③ J. Fodor, The Language of Thought(Cambridge: Harvard University Press, 1975), p. viii.

的不同之处。在谈论前文所述的三个具体问题之前,对一些不同之处做出交代是有必要的。

与认知主义者的新科学相比,休谟的旧科学显得既宽泛又狭窄。之所以宽泛,是因为它包含了对那些被视为想当然并被现代认知科学所使用的概念的解释,如外部存在概念和因果性概念。这并非说认知科学对这些概念及其在我们精神生活中的作用无所论说,而是说认知科学并没有像休谟那样,把这些概念看成是需要合法化的东西(从休谟的特殊意义上讲,就是需要表明这些概念偏离了心灵的内在功能)。在其他领域的一些科学理论中,它们被不加批判地使用,认知科学中也是如此。然而,在休谟看来,正是对这些概念的解释才是根本的。

之所以狭隘,是因为它所论述的主题,到最后,一定是整体的人或心灵。它在解释整体的人或心灵的行为时,确实参照了亚人格层次的(at the *sub-personal* level)过程和运作(印象和"做"事的观念),但认知科学关于这方面的许多最有趣的解释也被丢弃了。然而,尽管它反复谈论做事的知觉,如产生或彼此间的吸引,这可能暗示了某种不同的东西,但最终起作用的一定是主体的某种习性,而这些习性和禀性都属于整体的人或心灵所固有的属性[①]。

新旧两种科学之间的另一个重要差别是,它们对与其假设相关的证据所持的看法不同。内省作为一种方法,在休谟的科学中得到了比在认知科学中更多的强调。的确,公平地讲,关于内省方法,存在广泛的不信任。例如,人们普遍认为,如果我们想要探索那些反映发生在某一主体上的真实心理过程的东西,那么询问这个主体的方法通常是收效甚微的。我们可以从反应时间、理解力的测试和误差模式等得到更多可靠的信息。休谟在某种程度上并不反对诉诸"外部"的证据。他认识到,观察人们实际所做出的判断模式,通常会得出:人们所正在使用的规则胜过他们自己能使用的[②]。但是,在他看来,这些被使用的规则对于内省而言,在原则上是开放的。因为它们是通过主体的观念和主体有意识持有的信念而得到规定的。这与某些认知理论所援引的用以解释(如)言语行为的规则形成鲜明的对比,而这些规则和其所统辖的对象,对于主体而言,都是不可及的。

现在,我将不再进一步探寻这些一般性的相似点和不同点,而是转向那些具体的问题。关于这些问题,我认为休谟可能说了一些和新科学相关的东西。我将讨论三个这样的主题,尽管不能做出对它们所应有的详尽讨论。

---

① 关于这一确实存在争议的断言的进一步讨论,参见下面的第5部分,以及 Jane L. McIntyre,"Is Hume's Self Consistent?",McGill Hume Studies(San Diego:Austin Hill,1979),和 J. I. Biro,"Hume's Difficulties with the Self," Hume Studies 5(1979)。

② 这在其对普遍规则的讨论中尤为明显(T141 et pass.;esp. T149-50);也请参阅 T. K. Hearn,"General Rules in Hume's Treatise," Journal of the History of Philosophy 8(1970)。

三、休谟的意义理论与内容问题

摆在任何一种把因果解释作用归因于命题态度的心的理论之前的一个重要任务,正如 RTM 一样,是对命题态度的内容做出解释。正如福多有力论证的,完全有理由认为民间心理学根据这些内容做出一些解释上的概括是正确的。例如,杰西·詹姆斯(Jesse James)之所以抢劫银行,是因为他相信(belief that)银行是存放钱的地方,并且欲求不劳而富。若没有这些内容确定(content-specifying)的从句,我们的常识解释将不会起作用。

在表明某个信念是相信 p 时,我们使用了这样一个事实:存在某个句子"S"意谓 p;在这一内容从句(content-clause)中,我们使用"S"这个句子表示杰西所相信的东西。我们讲他相信银行是存放钱的地方,也就是讲他的信念与"银行是存放钱的地方"这个英语句子所意谓的东西相关。因而,为了能够解释内容,我们将需要解释意义(meaning)。

传统的观点把休谟对意义的看法解释为一种图像论(picture theory)。根据这个理论,语词从其所表达的观念中获取意义。这些观念源自经验并准确地表征了经验(即感觉印象或反省)。因此,某一语词的意义从根本上讲就是某种心理意象(mental image)。并且,这种意象是拥有它们的心灵所私有的。然而,近来有许多人认为:这种解释,作为对休谟的现象主义解读,是某种歪曲①。休谟的理论可以(至少部分地)被看作是一种关于意义的约定与历史理论(conventional-cum-historical theory of meaning)。根据这一理论,在某种语言中,某一词项的用法以及该词项借此而负载的信息,就是构成该词项意义的重要组成部分。词项的这些特征所给予其自身的意义,远比词项的使用者偶然把它联系到任何一种心理意象要多得多。

这对唐纳德·利文斯通(Donald Livingston)所称作的限定过去的词项(past-entailing terms)而言,是再清楚不过的了,尽管它对所有语言的真实程度各不相同。语词的意义,如"父亲"或"牧师",包含一个由属性和关系构成的整体网——这些属性和关系的绝大部分都与过去相关,因而是不可(直接)观察到的,而且也不会显现于我们对"我们用该词项所指称的"那个个体所具有的任何意象之中。因而,某一特殊的私人意象(private image),不仅不能穷尽该词项的意义,而且实际上与该词项几乎没有任何联系。如果有人误用了这一词项,那么那种被他错误联系到

---

① Most notably by Donald W. Livingston. See his "Hume's Historical Theory of Meaning" in D. Livingston and J. King(eds.), Hume: A Re-Evaluation(New York: Fordham University Press, 1976) and Hume's Philosophy of Common Life(forthcoming), esp. Ch. IV; also P. Jones, "Strains in Hume and Wittgenstein," in Hume: A Re-Evaluation, and P. Ardal, "Convention and Value" in G. P. Morice(ed.), David Hume: Bicentenary Papers(Austin: University of Texas Press, 1977).

该词项的意象,大概就不能作为该词项意义的部分。(休谟意识到了词项的用法在给予其本身意义的过程中所发挥的作用。一个明显的例子是:休谟在谈到空间的可分性时,说道:"我们具有广延的观念,这一点是确定的,除此之外,我们为何还要对它进行谈论和思考呢?"(T32)[①]在所谈及的那个问题的语境中,这是无限可分的可想象性!)

利文斯通搜集了大量的证据用以论证:休谟的意义理论不同于图像论,因为他意识到了语言的约定和历史维度,并给它们留出了空间。如果这个论证是正确的,那么显然,休谟的理论就不易受到私人语言的指责,并且它也不是实际上被认为的那样荒谬。当然,这一论证是否正确,取决于它是否是解释休谟在不同地方对语言的不同论述的最佳方式。在此,我不是试图要确定这个问题,而是想说,它是解释休谟关于语言看法的一个合理方式。如果它是合理的,那么我们就没有理由,像绝大多数人和尤其是认知哲学家所认为的那样,认为休谟的意义理论是图像论以及它作为一种意义理论所可能有的一切缺点[②]。

然而,以上所有这些,所直接关注的一点是:RTM 遭遇到的最为麻烦之处,正是语言的这个公共方面。RTM 结合了下面两个论题。这两个论题,若分开来看,都是合理的;但若把它们协调在一块,则是很困难的,甚至是不可能的。一是只有人头脑中的东西才能被列入引发人行为的(与心理相关的)原因之中[③],二是引发人行为的主要原因是他的命题态度。将这两个论题融合在一起的唯一方式是要证明:人的命题态度中的内容,可以根据人头脑中的东西,被精确地(用福多的术语讲,是"严密地")具体化。但做到这一点并不容易,如果主体头脑中的东西不能穷尽我们在内容确定的从句中所使用的词项的意义。

在这种进退两难的境地中,RTM 的拥护者们通常会选择前者。是认可"意义内存于头脑"的理论(in-the-head theory of meaning),还是认可"内容外在于头脑"

---

① 这一拥有某种观念的标准,必须遵循休谟关于这一问题的无可争议的原则:印象不存在的地方,观念也不可能会存在。因而,"如果一个人天生就是瞎子或聋子,那么他不仅没有印象,就连相应的观念也没有;因而在心灵中两者都没有丝毫的痕迹"(T5)。这可能被认为最终解决了这个问题。但是,休谟继而说道,在这些情况下,"我们不能为自己形成一个恰当的观念"(同上);正如我在下面第4部分中所将要论证的,有一个观念和有一个恰当的观念,并不必然是同一个东西;并且,这两者可能连接于各自不同的必要条件。对这种差别进行观察,可能有助于解释休谟,在作出其直言陈述(T5)时,何以会认为一个双目失明的人能理解一些颜色的语词:"在这个城镇中,有一位风度翩翩的诗人,天生失明。他的作品之所以引人注目是因为作品意象中所彰显的正义性和优雅性;但他承认自己对光或颜色没有任何观念"(Letter to the Abbe Le Blanc, October 24th, 1754)。

② 例如,Jerry Fodor,"Mental Representation: An Introduction"(unpublished), esp. pp. 12-13.

③ 当然,这并不十分正确,但就我们目前的目的而言,它将(必须)这样。确切地讲,一个人的头脑中有某种东西,以某种方式表征那些假定存在的远端原因,借此把那些原因与其结果联系起来,尽管它的因果力缘于其纯粹的"形式"(即与内容无关联的)属性。这一最后的必要条件就是所谓的"形式性条件"——参见 J. Fodor, "Methodological Solipsism Considered as a Research Strategy in Cognitive Psychology," The Behavioral and Brain Sciences 3(1980)。

的理论(outside-the-head theory of content)？他们更愿意尝试前者。因而,他们采纳了格莱斯的意义理论(Gricean theory of meaning)。这个理论的纲领是将公共语言的意义还原为私人言说者的意义,继而还原为意向①。

眼下我所关心的,不是去追寻格莱斯的各种不同还原的繁杂细节,而是关注:如果我关于休谟的意义理论所讲的是正确的,那么那个被普遍接受的假设不免具有讽刺意味,即休谟有几分像是心灵主义和作为格莱斯研究路径特征的个人主义的始祖。更重要的是,如果休谟不但持有某种类似于我所归之于他的意义理论,而且他也有理由这样做,那么 RTM 就是错误的,错误到它必须依赖于格莱斯的(错误)图像。说 RTM 依赖于一个如此富有争议而又问题重重的理论,这丝毫没有增添 RTM 的吸引力②。

当然,这并不是说,休谟本人很好地解决了心灵科学的一个核心问题,即整合解释行为时所涉及的心理状态和事件的两个同样重要但似乎不相容的特征。一方面,看起来,RTM 和常识一并主张的这一点是正确的:这些状态和事件在那些我们在心理学中所需要的概括中占据重要位置,只是因为它们的(意向)内容。另一方面,这些心理状态和事件只有凭借其自身的因果力(causal powers)才能解释任何事情。这些因果力似乎只依赖于它们的形式特征而不是它们的内容。如何协调心理表征的这些方面,始终是 RTM 所关注的首要问题。正如我所论述的,休谟的那种重视语言的社会和历史维度的意义理论,使得这个问题变得更加深刻。

通过采纳一种不好的意义理论来使这个问题变得简单,是没有任何意义的。因此,如果 RTM 所依赖的格莱斯理论被证明是错误的,特别是如果它十分支持那些使休谟背离它的理由,那么 RTM 的拥护者们就必须对他们纲领中的这两个要点之一做出重新思考。必须确定:是坚持基于内容的概括,还是坚持形式性条件(formality condition)。我们很难看到,如果丢掉了这两个方面中的任何一个,RTM 是否还能存在。

四、感受性问题和那个没有某种蓝色色调的例子

休谟对内省方法的奉行,并不像传统解释的那样彻底。这一事实说明:将意义

① 更多细节参见 H. P. Grice,"Meaning," Philosophical Review 66(1957)."Utterer's Meaning, Sentence-Meaning and Word-Meaning," Foundations of Language 4(1968), and "Utterer's Meaning and Intention," Philosophical Review 78(1969). There is a voluminous literature on Grice's and Gricean theories. For references, as well as for criticisms, see J. I. Biro, "Intentionalism in the Theory of Meaning," The Monist 62(1979).

② 关于格莱斯意义理论之缺点的更多讨论,参见 J. I. Biro, "Meaning, Translation and Interpretation," Australasian Journal of Philosophy 59(1981),和"Meaning and What Is Said" in O. Neumeier(ed.), Language, Mind and Society(Wien: Springler, 1984)。

的图像论归属于他(休谟)是欠考虑的。同时,它也具有另外一些有趣的结果,尤其是引发了人们对如下问题的激烈争论。这个问题是:认知主义,能否就经验的性质方面(qualitative aspects),给出一个令人满意的解释。有一点对于众多的注解者而言似乎是不言而喻的,即休谟的"第一原则"——关注观念在相应的在先的印象中的起源,和他所频频诉求的内省是不可分的。休谟没有将两者分开,这一点是无需争论的。但它们是否可以被分开,则是有争议的。我将论证道:它们可以被分开,并且如果它们被分开,那么休谟的立场会导致这一点成为上述争论所关注的东西。

人们通常把意识看作是心的一个重要特征。(另一个特征是意向性,我们所关注的这种性质与内容相关。)某些哲学家,如托马斯·内格尔(Thomas Nagel)就认为,是"意识使得心身问题变得十分费解"。也就是说,是我们意识的感觉内容和我们的"原初感觉",而不是意向性,阻碍了在整体上对心身问题的物理说明[①]。事实上,内格尔认为,任何一种客观说明,都不能公正地对待那种本质上是主观的现象。没有任何一种描述能传达某一特殊的感觉,如牙疼(我的牙疼)。由此,他认为经验科学是不存在的。然而,即便对于那些并不这么认为的人而言,如何解释纯粹物理实体何以可能具有质的性质(qualitative properties),仍是十分困难的。他们很容易据此而做出这样的断言:必须拒斥物理主义。

在此,休谟的权威观点似乎也支持了怀疑论者。他的著名的"第一原则"似乎蕴含了:你可能具有某些我在原则上不能分享的观念[②]。根据这个"第一原则",我们只能具有我们先前经历过的(有某种印象的)事情的(简单)观念。这连同意义的图像论,一并暗含了:在客观词项中,我不能产生,或甚至不能理解任何关于你的经验的描述;的确也不存在这样一种描述。

关于这个问题,在现代哲学文献中有大量的讨论[③]。例如,那些假定的无感受性的例子,有时被用来说明:对于某个实体而言,满足所有的功能性描述和缺乏某种性质内容是可能的。其中,这些功能性描述是由某种得到有力支持的理论,根据行为证据来提供的;这种性质内容是我们所直觉地联系于由那些描述指定的状态

---

① T. Nagel, "What Is It Like to Be a Bat?" Philosophical Review 83 (1974).

② 这一原则也被叫做有点误导性的"复制原则",其内容为:"我们的全部简单观念在初出现时都源自简单印象,这些简单印象与简单观念相对应,而且被简单观念所准确地复现。"(T4)

③ 除了上面所引用的内格尔的那篇文章,也请参阅他的"Subjective and Objective" in Mortal Questions (Cambridge: Cambridge University Press, 1979); C. Hill, "Of Bats, Brains, and Minds," Philosophy and Phenomenological Research 38 (1977); L. M. Russow, "It's Not Like That to Be a Bat," Behaviorism 10 (1982); J. I. Biro, "Subjectivity, Objectivity and Points of View," read at the APA Pacific Division Meeting, 1983; and Paul M. Churchland, "Reduction, Qualia, and the Direct Introspection of Brain States," read at the APA Pacific Division Meeting, 1984.

的东西[①]。也就是说,某人似乎可以处于这样一种功能状态,即我们的最好的理论所讲的,某人可以处于疼痛状态,但他没有感觉到疼痛(当然,反过来讲,没有相关功能状态的感受性似乎也是可能的)。如果这些可能性是真实存在的,那么这将会表明:对某些心理状态的功能性定义,若没有完全被误导的话,将是不完整的;因而,对心智的总的功能性解释也是不完整的。

如果假定一个感觉词项不能由某种功能性定义给出,那么我们对这一感觉词项能说什么呢?为了理解该词项,我们似乎必须已经具有这一感觉。在这种情况下,对这些词项意义的解释就必须至少部分是一种现象学上的解释。虽然我们先前反对把休谟的意义理论看成是一种图像论,但是复制原则本身似乎也可以促使他得出这样一个结论。那个众所周知的没有某种蓝色色调的例子所遭遇到的麻烦,似乎使情况变得更加糟糕。休谟必须把这样一种明显的可能性,即我可以产生某种我从未见过的一种蓝色色调的观念(如果把蓝色的其他色调足够多地放在我眼前),看作是复制原则所无法解释的一个例外而予以摒除。

然而,问题可能在于这一复制原则被错误地解释了。由于不能详细地展开,所以我将勾画对这一原则的另外一种解释。这种解释准确地预见了那个没有某种蓝色色调的例子中所出现的情况,同时也支持了那个关于对经验进行客观描述之可能性的相反结论。

正如我们所看到的,利文斯通反对把休谟看作是一个图像论者。但就目前的这个问题而言,他似乎没有充分意识到这一断言所蕴涵的东西。他说道:"尽管休谟并不认为具有心理意象是具有一个观念,因而是理解一个语词的充分条件,但是他确实认为具有心理意象是一个必要条件。"[②]那么,这作为一个普遍断言就一定被误解了。因为正如我们之前所看到的,我们对一个词项(如"父亲")的理解,完全独立于我们对"我们可能用该词项所指称的"那个个体所具有的任何意象。这对于像"7"或"正义"之类的词项而言,更是如此。也就是说,有什么样的意象可以作为理解这些词项的必要条件呢?因而,这一普遍断言似乎不是那么有道理。但是,在感觉词项的那种特殊情况中,这一普遍断言中的确似乎有某种东西。因为这里的感觉本身就是意象,并且它似乎与理解这一感觉词项之间的联系,要比如下联系密切得多,即我们对某种东西的意象(碰巧是一个父亲)和理解"父亲"这一语词之间的联系。

然而,我认为我们应该抵制以下两种诱惑:将意义等同于意象和使理解依赖于

---

① By N. Block in "Troubles with Functionalism," in N. Block (ed.), Readings in the Philosophy of Psychology (Cambridge: Harvard University Press, 1980), and in "Are Absent Qualia Impossible?", Philosophical Review 89 (1980). For contrary views, see S. Shoemaker, "Functionalism and Qualia," Philosophical Studies 27 (1975), and "Some Varieties of Functionalism," Philosophical Topics 12 (1981); D. Dennett, "Quining Qualia"; and William G. Lycan, "Form, Function and Feel," The Journal of Philosophy 78 (1981).

② Livingston, op. cit., p. 218.

这一意象(在这种情况中,指感觉)。当利文斯通注意到对某种东西具有一个观念,与对这种东西具有一个恰当观念之间的差别(T5)时,他朝这一正确方向前进了一步。这种差别将允许我们说:如果某人能做出某些与我们对"菠萝的滋味"这一表达的通常用法相联系的区分,那么即便他从未品尝过,对菠萝的滋味也会具有一个观念。他可能依赖了各种并合在一起的熟悉的滋味。当没有任何这类对象所特有的、固定模型的性质词项时,这通常是我们在必须处理一些新经验时的做法。考虑一下音乐评论家或酒作家所遭遇到的这样一个困境:他们可以从事这项工作的证据是他们做过这项工作。对于绝大多数东西而言,一些人天生就比另外一些人擅长此道;但另一方面,教育和实践的作用也不应被忽视。

然而,不难设想,即便是一个识别滋味的最敏锐、最灵巧和最娴熟的行家,在最初咬掉一口菠萝之后,也会意识到自己实际上到那时还不知道菠萝的滋味。(在此,请注意我们语言当中的含糊之处:在某种意义上,这通常是真实的,即他不知道菠萝的滋味(由于某种特殊原因,这一特定菠萝的滋味可能不像是菠萝的滋味);但正如我们所指出的,他大概的确知道菠萝的滋味(很可能)是个什么样子。在我们对知识的未加反思的讨论中,亲知和摹状这两者,正如在哲学讨论中的一样,没有被分开,也不需要被分开。)根据这种刚谈及的差别,我们可以把这种新发现的滋味看作一个恰当观念,并认为我们必须在这种根本上不同的认识范畴中,赋予它一种特殊的、相对于"菠萝的滋味"这一表达式之意义的地位。接下来,就必须承认这一断言:具有某种心理意象(更一般地讲,具有某种性质经验),对于拥有一类观念而言是必要的。

有人可能会对这一反驳做出回应:具有某种性质的观念和具有此性质的恰当观念,彼此融合在一起;它们并不像这些假想的例子所倾向于说明的那样,是清晰可辨的。一个人可能开始只有一个观念,但不断地使这一观念详细和丰富,将会最终导致它几乎不能与那种难以获得的"恰当"观念区分开来。让我做出一个可接受的推测性建议,休谟的那个没有某种蓝色色调的例子是否可以被解读为很好地描述了这种情况?这种看法是说:如果我们对 x 与 y、z 等之间的关系知道得足够多,且对 y、z 等本身也知道得足够多,那么我们可能会得到关于 x 的完整知识,包括 x 的性质特征方面的知识。当然,我们得不到对 x 的亲知。但是,所争论的正是这样一个问题:知识是否需要这种亲知;因而,如下假定就是在回避问题的实质。这一假定是:因为这种知识不含有我们对 x 的知识,所以它必然是不完整的(因为它不包含一个"恰当观念")。

根据最近由肯尼斯·鲍尔(Kenneth Bower)提出的一种对复制原则的有趣解释,我们可以对以上这一点做出概括[①]。鲍尔认为休谟的第一原则可以被理解为:它并不要求印象与观念之间存在任何性质上的相似性。一个观念无需相似于产生

① K. Bower,"Imagery:From Hume to Cognitive Science," Canadian Journal of Philosophy 14(1984).

它并被它准确复现的印象,只要前者包含了后者包含的所有信息。这种准确复现的关系可以根据信息理论的词项(information-theoretic terms)得到理解,只需要求以下两点:所有存在于某种"相应的"(且在先的)印象中的信息,在这一观念中都没有缺失,并且这一观念不包含任何附属信息①。如果是这样的,那么这种准确复现的关系的存在,就无需依赖于图像上的(或者,更一般地讲,性质上的)相似性(pictorial resemblance)。实际上,为了满足休谟的原则,尽管所有的印象都是似意象的(image-like),但并非所有的观念都是似意象的②。

更为有趣的是,这一论证反过来也成立。一个人没有理由不能想出一个图像形式上的观念,即使这一观念所包含的信息,在相同的图像形式上,不存在于任何特殊的在先的印象之中。作为"得到"那个对之前未曾遭遇过的某种蓝色色调的观念的信息,存在于一个人对他遭遇过的其他蓝色色调所具有的印象,以及这些印象之间的关系之中;并且它没有理由不能以一种新意象的形式被重构——通常是潜意识地,在那种我们大多数知觉处理活动所发生的个人潜在层次上。

无可否认的是,这是在曲解文本——休谟在《人性论》中所讲到的许多东西明显说明:他在心里强烈要求图像上的一一对应。然而,值得注意的是,休谟本人对其第一原则(通常被称作"复制原则")的表述,的确为我们此处所提出的这种解释留下了余地。休谟开始是根据相似性来谈论印象和观念之间的关系——"每个简单观念都有一个简单印象与其相似"(T3),之后在给出对第一原则的正式陈述时,他话锋一转,"正如我们所看到的,简单观念源自简单印象"(T4)。虽然这一陈述仍包含了对应和准确复现的概念,但相似性这一术语已经明显不存在于这个陈述中了。

而且,正如斯特劳德(Stroud)所指出的③,休谟本人自有其解释这种可能包含在那个没有某种蓝色色调例子中的过程的方法。想象的一个最重要的原则(可以被称作)是动量原理:"想象在被激活执行一连串的思维时,即使它的对象不在它面前,它也仍会继续下去,正如一艘船在被桨划动后,不需要任何新的推动力,仍会继续前进一样"(T198)。虽然休谟没有援引这个与我们当前话题相关的原则,但

① 实际上,这种解释太过强势。休谟的原则不应被解释为这样一种令人难以置信的观点,即一个观念中的信息与其相应的印象中的信息一样多。首先,在通常情况下,一个观念载有这样一种信息,即存在一个相应的、在先的印象。其次,通常存在大量的与一个观念相联系的附属信息或背景信息,并且这些信息远远超出了这个观念的印象内容。另一方面,也有一些信息缺损了或变质了,如同那些缺少细节的图形化的记忆一样(由于这些原因,这些记忆不是那么"活泼")。但就目前的论证而言,这些难题可以被忽略掉,因为这个问题所关注的只是某种信息,并且它所关心的是:观念中是否有某种东西,可能也存在于其相应的在先的印象之中,如果有这么一种东西。

② 一旦我们放弃了内省主义,那么或许并非所有的印象都是似意象的。某些在休谟的意义上是"原始的"信息——借此我们潜意识地构造了我们有意识拥有的观念,可能在形式上完全不同于那些通常所理解的意象。这与休谟对印象的正式看法是否相容,则是另外一个问题。

③ Stroud, p. 34.

这的确是他在其他许多语境中所求助的原则[①]。在此,有人或许会认为,那个缺掉的色度正是那个"不在"想象面前的对象,但想象"自我传播"(T167),以形成关于它的一个观念(在这个例子中,是一个意象),只要给定对其他色调的主动知觉。当然,我并不认为,这种说明作为对那个没有某种蓝色色调例子中所发生的情况的解释,是十分恰当的。我所要声明的是,这种说明对休谟是有用的,并且它也不需要对"复制原则"做出相似性解释[②]。

怀疑我这里提出的这些建议的一个理由可能是,传统的解释把休谟的第一原则(或复制原则)与内省主义连接在一起。根据这里建议的这种说明,不同于那个通常包含相似性的说明,构造一个新观念所使用的信息不必是主体通过内省可获得的东西。这与认知主义的如下一般性观点相一致。认知主义认为,许多有趣的心理过程是不可内观的(introspectable),且构造任何一个观念所包含的信息和过程,在很大程度上都是意识难以获得的东西。因而,休谟的内省主义和他所拒斥的那个没有某种蓝色色调的例子便很好地协调在了一起。

但是,如果我们把那个例子看作一个"几乎不值得我们注意的例外"(T6)而予以摒除时,我们会陷入困境,那么我们把这种对休谟的第一原则的新解释看作是他实际上乐于接受的,就是有价值的。不管怎样,即便亲知是对某种性质的一个恰当观念所必需的,我们在此所得到的一个教训是不能据此而明显地得出:构成性质词项意义的是这种亲知的对象,而不是这样一些东西——它们所构成的只是对这一性质的一个观念而已。亲知是具有一个恰当观念(having a just idea)所必需的(如果它是的话),但这并不表明:亲知是具有一个观念(having just an idea)所必需的。我们可以通过理解一些客观描述而获得一个观念。这种观念不需要亲知那些客观描述所正确刻画的任何特殊的实例,更不用说它也不需要具有任何特殊的经验了[③]。

以上两部分讨论的最终结果如下:无论是休谟对复制原则的承诺,还是他对具有经验和具有观念之间的关系,或具有观念和理解语词之间的关系所论述的,都没有将他置于与常识或认知主义不相容的境地。如果休谟思想中有某些被合理地理解了的话,那么它对提出一个适当的心智的认知主义理论而言,将是十分有用的。

---

① See Biro, "Hume on Self-Identity and Memory," Review of Metaphysics 30 (1976), esp. pp. 32-33, on Hume's use of the principle in accounting for how "we can extend our identity beyond our memory" (T262).

② F. Zabeeh 也认为相似性解释没有必要这么强势。参见 Hume: Precursor of Modern Empiricism (The Hague: Nijhoff, 1973), pp. 54-55.

③ 尽管某种意象是获得感受性观念所必需的,但这也至多表明:如果不亲知一类特殊感受性中的任何一种,那么这类中的其他感受性就是不可知的。这一断言比起原初的那种一一对应的要求,显得比较弱(更不用说那种相似性要求了)。并且,这一断言太弱而不能支持那些极端的反客观主义的立场(如内格尔的立场)。这可能最终依赖于如下一个浅薄的说法,即如果一个人不能经验一类东西中的任何一个,那么他就不能经验这类东西中的任何一个特殊东西。缺陷器官论证(defective-organ arguments)和蝙蝠论证(bat-arguments)只不过是对这种说法的重复而已。(参见:Biro, "Subjectivity, Objectivity and Points of View".)

在下面一个部分中,我将讨论另外一个话题。在这个话题上,我断言:休谟的立场被误解了,尤其是被认知主义者误解了。而且在这个话题方面,休谟也为认知主义者提供了一些洞见。

五、得到豁免的行动者、未被解除的小人和“休谟问题”

我想探讨的最后一个问题与丹尼特所明确称作的“休谟问题”相关①。但是,当我们仔细研究休谟时,我们发现所谈论的这个问题是其他人的问题,而不是休谟的问题,并且休谟实际上似乎有解决这一问题的办法。我将再一次引用认知主义的最成熟形式——RTM,作为我的挡箭牌,尽管我的论证适用于一般的认知主义。

这一问题有点过于简单化,我们可以将其表述如下。让我们像一些认知主义哲学家一样,假定解释“什么东西使得一种智能行为成为智能”的正确策略是,对这一行为进行功能性分解,以寻找那个或那些成分——它(或它们)在这一智能行为的本原中起某种因果作用。这甚至是认知科学中的某些实验工作的策略。更重要的是,它是那些支持那种所谓的自上而下研究路径(top-down approach)的认知主义哲学框架的策略②。起初,我们试图分离出某个潜在的子过程,或者一些比我们所感兴趣的那种行为更简单的事件,这些事件可以被看作是赋予整体行为以智能。接着,我们关于这些东西可以说什么呢?它们是否具有智能属性?如果它们不具有,那么它们何以能赋予它们所构成的整体行为以智能?如果它们具有,那么它们是从何处得到这种智能属性的呢?我们似乎被推向了某种倒退,否则我们就必须满足于那种相同的在某种层次上难以解释的属性。为什么不把智能看作是整体行为的一个原有属性?在绝大多数心理学家看来,这可能是正确的,但在许多哲学家看来,整个工作的核心就是要表明:一个纯物理系统何以可能呈现出智能行为。

这一问题有几种不同的形式,但我集中于研究它在RTM中的表现方式。我们已经注意到,正如丹尼特所言,只有当小人最终能被完全“解除”时,小人理论才能被认为是一个有用的哲学解释。但在表征主义者(representationalist)看来,似乎必定存在着一个未被解除的,同时也是不可解除的小人;这个小人本身的智能没有得到解释,或者是不可解释的。因为系统的表征需要一个“外在于”系统的使用者或解释者——表征只呈现于某个人。丹尼特把这种使用者叫做“得到豁免的行动者”,它是一个完全没有得到解除的小人。

这是否正如丹尼特所认为的那样,对休谟而言是一个问题?他把休谟对这一问题的看法解释为:“休谟明智地避开了某种内在自我(an inner self)的概念,这个内在自我智能地操纵观念和印象,但这留给他一个使观念‘为其自身思维’的必然

---

① D. Dennett,“Artificial Intelligence as Philosophy and as Psychology,” in Brainstorms(esp. pp. 122ff.).

② Dennett,loc. cit.

性。众所周知,这种观念与印象之间的联想上的耦合,即他在拟化学意义上把每一个观念与其前身和后继者连接在一起,并没有解决这个问题。”①

丹尼特的这种回应表明:我们的确需要认真对待那种认为观念是在自我理解的看法。许多对休谟自我理论(Hume's theory of the self)的注解者,在这里所犯的错误是,认为这些可替代物是全面的。这种看法忽略了这一理论中的一个最重要的方面,即将自我等同于一束知觉(这些知觉以某些方式联系在一起)。显然,它——作为整体的自我——仍是那些特别适用于人(persons)的断言的主词,也就是说,它是那些意向性断言的主词。休谟的目的不是要否认存在一个自我,也不是要否认自我是那种思维、欲求、具有习性和遭受情感的东西;他的计划是要告诉我们这个自我是什么。要做到这一点,需要花费大量的时间来告诉我们自我不是什么,而这会给我们造成一种认为自我什么都不是的印象。但这一印象是错误的。

当然,这存在很大争议。我在这里所能做的,就是请读者注意那些我试图为这种对休谟关于自我观点的解释提供证据的地方②。有一部分困难是,休谟的确把知觉——而不是知觉之束——当作了某些准意向性动词(quasi-intentional verbs)的主词:知觉据说是在做诸如产生和吸引彼此的事情。这促使注解者把他们称作的牛顿式的说明归属于休谟。根据这个说明,那个理论所提及的意向性活动的真正主体是这些亚人格实体(sub-personal entities)③。然而,关于这个说明,我们必须弄清楚如下看法是什么意思,即认为知觉做其他更为令人费解的事情,如相互理解或自我理解。正如丹尼特所指出的,这非常类似于表征主义者的那个“要弄清楚没有得到豁免的行动者的表征”的问题:表征是否呈现于这个得到豁免的行动者,这些表征的解释者是谁?

在以上两种情形中,这一错误都不能区分出真正的意向性动词和那些休谟应用于知觉的动词。这些知觉的确相互“吸引”,也相互“产生”“摧毁”“影响”等,但在某种意义上,这些知觉与牛顿的物体(bodies)一样不具有意向性。休谟的那些意向性断言的主词,总是作为整体的心灵或人。虽然这可能是件神秘的事情,即由这些诸如知觉之类的东西所构成的心灵何以能做它所做的事情,但这与知觉何以可能做那些事情不是同样神秘的。关于知觉何以可能做那些事情并没有什么神秘可言,因为知觉实际上就不做那些事情。

知觉不做、也不可能做那些事情,但这并不意味着它们不能、也不需要做其他大量的事情。如果没有知觉所做的这些事情,心灵也就不能做它所做的事情。认知主义者所需要做的事情,是保持人格层次(personal level)和亚人格层次(sub-personal level)泾渭分明。休谟在大多数情况下也是这么做的,所以他可以确定他的

---

① Dennett,“A Cure for the Common Code” in Brainstorms, pp. 101-102.

② J. I. Biro,“Hume on Self-Identity and Memory” and “Hume's Difficulties with the Self.”

③ See, for example, McIntyre, op. cit.

如下努力在他所视为的恶性循环或倒退中不会白费,即他试图通过提及后一个层次上的过程,来对前一个层次上的意向行为做出解释。为了使这样一种解释能够进行下去,亚人格的过程必须最终可以根据非意向性词项来描述。正如丹尼特鲜明地指出的:我们只需表明行为背后的过程(和我们所假设的在这些过程中起作用的小人)是迟钝的(stupid),就可以偿还我们利用这一行为的人格层次上的意向性描述来支取的智能债(intelligence loans)。休谟对知觉的"行为"和知觉在人格层次上对意向性的贡献所做的假设,可以被看作是一个亚人格理论的对等物。如果我对此的看法是正确的,那么这个理论就能使他满足这一必要条件。它是认知主义中的一个主导假设,也是现代认知科学中的一个主导假设。但是,只要认知主义者能像休谟本人一样小心避免"休谟问题",那么他就至少不会掉入用假币来偿还他的智能债的陷阱。

六、结　论

通过考察休谟对认知科学哲学所面对的三个核心问题的相关看法,我试图要证实这么一个观点,即休谟对认知科学说了许多富有价值的东西。认知科学哲学家虽然认识到了这一点,但他们有时把休谟的理论当做一个比衬,用以考量他们的那些据说是较为令人满意的解释①。我认为这里面存在某种颇具讽刺意味的东西,因为,正如当代的一些有影响力的作家所认为的那样,休谟的理论如果被恰当地解释了的话,那么他的这些理论就远不是那种失败的认知主义心理学范式。但是,休谟的理论在某些方面不但预见了,而且还优于这些作家本人所支持的那些现行的理论②。

---

① 尽管如此,偶尔也有一些反对者,如福多在其"心的表征"一文中就承认:他所称作是"休谟理论"的东西,"大概是对休谟的污蔑"。

② 十分感谢 Chris Swoyer 对本文中的主题所做的许多有益的讨论。

里德与当代意识论

约翰-克里斯蒂安·史密斯(John-Christian Smith)
亚利桑那大学

在本文中,我从托马斯·里德(Thomas Reid)的哲学心理学中引出了一种关于意识的当代理论。他对意识的研究,契合了当前认知研究的诸多方面。然而,人们还没有从现代视角对此做出解读①。这在某种程度上是由于里德本人没有以一种精确的方式表述自己的观点。历史地看,里德可能没有详尽地阐明他的思想,使我们能够在文本上确定他赞同现代关于意识分析的某些观点。但他所给出的关于认知的一般性说明,不仅极为严密而且还是一个相当系统化的关系框架(relational framework),这有助于进一步促进认知研究的发展②。我在此将要宣称的是:通过下面的解释,我们发现他的理论保持着内在的一致性,并且还有某些重要的文本做支持③。

文章的出发点是对里德的意识论和以保罗·丘奇兰德为代表的当代意识论进行比较。之所以将这两种研究法结合起来,是因为它们都诉求于意识与感觉(或反思与知觉)的类比。这一共同特征使得他们与"传统观点"相矛盾。关于这种"传统观点",我和丘奇兰德都认为它是现象学的,并且它所宣称的关于意识的直接性(directness)和不可错性(infallibility),在这种类比之下,都被证明是毫无根据的。在意识的现代分析中,大都存在某种悖论,但这在我所阐释的里德理论中却不是一个问题。最后,我认为这种"新里德"解释是研究意识的最具原则性和最具系统性的方法。

---

① 里德的著作包括:《按常识原理探究人类心灵》(英文标题缩写为CS)(1764)、《论人的理智力》(IP)(1785)和《论人类心灵的主动力》(AP)(1788),后面对这些著作的引用将以缩写加章节、论文、部分等的形式给出。特别是,我发现里德的官能心理学与福多在《心灵的模块性》(剑桥,麻州:麻省理工学院出版社,1983)中提出的模块性论题之间,存在大量的相似之处,并且这种相似之处通常被认为是正确的。

② 关于从现代认知科学角度分析里德的思想,参见我的"Reid's Functional Explanation of Sensation", History of Philosophy Quarterly 3(1986), No. 2, pp. 175-193.

③ 关于术语的使用,存在大量的混乱,因为里德的CS和IP两部著作整整相隔了21年。在此期间,他对这些术语的用法进行了逐步修正和完善。这导致文本证据存在明显的不一致性。我将就"意识"和"反思"两个术语的用法,对这一问题做出说明。最突出的例子或许是他对"官能"概念看法的演变,从最初的表示单个感觉模式(如"气味")的模糊概念,到表示心的概念和信念操作的功能子系统的清晰概念。认识到里德的短篇著作中的这一发展方面似乎是极少宽容的,尽管研究里德的学者似乎对里德著作中的文字比对其精髓更感兴趣。后者倾向于忘记了里德曾是一位受欢迎的("常识")哲学家(在他那个时代最受欢迎),而不是一位文雅的学者。(这也解释了过去两百年对里德思想的研究何以如此贫乏和低质量,尽管毋庸置疑的是:一些学者,从康德到摩尔、普特南,都从他的著作中吸收过一些思想。)

一、当代意识论

保罗·丘奇兰德[①]把如下"自我意识"的特征看做他所标榜的"当代观点":

> 总之,自我意识,以这个观点来看,就是某种知觉:自我知觉。它不是那种如靠眼睛来感知脚的知觉,而是那种靠我们称为内省官能的东西来感知内部状态的知觉。因此,自我意识与知觉一样,无任何神秘可言。它只是指向内部而不是外部而已。

同样,罗伯特·奥迪(Robert Audi)[②]也建议采用下面的研究方法:

> 从词源学来看,"内省"一词源自拉丁语 *introspicere*,意思是"向内看",因此我们可以把内省解释为"注意自己的意识"(当我们的心灵不是一片空白时),由此获得一种内在的观察……我们可以从内省上探究相应的知觉和感觉经验的理论。

在此,我所要考虑的是:里德是否认同这一策略,他的意识研究法与当代的观点是否相容。

里德(IP,I:1:2)把心的操作(operations of the mind)称做"我们所意识到的各种思维模式"。某些操作,如概念和信念形成过程,就是一些不同官能(faculties)的活动。这些官能是心的先天"能力"(powers),是构成人之"结构"(constitution)的原始的、基本的成分。这些官能有知觉、语言处理、记忆等,但不属于"能力"(capacities)和"习惯"(如数学能力和诗文背诵)的范围。关于意识符合何种官能,现在还完全不清楚。里德说道:

> 意识一词被哲学家用来表示这样一种直接认识:我们所具有的关于我们当下的思维、目的,以及心的全部当下操作的认识。据此我们可以观察到:意识只是属于当下的东西。(IP,I:1:7)

在里德看来,意识似乎是某种独特的官能,因为心的任何一种构成"知识"的活动都牵涉概念操作和信念(信念形成)操作。而且他把这种活动同作为官能的知觉操作进行了直接比较:

> 这样,知觉就区别于意识……意识只属于心的东西,而不属于外在的东西……因为意识是我们借以认识我们自身的心的操作的能力,而知觉则是我们借以感知外部物体的能力……(IP,I:1:6-7)

从这种角度看,这种区别符合当代的观点。当代的观点在"自我意识"和知觉之间也进行了类似的区分,即自我意识产生于"自我知觉"(知觉的一"种")这种特殊的

---

① Paul Churchland, Matter and Consciousness (Cambridge, MA: MIT Press, 1984), p. 74. 后文对本书的引用将只给出页码。

② Robert Audi, Belief, Justification, and Knowledge (Belmont, CA: Wadsworth Publishing Company, 1988), p. 41.

“官能”,而不是产生于那种用以知觉外部物体的官能。这两种观点依据它们各自操作的不同对象(内在思想 vs. 外部物体),似乎都赞同对意识和知觉做出区分。

然而,前述引文暗示了里德的一种超越这种简单看法的路径。尽管里德有时把意识看做认识,但他更多把意识看做我们借以获取认识的手段。虽然措辞上稍有变化,但这种处理意识的不同方式最终表示了某种深层分析。正如当代观点所认为的那样,如果自我意识产生于某种特殊形式的内在知觉,那么就应该存在某种作为内在“知觉”过程部分的活动。这种活动相对应于外在知觉过程中的感觉或感知活动。对外部物体的感知不是感觉本身,因此必定有某种东西具有类似于“内省”的感觉作用。

根据里德的观点,这种活动必定是用以获取对内在思维和情感认识的手段,正如感觉是用以获取对外部物体认识的活动一样(而知觉概念和信念就是知识)。在里德看来,尽管感觉是心的一种先天“能力”,但它不是官能的操作,并且决不能单独构成知觉知识。感觉不是对外部物体的概念或信念,因为那些构成知识的操作只属于知觉官能。这样,根据里德的解释,如果意识是那种类似于媒介(intermediary)的东西——那种我们借以获取关于心的操作的认识的手段,那么意识就不是概念操作或信念形成操作;并且尽管意识是一种先天的“能力”,它也不能构成一种官能。它将是某“种”感觉,即内在的自我感觉(self-sensation)。

为了支持这种解释,我将讨论里德关于意识问题的其他一些言论。起初,有一些篇章看起来似乎与我的研究法相悖,当里德说道:“……知觉伴随着对我们所感知到的东西的信念,而意识伴随着对我们所意识到的东西的信念”(IP,III:1)。这种比较似乎是要给予意识以官能的地位,而不是把它看作等同于感觉的东西。但事实上,关于这种附随性的讨论也出现在里德对感觉的刻画当中,他宣称:“感觉伴随于对外部物体的概念和信念”(IP,III:1)。然而,里德认为感觉既不是概念的也不是信念的,这一点是无可置疑的。因此这种讨论必须被看作是晦涩的或引起误解的。

这种考虑必须被置于里德的这样一种语境当中:里德对性质、感觉和官能概念的区分做出了不懈努力,尽管这种努力并不总是成功。他似乎不是通过一系列确切的定义来进行这种区分。例如,在《按常识原理探究人类心灵》的先前部分当中,他曾含混地使用感觉术语(如“气味”)来表示物体本身的性质(他注意到了这种模糊性,却没能避免),并且他甚至把个体的感觉模式叫做官能。正是通过后来的重新分析(完成于《论人的理智力》),才使得他最终认识到:感觉不是一种概念的、信念的操作,因而它不是一种官能的操作,它只是为所感知性质或物体的实际感知(概念和信念)提供一种媒介。

显然,这种关于感觉的关系性说明非常相像于如下对意识的说明:①

> 我们通过某种我们称作是意识的能力,来认识我们的思维和心的操

① Cf. John-Christian Smith(1986),pp. 188-189.

作;但这只是给予了我们的框架部分一个名称。它没有解释自己的组织,也没有解释它如何在我们心中产生对它的信息的不可抗拒的确信。我们通过我们的感觉来感知物体及其可感性质;但是关于它们是如何给予我们这种信息的,以及它们如何使我们产生对这种信息的信念的,我们并不知道。(IP,III:2;我所强调的)

这里,对思维的随后认识相应于对物质对象的感知,意识被确定无误地看作是感觉的对应物(作为各自的媒介):我们"通过……意识"认识我们的思想;我们"通过我们的感觉"感知物质对象。因此,感觉和意识在其各自领域都不是构成知识的概念操作和信念操作,它们只是与构成知识的官能操作相关的"信息"(即"原始材料")。

里德也讲道:"伴随心的操作而来的是意识;并且这种意识是我们所具有的,或所可能具有的关于心的操作之存在的唯一证据"(IP,I:2)。然而,在他所论述的别的地方,这种关于"证据"的言谈,类似于那些被挑选出用于描述与知觉官能相关的感觉作用的方式(如,IP,II:20),所以作为证据的这种特征显然并不蕴涵:这种操作具有官能地位。(知觉有时被刻画为"证据"(参见 IP I:1),但这是就在明确推理过程的语境中而言的。这种推理基于知觉而非产生知觉的过程,因为感觉是直接的证据。)感觉的这种功能性媒介性质,而不是官能的性质,不同于知觉的独立操作,它对于里德的实在论的认识论(realistic epistemology)而言,是至关重要的[①]。

如果感觉是知觉的媒介,并且如果意识是感觉的内在对应物,那么意识就必须是某种东西的媒介。它是心的其他操作存在的证据。但如同感觉一样,它必须在系统上与形成概念和信念的官能操作相关。为此,里德的理论引入了一种独立的反思(reflection)官能。他把意识的潜在活动看作是反思的因果性媒介,把其他的心理操作看作是反思所表征的对象范围。里德说道:

……通过意识,我们确切知道了我们当下的思维和情感的存在……但应当看到:我们意识到许多东西,并且这些东西是我们给予很少注意(attention)或没有任何注意的……然而,经过多年的理解之后,我们就有能力注意到我们自身的思维、情感,以及心的各种操作。当我们把这些东西作为注意的对象时,不论它们是当下的,还是在我们的记忆当中是新近而又鲜明的,心的这种行为(act)就被称作反思。因此,我们就会理所当然地认为:通过注意性反思(attentive reflection),我们就可能得到关于我们自身的心的操作的、清晰而又确切的认识……这种反思是某种直觉,它给予我们以对内在对象或心中之物的确信,正如看的官能给予我们以对视觉对象的确信。因而,我们就一定会确定无疑地相信关于我们自身的心的操作的任何东西,并且通过注意性反思来清晰而又明确地辨别它们。(IP,I:2)

---

① 关于里德的心理学与其认识论之间的联系的一般讨论,见 K. Lehrer and J-C. Smith,"Reid on Testimony and Perception." Canadian Journal of Philosophy, Supplementary Vol. 11(1985), pp. 21-38.

由此,可以明显地看到:关于心的内在操作的个人认识(即概念和"确信"或信念)主要在于反思性官能的操作,而非只在于意识活动。关于知觉官能(如"看")和这种反思性官能之间的类比也是非常简单的。使心的操作成为注意对象的,是反思而不是意识。如果没有了反思性官能的这种概念操作和信念形成操作,将不会有任何关于心的操作的概念和信念。

里德对这一问题的(我所认为的)最具确定性的陈述如下:

> 当心的操作发挥作用时,我们就能意识到它们;并且我们注意它们,反思它们,直到它们成为思维所熟悉的对象。这是我们能够形成关于这些心的操作的、既合理又准确的概念的唯一方式。(CS,7:Concl,;我所强调的)

类似于非概念性的感觉,在意识中也不存在任何关于心的其他操作的概念;也就是说,关于它们,没有任何东西能以认知的概念样式"呈现"于心中。这种作用只留给反思,因为反思是我们能够使心的其他操作成为"思维所熟悉的对象"的"唯一方式"。

正如里德所注意到的,一切心的操作都是意识操作,因此总是存在某种伴随于它们的意识活动(自我感觉)。但是我们可能不会有关于它们的概念或信念,因为反思性官能的注意并不直接导出意识。类似地,我们可能具有感觉(或者至少是感觉活动),但不会有任何关于外部物体的概念或信念,因为知觉官能的注意并不直接导出感觉活动:"存在许多关于某种类似性质的现象,这表明心可能没有注意到,因而在某种程度上没有感知到那些作用于感觉之上的物体"(CS,6:XIII:5;also IP,I:1:11)。当然,在反思性官能的先天的"原始操作"的层面上,我们期望反思性的概念和信念遵循意识,如同对硬度的概念和信念遵循某种触觉一样密切和有规则性。这解释了为何许多人有含混的意识和反思,正如他们有含混的感觉和知觉一样(这种含混性正是里德所力求澄清的)。在里德看来,知觉和反思,像官能一样,必须充分独立于它们的因果性媒介(即各自的感觉和意识)。

这里进一步讨论的是关于里德理论的一种解释。根据这种解释,意识是由心的一切(初级的;见下面)操作所产生的某种内在的因果性活动。正如对感觉器官的因果性印象是对感觉的功能性描述在身体上的实现,某种因果性活动(自我印象)必须作为意识的身体基础。这种活动将成为对心的其他操作的意识,并且在功能结构上与反思性官能的概念操作和信念操作相关联。奥迪(Audi,1988,pp. 43-44)也提出了一个类似的观点,即一种"内省的副词性说明",这非常符合于把里德的知觉理论解释为副词性的知觉理论[①]。并且,他认为"即便是关于某人的意识状态或过程的真实信念也不是内省的,如果这种信念没有被因果性地连接于它们",即没有一种因果性的联结,"某种像感觉印象之类的东西"。这种联结的结果产生

---

① Cf. Roderick Chisholm, Theory of Knowledge, 2nd ed. (Englewood Cliffs, NJ: Prentice-Hall, Inc., 1977), fn. 14, pp. 46-47.

了关于心灵之存在的反思性概念和信念,产生了关于心的特殊操作(它们因果地产生那些实现意识的自我印象)之存在的反思性概念和信念。

这一理论在很大程度上类似于丘奇兰德的当代观点。这种关联性是直接的,无需对一些专门用语进行处理。丘奇兰德认为自我意识是某种被内在化了的知觉的产物,它产生于“内省”这种官能操作。里德则把关于心的组织和操作的概念和信念,看作是一种内在的反思性官能的产物。这种反思性官能虽与知觉不同但相类似(因为在里德看来,所有的官能都具有相同的内在结构和媒介关系)。我们需要做的是,把丘奇兰德所含混使用的“自我意识”看作是关于心的概念和信念,并且把内省和反思看作是相同的东西以便做出完整的类比。而且,里德和当代的观点都认为:功能活动必须调解(mediate)官能操作与作为‘内省’或反思对象的心的其他操作之间的联系。虽然里德的讨论中存在大量的含混之处,但他最后似乎完全保留了意识的这种作用,而丘奇兰德(p. 77)则提到了某种“次级感觉”,寻求与知觉间的最终类比。由此,我可以得出:这两种观点是极为相似并且基本上是相容的,尽管不是很相同。

二、功能性调解与传统观点

里德的整个哲学心理学的基础,确切地讲,是坚持一切形式的认知中都存在非概念的、以关系为特征的媒介。这里所强调的必定是“非概念的”,因为它也是里德用以否定那些反对他的理性主义者和经验主义者如下观点的纲领的一个重要部分。这个观点是:认为思维有一个居间对象(intermediate object),如“观念”或“印象”。他们的这种居间“表征”对象(这种对象是被“直接”感知到的对象,而非被间接感知到的物质对象)概念,意味着有某种概念操作调解着所有的认知。里德并不是反对调解本身——因为他完全认识到了“印象”和“感觉”先于知觉,而只是认为这种调解并非纯粹是功能的,并且它事实上具有客观表征的特征。他认为媒介只是一种“主体性经验”,并不与别的东西有“必然联系”(CS,5:III)。因而,通过引入一种导向反思的非概念的意识媒介来解释里德的理论,与这种普遍的研究方法完全一致。

然而,坚持这种功能性调解的一致性还有一个更为深层的原因。里德所根本关心的是为所有的官能确立认识上的平等性,而允许他这样做的原因是他把所有官能的操作视作是被一致地调解的。这样,里德就能否定掉观念论者(理性主义者或经验主义者)的那个基础。这个基础专门用于对官能操作进行认识上的评估,即评估一种官能操作是否优于另一种官能操作,正如我们通常对意识或理性是否优于知觉做出断言一样。例如,在《按常识原理探究人类心灵》的开篇,作为对笛卡儿的回应,里德质疑道:

> ……谁是意识的保证者?又有谁能证明他的意识不会欺骗他?没有人能证明!也没有人能给出相信它的比如下理由更好的理由。这个理由

> 是:每个人,只要他的心智健全,都会因其本质构造而坚定地给予意识以隐含的信念。(CS,1:III)

官能(这里指模糊的意识/反思)与其操作对象之间存在诸多证据关系。而这些证据关系之间,有一个差别大概可以为其认识上的区别提供这样一个基础,因而这种差别必须被摒弃掉。之后,里德对休谟这样回应道:

> 怀疑论者称理性是判断真理的唯一标准,我们应该丢弃那些并非建立在理性基础上的所有意见和信念。但是,先生,为什么我应该更多地相信理性官能而不是知觉官能呢?要知道这两种官能都是来自同一家商店,并且都是由同一个艺术家制造出来的;如果他把一件假物品放置在我的手里,那么是什么妨碍他放置另一件呢?(CS,6:XX)

拒斥优待个体的任何一种官能,这使得里德的理论依赖于官能结构和关系的一致性。

如果关于心的操作的概念和信念的形成是直接的,那么这将会使得认识论上的计划落空。虽然里德并不总是坚持这种范式,但是我们可以把他潜在的论证清楚地表示为:

(1) 我们若不相信某种官能,就必然要相信另一种官能。

(2) 我们没有任何理由去相信某种官能,而不相信其他任何一种官能。

(3) 故而,心的所有官能都同等可信。

(4) 心的某种官能的直接认知中的操作,要比其他官能的间接认知中的操作更加可信。

(5) 某些官能,如知觉,所产生的是间接认知。

(6) 故而,心的所有官能所产生的都是间接认知。

第一个前提揭示了,里德认为普遍怀疑所有的官能,并不是一个明智的选择。里德支持第二个前提,因为他声称相信任何一种官能的唯一可能的理由是:“每个人,只要他的心智健全,都会因其本质构造而坚定地给予意识以隐含的信念”(CS,1:III)。或许最为关键的一步是第四个前提。这个前提相当于罗素优先假定的“亲知的知识”。如果存在这种关于思维对象的直接亲知的知识,正如主张观念就是那些对象的学说所认为的,那么它将是“这个时代或任何时代最精彩的发现”(CS,2:VI)。但是,在里德看来,这种假设正是“那些动摇常识的众多悖论的根源”(CS,2:III),并且它也不能确定有哪一种特别的官能比其他哪一种更加可信。

这一论证使得里德反对那种被丘奇兰德称做的(p.75)、关于意识的“传统看法”。传统看法认为,通过对感觉和思想的意识(“初级的”)而获得的知识是“直接的”,因为知觉是通过感觉(或观念或影像)来调解的。简单来说,我们的感觉处在我们和我们所感知到的对象之间,但是没有任何东西处在我们和我们所意识到的感觉之间。丘奇兰德反对这种观点,因为在他看来,在关于我们思想和感觉的“判断”之中,可能存在一些谬误。如果这些谬误被认为是可能存在的,那么这将被认为是调解(mediation)的潜在过程的证据。然而,他实际上认为,所有的官能都是可信的;反思产生一种"清晰而又确切的知识",并且让人"毫无疑问"地确信。因此,关于这一问题,可能存在一些混淆。

一种接近这一主题的方式是奥迪(Audi,1988,pp. 45-48)所称作的强优先获知理论(strong doctrine of privileged access)。奥迪把这种理论归属于休谟,但拥护观念论的人都预设了这种理论。这是一种双条件句断言,包括"不可错性论题"和"全知论题"。前者认为如果某人有一内省信念(introspective belief),那么他就真实地处于那种实际发生的、被内省到的心理状态之中;后者认为如果某人真实地处于某种实际发生的心理状态之中,那么他就有一关于这种心理状态的内省信念,即他知道这种心理状态①。问题在于,里德拒斥反思过程中的直接性(immediacy)。这一点是否导致他否定这两个论题中的一个或者全部?奥迪把考虑的重点限定在了"注意性内省"(attentive introspection)情况。之后,他为所提议的不可错性提供了一些反例。但这些反例中没有一个能展示这种假定的调解过程。相反,在他看来,似乎可能的是:当需要相信某人正在思考问题而不是在空想时,欲求(desires)或别的信念(other beliefs)就可能会影响或扭曲内省信念。内省过程似乎也可能被其他过程所取代,并产生一种错误的信念。这种信念之后能够通过返回原初过程而得到纠正,正如通过再考察而发现:所描绘出来的东西,实际上是一个六边形而不是一个八边形。无论哪一种情况都不是产生于不恰当的调解,这表明:可错性并不蕴涵调解。但事实上,第二个论题只是一种——在这种情况下,是不完整的——非注意性反思(inattentive reflection)的情况,而第一个论题则是推理上的可取消性(defeasibility)或压制性(suppression)。因此,这两种情况都不能证明强优先获知理论的无效性。

一般而言,那些被指出的内省判断中的错误,是由推理本性导致的。例如,从关于某种味觉的信念,推出关于嘴中对酸柑冰冻果汁的知觉的信念(比较丘奇兰德,p. 77)。但这并非是那种里德所直觉地联系于反思的非推理性概念(noninferential concept)和信念形成。实际上,要关注这种知觉推理错误的可能性,就要采纳观念论的推理模型,即从可表征的感觉或印象推出存在于世界中的物体。它至多表明:我们若从一个(关于某种感觉的)反思信念转向另一个(关于某种知觉的)信念,就会犯错误;但它却只字未提个体的反思信念(individual reflective belief)形成中发生错误的可能性。在一个由史密斯和琼斯所提出的例子当中②,被严刑拷打的犯人被哄骗敷在他背上的是冰块而不是铁水。但是,"相信他被烧灼了"这一知觉信念,并不是由他的"他相信他具有'灼热之痛'的感觉"这一反思信念所导致的;并且,从对这一知觉的反思,到对这一感觉性质的信念的错误推理,并没有证实反思具有易错性。把反思插入知觉过程中不能做到这一点,任何一个基于对反思能力的一

① 只有正在发生的心理属性,像主动构造之类的过程属性和像感觉、成像之类的思维属性或现象属性,才是反思的恰当对象;参见 Audi(1988),p. 41。里德把所有信念都看作是心智的一种主动操作,而且他似乎也没有把倾向性的心理状态(dispositional mental States)看作为一种不同的种类。

② Peter Smith and O. R. Jones, The Philosophy of Mind(New York: Cambridge University Press, 1986), p. 215.

般侵蚀的例子也做不到这一点。作为对丹尼特①的建议的回应,与此相类似的一个观点认为,任何一种直觉——我们是“我们所经验到的东西的唯一的、最好的裁决者”,都应该被丢弃,因为先于言语行为的记忆存在衰退的可能性。问题不在于一个人是否会在不全是注意性的、保持的反思(attentive and retained reflection)过程中出错;也不在于是否会在如下过程中出错,即根据关于心理经验的反思信念推出客观经验。相反,问题在于,一个人在只形成关于他自身心理经验的信念过程中是否会出错。

现在,里德会认同,一个人对其自身心理操作的认识是某种“直接认识”。因为,在他看来,正如知觉,即使被感觉一致地调解,也被当做直接认识,存在通过意识而获得的直接认识,作为反思的功能性媒介。对于里德而言,差别在于这种调解没有暗示一个来自某种居间表征的推断。结果,无论是在反思的简单操作中,还是在知觉的简单操作中,都不可能会出现推理性错误。从印象或感觉的任何一种属性中,我们都不能在法则学上推断出对象(包括其他心理操作)的存在和性质。相反,作为对主体经验的反应,只存在某种内在的“自然认识”,而这种自然认识保存于官能操作所遗传下来的规律(“第一原则”)之中(CS,5:III)。以这样一种方式获得的认识是“直接的”,它在概念上是不可调解的(因而在推理上也是不可调解的),与此同时,它在因果性和功能性调解方面是可纠正的。从以上论证中我们可以看到,里德认同一切官能(包括反思)的可信赖性(trustworthiness),所以他一定乐于接受诸如强优先获知之类的理论。然而,以丢掉任何一种媒介来换取“内省的”不可错性,这种做法的代价极高而得不偿失。而且,我们也发现并不需要换取这种“内省的”不可错性,因为:(i)缺少调解并不能保证不可错性(也不能保证全知性);(ii)非推理的因果性调解并不能保证易错性(也不能保证缺少全知性)。最后,里德不会认为反思信念是绝对不可纠正的,但由于反思官能通过功能调解的一致性而与所有的官能连接在一起,所以只要所有的官能不运作,反思操作就不会运作(CS,6:XX)。

与现象学比较而言,上述这一点十分关键。关于胡塞尔现象学,我认为有两种可能来自“新里德”视角的回应。一种回应是,那种假定的对心理内容进行现象学上的“内省式追溯”,只会导致对那些实现意识的活动(自我印象)进行无休止的解释,通过集中于它们特定的因果属性。这种因果性结构本身,永远也不会成为反思操作在概念上表征的对象,正如感觉背后的最接近的刺激物本身永远不会被感知到一样,从而使得现象学的治疗纲领变得似是而非。我在下面阐述莱勒悖论时还会回到这个问题。

另一种回应是,通过在现象学上对“自然立场”(natural standpoint)进行“加括弧”,而把知觉官能的输出从其余认知中分离出来,这种做法完全破坏了内容归属的基础。正如以上所论证的,官能(the faculties)是作为一个在认识上平衡的集合

① Daniel C. Dennett, Brainstorms: Philosophical Essays on Mind and Psychology (Montgomery, VT: Bradford Books, Publishers, 1978), pp. 169-170.

出现的，任何试图通过拆解这一集合来打破这种平衡的做法，都会很快破坏掉谈论这一集合的余下官能所属何物的意义性（meaningfulness）。由此看来，"现象学悬置"可以被视作一种从对内在意向性内容进行反思，转向对内在过程进行不受人为限制的、任意解释的方法。其中，内在意向性内容得自官能的认知组织的自然关系，并且官能是作为被遗传下来的集合来看待的。因此，那些认识的断言——其基础是在推理上拒斥知觉操作，在认识论上都是虚假的。

这种因现象学而导致的对因果性活动的任意解释，非常类似于计算机编程所采取的方法。只要物理事件序列在形式上的因果属性，保存了所指定解释的语义关系，那么这一程序就已被执行了。这种类比使得一些哲学家认为，胡塞尔是现代认知科学的一位重要先辈[①]。当然，许多解释是否可能由同一个因果序列保存，这一点仍不确定。因此，无论所指定的内容是什么，都不会是这一过程的内在内容，并且实际上，这种内容在对输入-输出关系的解释中也是可消除的。这就是那个尽人皆知的、威胁着当前功能主义者所试图提供的认知过程模型的内容问题。这里由于篇幅所限，所以不能对这一问题充分展开。我们只需说一点就足够了，即虽然里德赞同感觉操作内容的可消除性，但是新里德理论对现象学和功能主义路径的一个最基本的回应是：他们忽略了对概念操作和信念操作解释的自然方面的约束，而这些概念操作和信念操作源自认知组织（即作为官能的一个稳定集合）的模块化或组件式性质。这样，关于认知的计算解释就不单包括功能主义的分析，而且它还引入了对自然选择的模块化结构的考虑——这一点似乎变得愈来愈必要[②]。因而，里德也就当之无愧地成为了认知科学的一位非常重要的先驱。

总之，与"传统观点"把自我意识看作是一个没有调解的过程不同，里德对反思的说明却把推理纳入到了意识（或自我感觉）的调解性事件当中。然而，如果缺少调解意味着这一过程是非推理性的，那么里德就会认同这一断言。认为反思是受调解的一个深层原因，它是缘于这样一个更为一般性的理论上的断言：认知官能（cognitive faculties）构成了一个在认识上平等的官能集合。如果有一个被调解了，如知觉被感觉所明显地调解，那么所有的认知官能就一定被调解了。因此，按照是属于因果功能的调解问题，还是属于概念推理的调解问题，我们就可以判定，通过不同官能操作而获取的认识，不是间接的就是直接的。现象学在这一点上相关，因为它作为传统观点的一个版本，既认为意识包含了某种对某人自我心理内容的优先获知，又认为知觉输出可以有意义地从那个被遗传下来的官能集合中分离出来。从新里德理论的视角来看，关于认知组织的内容关系的解释，无论是哪一种主张，

① Cf. ,e. g. ,Hubert L. Dreyfus(ed. with Harrison Hall) ,Husserl,Intentionality,and Cognitive Science(Cambridge:MIT Press/Bradford Books,1982).

② Cf. Jerry A. Fodor,The Modularity of Mind:An Essay on Faculty Psychology (Cambridge:MIT Press/Bradford Books,1983).

都不比当前认知科学中的那些不断消减的功能主义提议更成功。由此看来,新里德理论为当代意识(或反思)论提供了一个更具原则性的防御,故而为计算研究的进一步发展指明了最佳方向。

三、莱勒悖论之新里德解决方案

就意识问题而言,存在着许多悖论。但我现在要考虑的这个悖论,对当代任何一种观点来讲都是相当棘手的,并且对这个悖论的解决将会得出新里德理论的一些重要观点。这个悖论是随意性问题(problem of voluntariness)。由于它是由凯斯·莱勒(Keith Lehrer)第一次向我提出来的,所以我把它叫做“莱勒悖论”。它是任何一种意识理论都会产生的一个显著矛盾。我们可以对任何一种意识理论作如下理解:首先它认为每一种心理操作都是有意识的,然后它有以下两个断言。①意识本身是一种随意性的心理操作。②意识作为一种心理行为,与其自身的对象同一。当我们进一步声称:③上述两个断言不能同真时,莱勒悖论就显而易见了。由于里德的理论认为,我们能意识到各种思维模式,且某些心理操作实际上是随意的,所以①和②似乎促使我们得出了这样一个自相矛盾的结论:某些有意识的心理行为是随意的,当且仅当它们是非随意的。也就是说,如果意识与那种作为我们意识对象的随意的心理操作没有什么不同,那么意识似乎既是随意的又是非随意的。我将论证:这一悖论缘于第二个断言中所诉求的某种歧义性,并且,一旦这种歧义性被消解了,那么新里德理论仍旧是连贯的。

然而,我首先要指出,这个悖论与另外一个问题相关。这个问题涉及意识的无穷倒退之可能性。据称,之所以会产生无穷倒退,是因为:如果我们能意识到所有的心理操作,且意识本身是一种心理操作,那么我们就一定能反复地意识到意识的操作。为了避开这种具有威胁性的倒退,有人可能会把他所意识到的操作视作必然是复杂的,即把意识纳入某种“驮载”样式(“piggyback”fashion)中。那么,这将会支持上述存有疑问的第二个断言。但是,我们没有必要严格地把意识等同于其他心理操作,以避免无穷倒退的可能性。正如人们通常所指出的,这个论证错把一个相关的心理断言,当作了一个关于自然法则论的因果活动的经验性断言。在澄清那种导致莱勒悖论的混淆之后,我将着重论证这一错误。

莱勒悖论预示了针对与官能和心理操作相关的意识作用的普遍讨论。由于除了我们所意识到的操作以外,意识似乎没有增添别的什么东西,所以我们会得出这样一个相反的假设:如果这一操作是随意的,那么意识必定也是随意的。总体来说,里德忽略了这一问题,但这使得我们有充足的理由期望从他的整个体系中的某个方面得出一种解决办法。实际上,这种期望产生于我们早先所依赖的反思与知觉之间的类比。这种类比在里德的观点和当代的观点中都能找到。

结果表明,对这种类似性的诉求是导致莱勒悖论的根源。通过比较感觉和其他心理操作,里德认为,感觉“借此可以区别于其他一切行为,即它没有不同于这一行为本身的对象”(IP,1:12)。从表面看来,这似乎可以排除掉对意识的某种类似的解释,但他之后的言论表明:无论是感觉还是意识都具有这种主要的区别性特征,即没有对象[①]。我们可以只把这一区别运用于那种捕抓了任何一种感觉的分析层次,包括我们所提出的自我感觉,即意识。由于除了知觉操作以外,意识并没有为我们的知觉增添任何内容,所以它也具有这样一种必不可少的属性,即没有任何不同于其自身的心理行为或对象。这再一次支持了莱勒悖论中的第二个断言。但是,里德也明确持有第一个断言,即意识具有一个某些心理操作所不具有的属性,即随意性。根据莱布尼茨的等同物的不可分辨性定律,随意的心理操作不能等同于意识的操作。结果,意识的操作似乎与被表征的心理对象之间,显得既相同又不同,从而证明了第三个断言。这样一来,一旦我们接受了先前的这种类似性,莱勒悖论似乎就是不可避免的。

对莱勒悖论的新里德解决方案并没有完全否定这种类似性,这意味着包含了这么一个存有疑问的断言,即①和②是矛盾的。相反,我们应该通过记住里德理论的更大的目标和重新分析这种基本的比较,以对断言③做出否定。里德有充足的理由认为,意识在相关方面类似于感觉,因为只要任何一种单一的官能不具有特权地位——这种特权地位是由其操作的较大的可信赖性而产生的,那么他的官能心理学就可以替代观念论[②]。我在上一个部分中论证道:由于感觉是某种介于知觉和世界之间的心理活动,所以,如果没有类似的心理活动干预那些关于我们自身心理操作的概念和信念的形成,那么负责后一个活动的官能与其对象之间的联系将会更直接,而且这种官能也将更为可靠。然而,这正是里德所强烈斥责的那种笛卡儿式的结果(CS,1:III)。官能在认识上的平等性,要求必须预设意识的一个类似的调节作用。

然而,一旦我们接受了这种类比,意识与官能和其他心理操作的关系,就会重新解释莱勒悖论中的第二个断言。由于感觉不是概念性的,所以它不是功能层次上的操作。意识亦是如此。这或许解释了为什么这两者都是“非随意性的”。而且,在感觉情形当中,支持这一断言的证据正是这样一种关键属性:它“没有不同于这一行为本身的对象”。感觉对象可能是被感知到的东西,但由于感觉行为或感觉操作没有概念性特征,所以感觉不会以概念的方式把任何一种对象“呈现”于心中。具体而言,它不能表征那个被最终感知到的物体或性质。那是知觉官能的概念操作和信念操作的作用。正如里德所言,“……在这个意义上,(感受

① 下面是关于这一方面的一个尤为有趣的篇章,来自 University of Aberdeen's Birkwood Collection, MS. 2131/6/I/18, dated October, 1748:就对当下知觉的意识而言,除了感知到我们感知它们,我什么也不知道。我不能想象,在对“我感知到一颗星星”的感知中,比“我只感知到一颗星星”中,有更多的东西;否则,可能会出现对知觉的知觉,以至无穷……所有这些对内在“感知”的讨论,强化了感觉与意识之间的类比。并且,我认为这种类比很好地解释了里德的观点。

② Cf. K. Lehrer and J.-C. Smith(1985), pp. 24-25.

(sensation))没有对象;感觉(the feeling)和被感觉到的事物(the thing felt)是同一个东西"(IP,I:1:12)。换言之,并非存在一个对象——疼痛,和存在一个感觉疼痛的行为。相反,只存在主体的伤痛体验,它伴随着某种表征这一失调的知觉。

当把这种分析用于意识情形中时,我们会看到,莱勒悖论在解释"对象"是什么时,不正当地使用了某种歧义性,而这种歧义性据称是不存在的。如果被感知到的东西是感觉实际上所不具有的对象,那么被反思的心理操作也必定是意识所不具有的对象。莱勒悖论产生的根源是,意识行为和进一步的行为都可以作为反思的对象,尽管是在这一官能的不同操作当中。当我们的意识经验发生时,对它们进行反思是可能的,正如对我们的感觉进行反思是可能的一样。这样一来,我们就把那些心理操作当成了反思官能的表征行为的对象,但这蕴含了意识的另外一种活动,它调解着那些对象和那些行为。接下来,我将扼要地讨论"意识的意识"的本质。

这里的问题在于,作为反思的对象,无论是意识还是感觉都不是反思过程中的媒介。当然,它们可以是具有其他对象的其他(反思或概念)过程中的媒介。②中所诉求的歧义性表现在以下两个方面:(i)意识"没有对象"是在这个意义上而言的,即媒介不具有概念内容,因而是不可表征的;(ii)意识作为一种对象,是当其本身在"被看做一种心理行为"时。①和②可以通过诉诸作为反思过程之媒介的意识操作而得到支持,而③则可通过把意识操作当做反思的对象而推出。若没有这种含糊性的话,就不会产生悖论,因为①和②可以同真,如果非随意性的意识本身是一种不同的心理行为。这种心理行为有如下两个特征:(a)这种心理行为与其他任何对象之间没有表征关系;(b)因而,它不具有那些作为它的表征对象的随意性操作(虽然它可以针对反思的操作,来任意地"意指"它们)。相反,这些随意性操作是某些由注意性反思的行为以概念方式表征的对象。

用于解决这些意识悖论的新里德方案,最终都取决于对反思官能的说明。这种说明在很大程度上必须由以下两个方面推出,即里德的一般理论和与知觉官能、语言的类比。由于反思是一种官能,所以它具有概念能力和这种类比所指定的其他能力。一般而言,反思必须享有一切能赋予官能层次和官能操作以个性的基本特征。但有一点对于反思而言是独有的,即反思把意识活动视作一种调解的功能系统。这样一来,反思的(而非意识的)操作产生了对另一种官能操作的可表征内容的表征,或对与这种官能操作相关的调解事件(如感觉或意识)的功能作用的表征。我们可以反思对某种香料的物质在场的概念和信念(例如,对这种香料的物质在场的知觉),或者我们也可以反思引起这种知觉的嗅觉感受(the sensation of smell)。像任何一种官能一样,完成这一活动的反思操作要么是原有的,要么是获得的。其中,原有的反思操作必须是如此"清晰而又确切的",以至于区分它们和非随意性的意识行为,就如同区分对硬度的知觉和对硬度的感觉一样。里德似乎很难对后者做出区分,这一点我们可以至少从《按常识原理探究人类心灵》的开始部分中看到。而且这种混同发展成了一个关于区分初级意识经验和反思官能之原有操作的问题。然而,由于他在撰写《论人的理智力》时认识到了这种混同,所以由功能"符号"(而不是观念或影像)来调解的一致性就成了官能联系的一个不可或缺的特征。如果没有了这种一致性,里德的理论就是矛盾的。

四、结　语

我将把新里德说明中的大部分留在别处予以考虑,但在结语中,我想支付一些我在上面所开具的支票。首先,如果意识类似于感觉,那么构成意识的活动所具有的作用与反思官能的操作之间,只具有非概念的功能联系①。也就是说,根据反思官能的"原有"原理,意识产生于某种因果性活动的某种"人工"组织。其中,这种因果性活动与反思的概念操作所要表征的对象——即其他操作的内容或作用之间,"没有任何必然联系"(比较 CS,5:III)。其次,由于这种潜在的因果性活动,被假定为心智的所有其他操作活动的结果或附带的结果,所以心智的反思组织(reflective organization)必定决定了它的与整体官能系统有关的作用。在这种情况下,"理解的操作"——里德(IP,V:3)称之为"概括化"和"抽象化",与反思官能的原有操作之间,就没有任何差别。("组合"的第三种操作似乎可归因于所有的"内在"官能,它们把其他官能的输出当做它们的输入。)这意味着反思是形成普遍概念所必需的,而普遍概念只有通过反思式理解(reflective understanding)才能被认识。

再次,意识的这一纯关系本质(purely relational nature)允许有无限的非随意性"行为",如对意识的意识(being conscious of being conscious)等。这一点是真实的,因为意识活动与反思操作之间的无限关系可以同时获得。当然,反思的实际操作和意识的实际因果性活动将都是有限的,但那些可以通过反思而得到确定的意识关系一经确定,将总是无限的。这是一个令人十分费解的断言,它是关于意识 C′的本质的断言,C′是对意识 C 的意识,C 是对随意性操作 V 的意识。问题不单在于,对 V 的 C 本身是心智的一种意识操作,因为假定了两种不同类型的心智操作:功能性操作和概念性操作,前者具有人工含义(正如在感觉和无限的意识当中所具有的一样),后者具有可表征的(或意向性的)内在属性(正如在所有的官能当中所具有的一样)。我们所讨论的这种循环必须把这种区别考虑在内。

对官能操作的意识,是通过(另外的、随后的)因果性活动的关系而获得的,而这些因果性活动与反思官能相联系。然而,要意识到处于意识状态,这只是要让那些相同的活动,在与反思官能发生联系的情况下,被进一步组织。这不是对另外一个因果性活动的反应,因为意识的一阶含义关系本身不具有因果性附带结果。相反,它只是同一种因果性活动的另外一个更为复杂的组织,这个组织与反思之间所

---

① 虽然里德认为感觉一般是非随意性的,但他也认为"在心智的绝大多数操作中,判断或信念与情感(feeling)结合在一起,情感是判断的结果,情感由判断来调控"(AP,V:7)。

具有的关系是不同的。这一官能的操作,仍由那种实现对象操作的活动的因果性附带结果来进行功能性调解;但这种调解所强调的组织在系统上是独特的。由于意识不是一种神经生理活动,而是一种由神经生理活动来规定的含义关系(signification relation),所以对V的C的意识C′并不依赖于存在另外一个这些操作活动的(因果性附带结果的)因果性附带结果。相反,它依赖于同一个因果性附带结果。这个附带性结果,与反思官能的因果性活动之间具有系统性的不同关系。

这种关系框架是通过反思官能的原有的、有原则的操作而得到确定的。反思官能使得所有可能的意识关系,不管是何种程度上的循环,都内隐于心智中。当然,某些无限关系,只有当反思操作发生时,才会变得明显。对V的C所展示的是这样一个活动,它可以在反思操作发生时,以功能的方式被组织,以便构成一个对V的C的意识C′,但实际上,这可能永远也不会发生。对V的C也展示了另外一种活动,这种活动表明了对V的C的C′的C″,等等。从这个意义上讲,只存在关于每一种含义关系的意识,所以那种具有威胁性的倒退就不是一种法则学的因果性活动的倒退,而是一种关于内隐心理关系(implicit psychological relations)的良性倒退。心智的每一种操作在这个意义上都是有意识的,但是那些我们所反思的东西在数量和复杂性上通常都是相当有限的。然而,正如我们先前所提出的,对意识内容的迫不得已的现象学聚焦,可以被理解为无休止地游荡于这种无限的抽象关系中。这是一项无意义的工作。

最后,这些操作,其内容或作用是反思行为所表征的对象,无论如何也不会构成那种在反思中"表明"那些概念和信念的活动。把反思限定为一种只对意识活动的反应,是对反思和其他内在官能进行对比中的一个重要因素。要对这些官能做出区别,必须根据它们所自然组织起来的调解性活动来进行;但反思官能则不同,因为它的意识输入域(input domain of consciousness)是由官能和感觉系统的神经生理活动的某种独立、因果性附带结果来实现的。这样一种观点显然是新里德的,但它使得里德的广阔图景变成了一幅相当对称的、一致的杰作。另外,这些解释他的观点的努力,并不能说明官能是如何被个体化的,或者不能说明莱勒悖论和其他问题是如何不通过导出不一致性就能得到避免的。

在对意识的这些讨论中,存在一种把意识混同于心智的其他操作的强烈倾向。例如,史密斯和琼斯(Smith and Jones,1986,p.210)描述了这样一位司机,他"意识不到路上发生的任何不同寻常的事情",就好像意识是知觉的一种形式一样。当然,他们也同意丹尼特的这样一个观点,即认为"在我们对意识的日常讨论当中,存在诸多尚未解决的混乱",并且,"所需要的显然是概念的重构,而不是对我们已有的那些不恰当概念的分析"。然而,他们随后对"意识"一词的不及物用法的重构,只倾向于把意识和反思混淆在一起。这类似于里德所观察到的那种把感觉和知觉混淆在一起的倾向。还存在如下一种深层的倾向,即倾向于认为意识的每一种调解都依赖于一种独特的因果性活动或印象,并且这种活动或印象的一般属性决定了所意指的东西是什么。这等于说是接受了一种关于意识状态或行为的(类型-类型)同一论。并且,虽然作为一个有意识的人"是个什么样子",与这些一阶的因果属性有密切联系①,但是从功能主义视角来看,意识在行为产生中的作用独立于意识的具体因果实现。所有这些倾向都是观念论的,而且我们应该出于一些现在所熟悉的理由而抵制这些倾向。

同样应该注意到的是,意识概念并不总是相同于某种特定的察觉概念(a concept of specific awareness)。对"处于意识状态"的普遍概念,不同于处于睡觉状态或麻木状态,辨别出了官能间的,尤其是推理与反思间的某种整体的相互作用。这就是史密斯和琼斯(在上述引文中)用"意识"一词的"不及物用法"所指称的东西。它也是我所称作的"使一个人的官能成为他自身的"或者"是连贯的"。对某种心理操作的特殊意识概念,像相信某人在想象蓝色海域,通常被用作这样一种东西,即那种被人们现在满怀希望地理解为只是反思官能操作的东西。就无限意识(consciousness *simpliciter*)而言,在新里德的意义上,日常所谈论的动物意识可能最好地说明了它。这并不是说非人类动物缺乏意识,而是说它们缺乏那种用以组织它们所具有的意识的反思官能。所择取的这种官能或许是人类进化史上的重大飞跃,这一点对于使我们成为我们所是的意向性存在物(intentional beings)而言,是至关重要的。

我所提供的这种新里德解释源自某些极为简单的直觉。如果我具有一些关于我自身心理操作的概念和信念,那么此时此刻就有某种作为那些操作的符号的东西在起作用,而这些操作与提供那些概念和信念的官能相关。某物要成为这样一种符号,就需要具有与这种官能相关的那种必不可少的作用。并且,当活动具有这种作用时,我们就把它叫做意识。因此,里德的哲学心理学为我们把意识和反思理解为心智的两种不同的系统性特征提供了一个基础。并且,这一基础导出了一个理论,这个理论既符合常识,又与当代认知科学的观点相一致。

---

① Cf. T. Nagel,"What Is It Like To Be A Bat?",Philosophical Review 83,pp. 435-450. 经验的"原始感觉"(raw feel)问题与感受性问题之间具有密切关系,并且这一问题在如下文章中也得到了类似的对待。这篇文章是 Sydney Shoemaker's "Functionalism and Qualia," Philosophical Studies 27,pp. 291-315。Also,cf. Smith and Jones (1986),pp. 216-219.

康德的功能主义

拉尔夫·米尔博特(Ralf Meerbote)
罗切斯特大学

一、导　　论

康德的先验心理学,虽常被人们所非议①,但它是一种认知心理学。确切地讲,它是一种官能心理学,主要谈论经验认知所需的各种才能(capacities)和能力(abilities)。这些才能和能力的使用,主要在于心的某些活动。心的认知生活中的主动特征(activity-characterization)是先验心理学中必不可少的核心要素②。康德认为,心的认知活动是目的导向的(goal-oriented),并且通过行动者根据支配其活动的规则体系来执行③。这样一种体系赋予认知活动一种高级结构。

充当心的认知生活能力的有感性(sentience)、想象力、直观、知性、归属的(规定的)判断力和创造的(反思的)判断力④。这些能力具体在普遍数学直观概念⑤(general mathematical-intuitive concepts)和普遍经验性质概念(general empirical qualitative concepts)的形成和运用中发挥作用。这些概念,一经获得,转而就会成为能力本身,继而统摄于某些或所有上面提及到的、比它们更高级的能力。它们,正如康德所指出的⑥,是各种认知综合活动得以执行的规则,并且受控于更高级能力的普遍规则。

许多能力都需要通过感觉(sensation)方式而被获得和使用,而其他能力则是

---

① 在现代的英美注释者中,P. F. Strawson 就认为康德的先验心理学是虚构的、脱离常规的。See his The Bounds of Sense(London:Methuen,1966). p. 32.

② In the Critique of Pure Reason,see B1,B74-75,B93,B103,B129-130,B158(note). 第一"批判"的引用,将根据第二版(和在有分歧的情况下,根据第一版)的标准页码标注给出。对康德其他著作的引用将参照学院(Ac.)版。

③ 因而,他谈到了概念的因果性和所反映的规则。See,for example,Critique of Judgment,Ac. V,172;First Introduction,Ac. XX,196;Anthropology,Ac. VII,197.

④ 它们彼此之间并不是独立的。康德常把归属的判断力看作是使用或运用知性的能力。创造的判断力为归属 的判断力的使用创造概念。有时他也援引理性去说明这种创造。

⑤ 创造性想象,在数学直观概念的形成中至关重要。在我的"Kant on Intuitivity,"(Synthese 47(1981),pp. 203-228)一文中,我对这些概念的本质进行了探索。

⑥ Among other places,at A106 and B180.

通过完全先天的或本源的方式而被拥有和使用的[①]。一般而言,认知综合是心的认知内容(这种内容并不由直观赋予)经过组合加工的产物[②]。从这种类属意义上讲,一切认知活动都是认知综合。在康德看来,通过直观或由直观赋予的东西与通过认知的组合而得出的东西之间的差别,相当于(在认知情境中)那些被动进入某人的心的生活的东西与通过心的活动而获得的东西(作为心的内容)之间的差别。

并非所有心的内容本身都是心的认知内容,这是因为并非所有心的内容都是通过组合而产生的。心的某些内容是通过直观或由直观赋予的[③]。但由直观赋予的内容,就心的认知内容而言将是必要的,因为它就通过组合而产生的内容而言是必要的。某种能力(至少一种)的被动性,就其他能力的认知活动而言是必要的。我将要提到的是感性或感觉能力。在各种能力中,感性从其他能力中凸显了出来,因为感性就其他认知能力的运用而言是必要的。

我们将会看到,感性的这种非主动性(non-activity)特征,就康德对经验认知及其对象的分析而言是极其重要的。我们也将会看到,他对感性的描述导致他对感觉感受性(sensation qualia)本质的处理,明显不同于对心的活动之状态和产物的处理。我们可以预想,康德将会对心的认知生活采取一种功能主义的(和目的论的)描述;将会对心的生活的那些部分,即感觉和其他不是通过组合而产生的心的内容,采取一种混合的或二重性的心理学研究路径。我们将会看到,在康德看来,关于感受性和心的其他不是通过组合而产生的内容,我们既需要给出功能主义的非因果性描述,也需要给出非功能主义的因果性心理描述,因为感受性和心的那种不是通过组合而产生的内容的某些方面,虽在功能主义层面上是不可刻画的,但对心的认知生活而言是必要的。

如果对康德文本的这种解读能得到辩护的话,那么康德在认知心理学的历史中将占有一个重要位置。我们也可以看到,关于在20世纪后三分之一的时间里,发生于知识论和认知科学中的争论,他将支持其中的一方。康德的理论是十分有趣的,因为它混合了关于感觉感受性和其他内容的因果实在论描述和功能主义描述,因而也就混合了关于经验认知概念之形成和使用的一套完整的条件,而这种混合将是十分富有启发性的。

在文章的第二部分中,我将讨论康德关于感觉、感觉与知觉间的差异,以及感觉在知觉中的作用的观点。这包含关于人所具有的对其感觉感受性的信念的内容和发生条件的讨论。为了使知觉充分客观,必须引入一些重要的条件,并且这些条

---

① See the heading of sec. 16 of the Transcendental Deduction, B131.

② 关于康德对由直观所赋予的东西和通过组合所产生的东西之间的区别,详见我的“Apperception and Objectivity,”发表在 Spindel Conference on the Deduction in B, Memphis State University, October, 1986,之后发表于 The Southern Journal of Philosophy, Vol. XXV, Supplement(1987), pp. 115-130.

③ 需要对这里所讲的“赋予”做出强调。数学概念在康德看来是直观的,但这并不意味着数学概念是被赋予的。

件需要一种感觉感受性体系,这一体系明显不同于那种当我们描述不完全客观的知觉中的感受性时所采取的体系。要洞察这种完全客观性,必须对认知概念的本质做出恰当描述,文章的第三部分将表述康德关于这些概念本质的观点。文章的第四部分简述了康德对概念特殊化的功能主义分析,并概述了那些原因——促使他对感觉和上面所提及到的一些其他内容,采取混合的或二重性的研究路径。康德关于这些问题的看法,从其整体来看,最终启发了他的经验实在论和先验观念论,同样也启发了他对事物作为现象的可认知性(cognizability)和事物在被考察其本身时的不可认知性(uncognizability)的看法。文章的第五部分作为结论,不仅简要地表述了这些结果,同时也指出了康德的观点与现代的讨论之间的关联性。

作为导论的结论,我将考虑某些文本支持的问题。它们都是那些研究康德的学者们所十分感兴趣的问题。这些学者坚持认为,康德对心的认知生活内容,使用了功能主义的描述。

文章的第二至四部分,主要是根据《纯粹理性批判》和 Jäsche 版的康德的《逻辑学讲演录》,以及他的《人类学——从实践的观点看》和《未来形而上学导论》的一些应用。但功能主义及其分析作为明确谈论的主题,只出现在《判断力批判》一书中①。因而某些基本的目标是井然有序的。

第一"批判"谈论了天赋(talents)、能力(capacities)、(心的)活动②和主观演绎(subjective deduction)的一个重要部分③,因为该书需要被理解为一种先验心理学的描述,关于归属的条件和相关认知能力(已有的感性)的运用。作为补充,《未来形而上学导论》试图解释从不完全客观的知觉到完全客观的知觉的过程(通过区别知觉判断和经验判断),并且《逻辑学讲演录》也明显增添了关于概念的理论。

关于心的生活本质,《人类学》提出了一些重要问题,并试图给出一些答案,但大都是否定性的。因此我们必须回到《判断力批判》,去寻求关于这类描述的肯定性看法。这些心理学的描述必须依照康德在别处所给出的否定性描述。

这种否定性描述相当于如下所述。心理学被限定为一群描述,它不符合一门真正科学所必需的条件。按照《纯粹理性批判》中所勾勒和辩护的作为一门科学的纲

① 这并非说,在他的第三"批判"之前,他未曾写过关于目的论的东西。参见他的"关于哲学中目的论原则的使用"(Ac. VIII,157-184)。在《判断力批判》中,参见他在导论(Ac. V,179-186,192-194)中对形式的自然合目的性的讨论;参见他对客观的自然合目的性的讨论(Ac. V,359-384,389-395,397-410);也参见第一导论(Ac. XX,201-221,232-251)。关于本文的第二至第四部分,《逻辑学讲演录》的最重要的部分在 Ac. IX,91-99,131-133,139-144。在《人类学》中,参见 Ac. VII,131-134,140-143,196-199。(与此相关的还有《自然科学的形而上学基础》的序言。)在《未来形而上学导论》中,特别参见 Ac. IV,294-302,318-326。在《纯粹理性批判》中,最重要的部分是先验逻辑(B74-88,B93-106)和先验演绎的开篇(B129-139)。

② 除了第 112 页脚注②所引用的那些篇章,参见 B172-173。比较《人类学》(Ac. VII,220-227)中关于 talent 和 genius 的讨论。

③ 我说是"一个重要部分",这是因为,在我看来,主观演绎从这种先验心理学描述中导出了范畴性。参见前文引述的我的"Apperception and Objectivity"。

领,心理学显然不符合这一标准。这是因为:(a)它不能将任何数学化的合理东西纳入其领域;(b)它不能将作为合理的前预测性(predictability)和后预测性(retrodictability)的条件纳入其领域。换言之(正如康德所说),心理学无法满足想象(在其几何学和算术学的使用意义上)和受范畴支配的知性在认知运用上的要求[①]。

由于这些限制,心理学成了一群非确定(non-determining)描述,并且确定性这一概念保留给了那些满足第一"批判"所规定的科学认知条件的描述。因而,关于认知综合行为的描述本身——这种描述涉及人们确定各种事实状态及其变化,就是以非确定的描述来表达的。在第三"批判",即康德的目的论描述理论中,他提出了关于这些描述的肯定性看法。

那里所讲的目的论描述[②],既包括关于行为(有一个有意追求的目的)之合目的性的描述,又包括关于各种事实状态(没有一个有意追求的目的)之合目的性的描述。康德对这两种合目的性的区分,是现代试图对目的论解释和功能主义解释进行区分的先导。我认为在这方面做出很大努力的是罗伯特·卡明斯(Robert Cummins)[③]。为了保持与现代用法(如罗伯特·卡明斯的用法)之间的一致性,我将把"目的论的"这一术语保留给前面所述的第一种情况,把"功能主义的"这一术语保留给第二种情况——在这种情况中,我们是在无追求的目的,或抽离了所追求的目的的情形下谈论功能的。根据这种用法,功能主义描述不必是目的论的,但目的论描述一定需要功能主义描述。

正如在把先验心理学刻画为一种官能心理学的过程中所显示的,康德关于认知综合行为的描述是一种功能主义的(也是一种目的论的)描述。同时,概念不仅是认知综合行为在运作时所具有和使用的东西,而且还是认知综合行为所依据的规则。它们能(并且在某些方面应该)以这样一种方式来看待,即从人对它们的具体使用中抽离出来(因而从心理学中抽离出来)的方式。如果以这种方式来看待它们,那么概念本身,在其彼此间的相互联系中,在功能主义层面上,也是可描述的。因而,康德谈论了概念的合目的性,或概念的系统本质。在此,概念的系统不同于概念的简单堆积[④]。一种科学理论,若极抽象地看,是一个概念和命题系统。

因此,功能主义描述(和目的论描述)既为我们提供了一种关于认知行为的心理学描述,又为我们提供了一种关于概念所具有的一般特征的(本身不是心理学的)描述。康德的先验心理学和他的认知概念理论(抽象地构造出来的)都是功能主义描述。

然而,所有这种关于认知综合行为和认知概念的讨论,都没有把感觉感受性和

① 关于这方面,前面所引述的 Met. Found. Nat. Sci. 中的序言也是极具启发性意义的。《人类学》中所关注的内感中缺乏不变条件(Ac. VII,134),也做出了相同的论述。

② 除了第 113 页脚注①所引用那本书中的部分篇章,参见康德对第 10 部分的简要论述(Ac. V,219-220)。

③ See his "Functional Analysis," Journal of Philosophy, vol. LXXII(1975), pp. 741-765.

④ Lect. on Log., Ac. IX,139. Also see the instructive Lecture on Philosophical Encyclopedia, Ac. 29. 1,1:5.

其他一些内容,以及关于它们的描述考虑在内。康德也谈到了经验心理学。尽管他所使用的“经验”一词有多种含义①,但至少下面所讲的对于经验心理学而言是正确的。经验心理学致力于研究在构成原因上是必需的感觉和情感(feeling)。如果先验心理学是认知综合行为的心理学,经验心理学(至少)是感觉和情感的心理学,这种区别(不完全地)反映了心的认知活动和心的被动性之间的差异,那么这两种心理学之间的一个极为重要的区别将是:先验心理学完全是功能主义的(和目的论的),而经验心理学则必须采取上面所提及到的混合的或二重性的研究路径。(经验对于先验心理学而言也将是必要的。)尽管他的这两种心理学之间的区别,在康德手中并不如它在理想意义上应该是的那个样子清楚,但有一点是十分明确的,即在他看来,人的心的生活的众多方面(但不是全部),在功能主义层面上,都是可以解释的。

二、感觉和知觉

激发(affection)和感觉在康德对经验概念的形成和运用的描述中至关重要。一些经验概念是直接现象-属性(straightforward appearance-property)概念,如绿色(greenness)概念。一些经验概念则从感觉外围(sensory periphery)中被移除掉,并且我们将会看到,它们必须通过范畴条件,如法则学的联系(nomological connectedness),连接于直接现象属性概念。在康德看来,脱离感觉外围的经验概念需要图形化,并且我们将会看到,现象属性概念和与其密切联系的感觉感受性在图形化中发挥着重要作用。

激发和感觉之所以重要,是因为感性是重要的。这是《纯粹理性批判》和康德的其他著作中所反复讨论的主题。感性条件和知性条件,是人类所可能具有的一切经验知识的两个主干②。

激发和感觉的重要性通过如下事实得到了证明。这个事实是:在知性范畴规则的重要先验演绎中,康德提到了感觉条件,目的是对那些赋予心智(由感性和知性构成)的东西和那些由心智主动综合的东西做出区分③。赋予心智什么东西,这是感性的工作;心智主动综合什么东西,这是知性的工作。如果不做出这种区分,先验演绎的问题将不会假定它们所假定的形式。如果不做出这种区分,康德,正如

---

① 对康德而言,“经验”是指与感觉的联系。B207 中就有这方面的例子。但会产生一些困难,因为他有时在缺乏先验条件的情况下把经验看作是纯粹经验的,而在其他时候他则关注那种既联系于感觉又受控于先验条件的东西。心的状态通过联系实现了经验的再现(A 版第 100 页),它可作为前一种情况的例证,而经验认知可作为后一种情况的例证。

② B1-2,B33,B74-75.

③ 参见前文引述的“统觉与客观性”。我认为“主动地被综合”抓住了康德在先验演绎开端(B129-130)的主要思想,即综合是(作为知性部分的)主动的。从更广泛的意义上讲,综合也可能是被动的。

他在先验演绎中所假定的,可能不会假定:存在某些心的内容是通过心智接收的,以此为心智的主动综合提供一个必要的起点。这种赋予性和起点需要检验。同时,只有证明了范畴条件适用于经验认知对象,先验演绎才是完整的。也就是说,先验演绎将是不完整的,因为这些条件适用于这些对象,要求这些条件适用于那些由感性赋予的东西。

激发和感觉的重要性,也由经验概念需要图形化这一点得到了证明。具体地讲,是要求所直观到的东西与所思维的东西之间具有同质性(homogeneity)[①]。这种重要性也通过下面的一个事实得到了证明。这一事实是:范畴条件中有一个本身是关于感觉和直接现象属性的条件[②],参照康德在其先验逻辑中经验给出的观点[③],参照《纯粹理性批判》第二版 B1-2 导论中的开篇。下面所给出的是导论中完整的前两段。在这两段中,康德陈述了第一"批判"中的一个基本假定和一个基本问题,即感官(the senses)与知性间的差异和必不可少的协作。

> 毫无疑问,我们的一切认知都始于经验。如果我们的认知官能不是通过对象激发我们的感官而被唤起,即对象本身一方面产生表象,另一方面激活我们的知性活动,去对这些表象进行比较、组合或分离,从而将这些感觉印象(sensory impressions)的原始材料加工成那种被称做"经验"(experience)的关于对象的认知,那又是通过什么被唤起的呢?因而在时间上,经验先于我们的一切认知,我们的一切认知都始于经验。
>
> 然而,尽管我们的一切认知都始于经验,但它们并非都产生于经验。因为很可能,即使我们的经验认知,也是我们通过印象所接收到的东西,与我们的认知能力(仅指感觉印象所诱发的)本身所提供的东西的复合。至于所添加的这种东西,只有经过广泛的训练,使我们能注意到它,并能熟练地把它分离出来,我们才能把它从原始材料中区分开来。

正如康德在第一段中所讲的,人类知性发挥作用的唯一方式是通过下面的方式,对象激发我们的感官。由此导致的第一个结果是:对象自身产生某些表象[④]。这种激发导致的第二个结果是:(主动)知性的运用,其后果是由第一个结果所产生的原始材料,即感觉印象及其直接结果(如果有的话),被加工成经验的对象认知(这一工作当然是认知综合)[⑤]。

---

① Found at B176.

② 指知觉之预想,B207-218。

③ Found at B103.

④ Norman Kemp Smith 版的译文没有把这一事实完全说清楚。上面所引述的两段是我自己翻译的。应该注意到:经验,在第一段的开端,是指感觉;在这一段的末尾,经验认知是第二段所讨论的主题。我把第二次出现的经验一词以首字母大写"E"给出。

⑤ B129-130 可看作是对 B1 基本要旨的重申。

第二段同样重要。它告诉我们:经验认知本身,是原始材料(由第一个结果产生)与知性本身所提供的东西(第二个结果)的复合。接着它为我们描述了感官与知性间进行协作的情况,以及由第二个结果所导致的情况:感觉印象诱发了知性活动。最后,有一个重要警示:知性的作用并不能被我们从原始材料中轻易地区分出来。只有经过广泛的训练,我们才能注意到这些作用,并把它们区分出来。如果康德此时争辩的话,他将会满怀信心地补充道:在他之前没有一个人充分地研究过这种训练。

可以这么说,对下列问题的解答,构成了关于康德经验认知及其对象的理论一个表述。①那些激发我们感官的对象是什么?②它们是如何激发的?③这种方式产生了什么种类的表象?④这些表象是如何产生的?⑤将感觉印象(及其直接结果,如果有)称做原始的,是什么意思?⑥说感觉印象诱发了知性活动(认知综合活动),是什么意思?(或者,说感觉印象被加工成或被综合成经验的对象认知,是什么意思?)⑦经验认知的对象是什么?比如,它们是①中所讲的对象吗?⑧知性的作用是什么?⑨这种由通过感性所赋予的东西和知性作用所构成的复合物,有什么样的本质?对这些问题的解答应该能告诉我们康德的经验认知理论是什么,即关于心的表象内容(经验认知的内容)和产生那些表象的行为(和其他心的事件)的理论。

我从②讲起。在康德看来,感觉印象就是因对象作用于感官而产生的感觉[①]。对感官的作用是因果的和必需的[②]。通过作用,感官被动地处于特定的感觉状态。这是根据那些涉及①中所讲对象的属性的因果条件而造成的。

在康德看来,感觉是某种意识。感觉是心的状态[③]。它们不是刻写物理感官上的物理印象,尽管毫无疑问,物理印象对于感觉而言是必要的。康德把感觉设想为一种经验意识,并且他把特定的感受性——这些感受性将会被其所有者通过内感(inner sense)而内省到,归属于特定的感觉[④]。感觉天生对内感是透明的。它们最好被认为是那种经验的内在意识,这种内在意识由对象激发而直接产生。这里所考虑的内在意识本身,既不是指称性的(referential),也不是命题性的(propositional)[⑤]。关于感觉的其他任何方面,也没有什么东西是指称性的或命题性的:它们也不能指称任何不同于其自身的东西。它们完全是"主观的",不单独承载任何语义内容(semantic content)。这部分地回答了问题⑤:感觉是原始的,因为它们不

① 如参见 B93 和 B207 中的"激发"。B562 谈到了感受力(sensibility)影响选择,包括必需的激发。

② 参见 B. 210,并比较"必需的激发"B562.

③ Found at B207.

④ 康德的内感理论是复杂的。比较领悟的意识,in Anthr. ,Ac. VII,134(note)。

⑤ 感觉中没有任何合适的东西,能让我们说出感觉指称它们自身或别的什么东西。对于康德而言,指称需要关于直观的某种形式或某些形式,但在 B208,他认为感觉本身不包含任何诸如此类的形式。他总是在感觉和经验直观或经验知觉之间,包括内在直观,做出区分。

承载任何语义内容。但它们是性质的(qualitative)。某种特定的感觉状态,是或者具有某种被直接经验到的感受性(quale)。

康德也乐意把感觉称作表象[①],尽管感觉不承载任何语义内容。这部分地(尽管只是部分地)解答了③和④。感觉是由对象自身产生的表象,并且它们是通过因果性激发产生的。(由于表象不是感觉,我们不久将会得到一个更为有趣的答案。)目前所给出的答案假定了:激发是时间性的(temporal)[②]。这反过来成为了①中所提问题的结果,这也明显与⑦相关。我将稍后对此做出讨论。

康德也认为,存在载有语义内容的经验的自我意识(或载有语义内容的经验的统觉),即完全展开的(full-fledged)内知觉(inner perception)。为了使这种知觉不同于纯感觉(mere sensation),就须要求它的表征方式与感觉自我呈现的方式不相匹配。这意味着,即便内知觉最接近于纯感觉[③],内感中也会产生指称。这种指称通过某种直接经验到的感受性而得以存在。根据 R. 霍威尔(R. Howell)[④]的模型,我把这种指称解释为知觉明示(perceptual ostension),在这种情况下,它是对某种感觉状态和某种最小自我(minimal self)的知觉明示。因此这种经验的自我意识不同于纯知觉,因为它们承载着语义内容。就知觉明示而言,语义内容是某种受到严格限制的东西,它有赖于概念(conception)的非谓语性用法(non-predicative use)。并且这种概念本身是某种特殊的东西,我们将在稍后对此做出说明。

上面所得出的结果,也是康德关于外感和内感的一般性理论(主要论述知觉明示)的结果。在这种情况下,一切被明示的自我(ostended self),都被明示为感受性的所有者,它在时间上与经验到的感受性是同一个东西。关于感觉与基于感觉的明示的内在自我指称之间的联系,康德所能(和所需)说的全部东西是:这种自我指称是因感觉而自然地发生的。这里所说的"自然地",从否定意义上讲是指:从感觉到自我指称,在这个过程中,没有任何认知综合和任何推理。从肯定意义上讲,根据激发模式本身,是指存在某种因果联系。人通过因果性的媒介方式,获得了载有语义的状态。在这种状态中,人按照上面所描述的方式自我明示(self-ostends)。

正如霍威尔所指出的,知觉明示(即内在的明示)可能是他所称作的非纯粹的东西(并且知觉明示似乎因出于某些认知目的而必须是非纯粹的)。这意味着,在自然的和因果的描述的第二个阶段,人使用某种习得的关于经验到的特定感受性

---

① Found at B376.

② 感觉存在于时间当中,尽管它们本身不包含时间形式。

③ 在这些例子中,内知觉的指称,除了它的形式,只依赖于对所涉及的特定感受性的表征。在这种例子中,这里能够被表征的所指物,包括自我,都是极小的。在比较丰富的例子中,内知觉的结构将会越来越复杂,所指物也将会是如此。

④ 参见 R. Howell. "Intuition, Synthesis and Individuation in the Critique of Pure Reason," Nous, vol. VII (1973), pp. 207-231.

的概念，这种使用是自我明示(self-ostension)之发生所必需的。然而，这种概念是非常特殊的，并受到严格的限制：它本身是明示的，出于感受性形式。它的这种特征是明示的，因而是从物的(*de re*)并且是单一的。这一特征在后面的描述中将极其重要。

除了上面所描述的内知觉，还存在外知觉。外知觉是对空间中感知到的所指物(referents)的知觉明示。知觉明示若是非纯粹的，那么它将包含某种单一的从物的某个性质体系，这个性质处于人的某一知觉域中。基于这种被明示了的和在明示上被构造出来的性质①，人才能把某一所指物明示为处于由这种性质填充的子域中的所指物。如同内知觉一样，外知觉也是自然的和因果地诱发的。人将在明示上构造出上面所说的性质，并且相信就是这种性质导致了这种经验到的感受性。

内知觉和外知觉都承载着某种语义内容，并且它们必须与感觉相一致。但是这两种情况中的感觉都先于知觉：它在因果上是必要的。知觉的另一个条件是一系列促使知觉明示成为可能的语义上的先天条件，也就是说，它们是作为经验直观形式的时间和空间。前文所引述过的《导论》的前两段，就没有说到时空明示的器官是必需的，但康德在别的地方弥补了这一疏漏②。

知觉(一切形式的)都是语义表象(semantic representations)。所以，如下断言回答了问题③和④。这个断言是：单一表象(由明示构成，包括在空间中明示的感受性概念和性质概念)是自然地产生的。然而，对问题④所做出的其他回答也表明我们提出了一个重要的难题(超出了对感觉的原初讨论)。如果没有时空形式(经验直观形式)的先天使用，就不会产生现在所讨论的单一表象。康德并没有认为这种表象的产生只基于自然必然性。只有感觉才是如此。对于外知觉而言，这意味着，通过激发，对象自然地产生外在的明示。这仅仅是因为引入了空间形式，作为这种明示的先天形式。

由此而得出的一个最重要的结果是：人们无需任何认知综合活动，自然地就会拥有这些单一表象。(因为在事件的正常过程中，人们将会接受这些单一表象，我们可以把这些单一表象称作单一信念，当然是在引入判断之后。)我认为现在所概括出的描述最好地说明了康德在《未来形而上学导论》中通过知觉判断所想说的东西，即所描述的那种单一的信念，感觉是“完全主观的”，而知觉不是。只有感觉是“完全主观的”，而知觉不是感觉。然而，尽管知觉包含单一概念，并且在这方面不同于感觉，它们也并不是完全客观的。它们指称物件(items)，但它们只是以明示的方式来表征这些物件，并且只有单一性(只包括单一概念)。完全的客观性将需要一般性。

---

① 对性质的明示和在空间中对事物的明示，需要某种感觉感受性在场。

② 如 B33-35 和 B74-75。

从积极的方面讲:(a)知觉明示是从物的[①];(b)知觉明示中的单一表象,或带有某种严格命题性的单一信念,都会在心智中产生。(a)和(b)对于我们后面所要说的其他内容都极为重要。单一的知觉信念(具有明示的感受性概念和性质概念)仍旧是被动的心理状态,或者就知性而言,至少是被动的。也就是说,它们不是心的认知活动的结果。确切地讲,它们不是认知综合的结果,因为在康德看来,知性总是推理的(discursive)和非明示的。

康德声称感觉感受性是内感的对象,但这并不表示他认可笛卡儿-洛克的从内在感受性推出外在感受性的观点,不管这种外在感受性可能会是什么。康德拒斥这种观点,或者他至少反对合理地理解这种观点。(我们将会看到,更多的是依赖于其他别的东西,除了已经讨论过的东西,我们还将讨论感受性。)换言之,康德反对如下观点:感觉是内知觉在明示上可通达的直接对象,并且这种内知觉随后会为从它们推出其他事实状态提供某种证据基础。他反对的理由有二:一是感觉本身不能构成任何语义联系的一部分;二是信念的内容在它们所使用的概念中是单一的,不能构成任何推理的认知联系的一部分。因而,此刻还没有什么合适的东西能够保证我们所说的认知推理。而这将随后进一步回答问题⑤:感觉状态的直接结果仍是原始的,因为它们不带有任何认知的东西。

我稍后将跳过问题⑥(并且还将忽略问题①)。下一步将重点关注概念的普遍性。也就是说,我必须讨论康德的主动认知综合理论。在回答了问题⑧之后,我们就可以着手处理问题⑥、⑦和⑨。下面我们将试图回答这些问题,包括问题①所提出的问题。

三、知性的普遍性概念和综合

在介绍了作为知觉明示之先天形式的时间和空间之后,我们才得以可能从对感觉的论述过渡到对明示和关于感受性和性质的单一信念的论述。某种描述,比我在此所能提供的更为完整,也将关注算术和几何的量的先天直观结构(并且也关注由直观原则和对量的后天规定的类比所得出的范畴条件的作用)。然而,撇开量不讲,只关注性质和感受性,我们会发现知觉明示和单一知觉信念既非“完全主观的”,也非完全客观的。从《纯粹理性批判》B版、“先验演绎”的开篇中,我们可以看到:感觉和单一的知觉信念被赋予知性,因为它们受制于时间和空间(作为人在明示中所使用的先天形式),并自然地、因果地产生于心智中,它们不是知性综合行为的结果。

目前所勾画出的这种意识,在整体上,或仅仅是经验意识(包括经验的自我意

① 比较前文引用过的霍威尔的书。这既支持了明示的感受性和性质的概念,也支持了对负载这种感受性和性质的事物的明示。

识)。我们到现在为止,还没有勾画出任何像康德所称作的、那种先验意识所必需的知性之先验条件。走向先验意识的关键的第一步是由主动知性开始的,即普遍概念的构造。这导致了命题的构造(在其谓语槽(predicative slots)中具有普遍性)。所有这些都来自于经验认知中构造所必需的范畴条件并与其一致。其结果是:科学的自然理论,它的对象在本质上是理论对象。也就是说,对象在本质上只不过是构造出的理论使它们成为的东西(我稍后对此做出说明)。

我已经在别处对这种观点做出过论证(以一种明确的、重构"第一批判"B版中的先验演绎的形式[①])。在本文的这一部分中,我将进一步阐述我对康德的普遍理论属性概念体系(conception of general theoretical properties),或在经验认知中起作用的普遍经验概念(一种源于"演绎"的体系)的解释。它具有一些重要的结果,确定了我们何以需要描述感觉来允许主动构造中的知性(a)由感觉诱发,并且(b)将自身应用于通过感觉而被赋予的东西。(a)和(b)两点显然都与我们之前所提出的大部分问题相关。最后,即便是问题①也可以做出回答,只要我们理解了康德的普遍理论属性概念体系和关于感觉的生成条件(resultant requirements)。

简言之,关于普遍概念和理论构造的基本描述如下:必须能够形成关于一致性(uniformities)和规律性(regularities)的信念,只有这样才能形成关于同一性(identities)和差异性(differences)的信念。但是,同一性和差异性,从最简单的关于性质的同一性和差异性的例子开始,就需要普遍性。因此,我们需要性质的种类(无论是关于外感的种类还是内感的种类,无论是关于在推理上能联系于外感中东西的种类,还是能联系于内感中东西的种类)。

康德认为性质的同一性(sameness)和差异性,并没有在经验直观或这些直观的有限系列中给出。单独的单一信念的内容总是非充分决定(underdetermines)所欲求的同一性和差异性。正如他在《逻辑学讲演录》中所指出的,普遍概念的普遍性是这些概念的一种形式上的属性,它由知性产生,并"似乎是通过约定"而完成的[②]。种类(kinds)通过挑选而被择取出来,不是以一种由在经验直观中被赋予的东西规定,或在认识上得到辩护的方式,而是以一种先天的、与所赋予的东西相关的方式。而且,这种择取并不完全是先天的,因为是感觉诱发了这种择取。正如康德所指出的,经验的种类是后天形成的。但产生的普遍性这一事实,凸显了心的事件中的那种不变的主动特征,这些心的事件属于由知性占据的心的生活部分。在康德看来,认知活动是先天的(绝对地或相对地)[③]。

---

① 参见前文所引用的"Apperception and Objectivity"一文。性质概念的构造只与其形式相关,因而不同于先天数学直观概念的构造。

② 参见第113页脚注①中引用的《逻辑学讲演录》中的篇章。对约定的提及出现在 sec. 11(Ac. IX, 97)。是什么导致康德使用"似乎"修正了自己的话语?

③ 比较 B2-3 和它对什么是(和什么不是)完全先天的讨论。相对的先天性是指由后天质料(康德所讲的)诱发的先天形式。特殊的自然法则就是相对先天的。

在康德看来，普遍现象属性需要被构造成为类似其他任何理论属性的东西。然而，既然感觉充当第二个公设所需要的真值标准，那么它何以能在这种构造中发挥作用？感觉感受性能成为规则的（因而是认知推理的）网，仅当它们属于被构造出来的普遍种类，这一点是清楚的。要成为规则网的一部分，就要成为理论的一部分，因而感受性种类将必须是理论的。但如果是这样，那么感觉将似乎不能充当诱发、约束和检验理论的东西。换言之，质料和康德所提及的诱发将最终是内在于理论的，并且我们不应谈论由感觉印象构成的复合物及其作用。被动性将不是必需的（或康德对被动性和主动性的区分将不是必需的），这使得我们对单一信念和直观所给予的东西之描述变得徒劳和无用。

相反，感觉感受性（其特征是：明示的，从物的，并且关于它们的信念是单一的），似乎必须充当诱发、约束和检验的东西。它们不应属于规则网的一部分。解决这一问题的办法最终将是：感觉感受性都具有这两方面的特征。康德采纳了一种研究感觉的混合的、二重性的路径。感觉若不具有功能主义的特征，那么它们及其所自然产生的东西都是非理论的。文章的下一部分，在对知性的综合活动进行一个简略的回顾（意在强调康德对心的主动性和心的被动性的非对称性处理）之后，将探讨上述的这种研究路径。

四、感觉和作为心的活动之功能主义

在康德看来，表象的普遍内容不能还原为感觉（知觉指称和单一性质也不能还原为感觉）。相反，认为感受性的性质（qualitativeness）在功能主义上可被还原为表征活动，这也是错误的。结果是：必定存在着以一种从物的、明示的方式刻画的感受性，作为普遍概念之形成和使用的必要（但不是充分的）条件，正如对个别感受性的从物的明示，会在即将产生的单一的性质信念中发挥作用（当然，这两点之间紧密相连）。

我们也可以看到：康德把知性的内容和行为分解为各种成分（各种认知综合活动）。在这种成分分析中，对能力和成分的描述是按照子程序（subroutines）来进行的，正如根据流程图的惯常方式一样。这些子程序是以功能主义的方式被描述的，这一点可以从康德所构想的经验种类的形成和使用中看出。康德对这些经验种类中相似性的功能主义看法和理论说明，类似于他根据子程序对认识能力和行为的心理学说明。帕特里夏·凯切尔（Patricia Kitcher）[①]（康德的注解者之一）明确地利用了这种观点，即康德所构想的（认知）综合行为是一种功能主义的构想，因为这些行为相互依赖的顺序是一种内容上的顺序。

---

① Among several pieces of hers, see "Kant's Real Self" in A. W. Wood (ed.), Self and Nature in Kant's Philosophy (Ithaca: Cornell University Press. 1984). pp. 113-147, and "Kant on Self-Identity," Philosophical Review 91 (1982), pp. 41-72.

康德继而进行了更为复杂的描述,包括人对殊型化(tokened)于其自身中的认知状态的指称,这种指称(在康德看来)是理性能力(rationality)和理性行为自由的必要条件(也可以说[1]是充分条件)。因此,康德对心的主动生活的说明是一种严格意义上的目的论。理性思维(rational mind)是一种元思维(meta-mind):先验意识是统觉的,并且理性思维之行动,是出于"通过理性联系(reasons-connections)和构成这种理性联系的信念而殊型化于其自身的"自我意识的描述。

我在别处也认为[2],根据康德,所有这一切的物理实现,都要通过心的主动生活的变异一元论(anomalous monism)的方式进行。在原则上,将存在关于所有心的活动的单例的因果物理的描述。然而,被动性从所有这一切中被略去了。理由有二:一是,在康德看来,感觉不是一种心的活动,不能通过成分分析法(被用来分析心的活动)来进行分解;二是,感受性需要以一种明示的和非功能主义的方式来刻画,这导致把变异一元论作为一种对感受性和物体的关系的解释而排除在外。但是感觉也需要得到一种功能主义说明,因为需要存在一种对感受性相似性(quale similarity)的功能主义看法。由于对感受性的刻画,同时需要功能主义和非功能主义的说明,所以,相比于对心的活动完全采取功能主义(和目的论)的心理学解释,康德(正如我们先前宣称的)对感性采取了一种二重性的或混合的心理学解释。

一般地,对性质(qualities)而言,我们得到了这样一个结果:由于单一的性质信念(即对单一性质出现的信念,单一性质在从物上的可获取基于感受性在从物上的可获取)的单一内容,因此以功能主义的方式构想出来的相似性并没有穷尽经验属性。对感受性而言,那些在从物的、明示的方式上可获取的东西,必定不能通过"那种被构造出来的、功能主义刻画的、给予构成理论网的感受性类型的、感受性间的相似性联系"来识别。对感受性类型的功能主义刻画,并非是对从物的、可获取的单一感受性的刻画。但同时,感受性(quale)是功能主义刻画的某种感受性类型的一个单例,并且那种从物的、可获取的感受性,对"功能主义刻画的感受性和理论中的性质类型(quality types)"的形成和使用而言是必需的。

我们所需要解释的是,那种单一的、在从物上可获取的感受性,与理论上的现象属性之间的特殊联系(这种联系通过感受性类型和单一信念而获得)。粗略地讲,根据康德的看法,我们不能在对普遍的经验种类的构造中获得性质(qualitativeness),或者,如果我们不能以从物的、明示的方式通达单一感受性(其自身的特殊性质并未构造出来),那么我们就不能从对普遍的现象种类(appearance-kinds)的不同择取中得到任何重要差别。这在某种程度上启发了我们:被动的感觉为何是

① 在"Kant on the Nondeterminate Character of Human Actions" in W. L. Harper and R. Meerbote(eds.), Kant on Causality, Freedom and Objectivity(Minneapolis: University of Minnesota Press, 1984), pp. 138-163 中,我试图这样论证。

② 同上。

概念及理论构造中的一个必需因素,以及它为何是知觉中起整体控制作用的两个源头之一,另一个源头由知性的立法作用和综合作用提供。但我们能比这做得更好。在康德看来,那种赋予功能主义刻画的普遍内容的必然性,是从言必然性。赋予感觉感知方式的从物必然性,并不蕴涵于或自然法则地联系于任何理论上的、具有从言必然性的普遍内容。

我们对某一现象属性的择取或构造,在一定程度上是部分地基于单一感受性,并且我们根据"某一特定感受性的明示的意识"来识别这些属性的具体实例。如果是这样的,那么我们就可以识别这些属性的具体实例,而无需借助于现象属性与那个特定感受性(或那个特定单一信念)之间的分析的或自然法则的联系。康德的观点是:在普遍概念的形成和使用中,单一的感受性,为将成为功能主义刻画的感受性类型的单例,充当被明示的范例。作为范例(必要但不充分),被明示的感受性本身(即在其特有本质之中)将不会成为关于感受性类型的功能主义观念的一部分,因为功能主义观念不能包括这种特殊性质(qualitativeness)。然而,为了使被明示的感受性成为范例,康德必定认为这一点是错误的,即任何随意的可明示的感受性(在其特有的本质中)可以发挥对经验种类的特定择取作用。换言之,虽然某些可明示的感受性(ostendable qualia)(在其特有的本质中有别于被明示到的感受性),能够而且也的确发挥着相同的作用,并且也进行着相同的功能主义刻画,但是,并非所有可能的、可明示的感受性(qualia)都能发挥那种感受性(quale)"在对被构造出来的经验种类的不同择取中"的作用。可明示的感受性,在其特有的本质中,可作为众多感受性类型(但并非所有类型)的范例而起作用。康德必定认为:(在明示上可获取的)感受性的本质,为其将要发挥的作用引入了某些限制性因素。

关于构造感受性类型,并以功能主义的方式对它们进行刻画的理由如下:经验到的感受性,是作为经验种类(以现象属性始)之形成和使用的必要手段而起作用。最近,西德尼·舒梅克(Sidney Shoemaker)以一种极富启发性的方式对这个问题做出了探讨①。他指出:为了使感受性以这种方式起作用,它们必须与经验种类联系在一起,通过这样一种方式:感觉(发生于对经验种类的单例的感知中)中的同一性和差异性,适当地对应于经验种类中的同一性和差异性。换言之,正如我们现在所全部知道的,必定存在某种方式,使得感觉感受性成为理论网的一部分。因而它们的种类,连同其他经验种类,必须被构造出来,以形成一个概念体系。因而它们需要被给予一种从言的、功能主义上的刻画。结果是:功能主义刻画的感受性类型的单例,连同其他所有因认知而被构造出来的种类的单例,都是可认知的。感受性类型的单例是某一理论的对象。同时,这些单例都是以从物的方式被明示的感受性;它们在其从物可获取的、被给予的本质中,都不是某一理论的对象,并且就

① 参见其"Functionalism and Qualia," Philosophical Studies 27(1975), pp. 291-315. 我现在的解释都出自于他的这篇文章。

此而言是不可认知的。

简言之,若没有功能主义的刻画,感觉则可能无助于产生以现象属性为始的经验种类。但除此之外,康德的诱发论和他所认为的“心的生活是一种被给予的要素和心的活动的复合”,是说:以从物的方式被明示的感受性,在其特有的本质(这些本质不属于认知网络的部分)中,充当由知性构造出来的感受性类型的感觉范例(sensory exemplars)。康德认为,普遍种类(包括被构造出来的感受性类型)的理论性(theoreticity),与(只在明示上可获取的)感受性和单一性质的特殊性(particularity),都是成为经验认知(由非理论的感觉内容部分地控制和检查)所必需的。任何理论都不能规定特殊范例的本质。

通过讨论诱发与由被动性和主动性复合之物的本质,回答了前文所提出的问题⑥和⑨。下面是对问题⑦的又一解答:经验认知的对象具有在从物的、明示的方式上可获取的单一性质,这些单一性质殊型-殊型地同一于被构造出来的经验种类的实例。然后,这些单例以某种方式构成了被构造出来的种类的质料,并且经验认知的对象都是问题⑨所谈论的那些东西的复合物。

在《纯粹理性批判》中,对这些观点的最集中的解释之一是,图形论学说及其对同质性(homogeneity)的讨论①。康德在“与普遍的经验种类同质”的知觉中所索求的要素,就是某种在知觉中被赋予的、归属于被构造出来的经验种类的东西。基于给定的性质,我提出了“实例的殊型-殊型同一性”和“以功能主义方式构想出来的相似性”,作为一种对这种同质性的解释。

康德的观点是:特定的感觉及其成因,在因果上确定了单一的性质信念的指称(在给定直观形式的情况下),并且它们对推理的和非明示的内容而言是必要的(但不是充分的)。特定的感觉、非推理的单一信念和单一的因果联系(在激发联系中起作用),都是非理论的,因而在其特殊性中都是不可认知的。因此,康德的立场不是笛卡儿式的立场。根据笛卡儿式的这种立场,存在出自“从物上被内省到的东西”的认知推理。但同时,非功能主义刻画的感受性是心的生活的一个本质部分,它们构成了心的生活的一个性质部分。这是心的活动所必需的。我们具有起功能作用的感受性,并且在康德看来,它们不可还原为其功能。

五、结　　语

现在,我们前面所罗列的问题中只剩下问题①了。什么是那些对象(它们通过

① 这种讨论始于B176。也参见直观特征(见AXVIII)和关于美学观念之不可说明(通过知性)的论述(见第一“批判”,Ac. V,233-235和342-344)。在这些最后的篇章中,康德谈到了这些任何概念都不能恰当表达的美学观念。在我的“Kant on Intuitivity”一文中,我在论述他对数学概念的直观特征的看法中,曾使用了这一事实。现在,我将补充道:美学观念可以是对我在本文中所正在谈论的那种东西的,在从物上的、知觉明示的范例。

因果激发,而在心智中的某个被动接受部分(passively receptive part)中产生感受性)?我们已经看到,康德并不认同笛卡儿-洛克的观点,即以从物的、内省的方式可获得的感受性,充当在认知上推出其他事实状态的基础。与这种观点截然不同,康德的知觉理论是一种直接的实在论(direct realism)。在外知觉中,人通过从物的方式明示某一所指物——它处于一个至少是其感知空间之一的子域中,并且人是根据处于那一子域中的某一性质来明示这一所指物。这一性质被认为是获得感觉感受性的原因。感受性作为知觉明示的一部分而存在。所指物,如同性质和感受性,是单一的;信念,在性质出现的情况下,也是如此。正如随后对普遍性和范畴性的描述中所阐释的,受范畴支配的、一般现象实体的概念,是理论依赖的,并能被最终引入。因而,知觉明示,在从一个不完全客观(但也不"完全主观")的遭遇到完全客观的遭遇的转变中,就受规定性条件和客观性支配。如此,它并没有因完全的客观性条件而变得无效。构成这一转变的是,明示的所指物具有了其可规定的、可认知的属性。在人的理论构造中,这些属性为所指物构造出来,并被归属于所指物。因而,明示的所指物在那些可认知的属性中就是理论依赖的。

激发逐渐地把那些"必须赋予主动知性的"心的状态注入善于接受的心智(receptive mind)。一旦某个理论被构造出来,激发就会使主动心智(active mind)进入理论信念体系。某一理论信念的真值要求:所指物(由某种恰当的单一信念直接地或间接地刻画)必须在被构造出来的、发生于理论信念的概念的范围之内。因而,无论是关于客观规定的总的真值条件,还是关于人的信念进入理论信念体系的方式,这些非理论刻画的条件都起作用并充当约束和检查的东西。但现在,关于我们应如何回答问题①,应该是十分清楚的。若给定内在于知觉明示的资源和非理论刻画的激发联系,我们就可以得出:所讨论的对象是根据那些还未为其构造出来的属性进行刻画的。这些对象,以及它们通过激发而注入心智的感受性,都不是理论的对象[①],并且都具有不可认知的属性。因而,它们的关于这些属性的方面是不可认知的。

相比之下,认知需要构造出那些归属于某一所指物的东西。但我们也看到了,

---

① ……尽管它们仍被认为是时间和空间的。在"Apperception and Objectivity"一文中,我进一步刻画了它们的性质,即它们自身不是时间和空间的。意思是说,它们具有一些尚未被构造出来的属性,这些属性本身不是关于时间和空间的属性,而且它们也不单独蕴涵或要求任何关于时间和空间的属性。正如前文所述,这些没有被构造出来的属性是不可认知的,并且具有这些属性的对象在关于它们的方面也是不可认知的。若从事物自身方面来考虑事物,至少有以下两种方式之一。其一,我们可以把它们看作是脱离于因知性的非明示用法而为其构造出的东西。这种方式是我在本文中所采取的。根据这种方式,它们仍能够显现于具有感知能力的人,见 B34(感觉之显现)。其二,我们也可以把它们看作是脱离于经验直观条件的,因而是脱离于图形化条件的东西。据此,它们完全是非明示的、推理性表象的对象,但现在,需要图形化的构造是不可能的。在关于现象与本体一节中(B 版 304-311),康德所关注的对象就是根据第二种方式被构造出来的。我们若要完整地描述那些从其自身来考虑的事物,就需要考虑到这两个方面。所有这些反映了康德的这样一个基本信念:经验认知对象受控于直观条件和知性条件。

那些我们所正在谈论的不可认知属性的种类的单例，在数量上同一于那些被构造出来的可认知的种类的单例。由于这种殊型-殊型同一性，康德的观点二者兼得。毕竟问题①所谈论的对象在经验上是可认知的，因为它们的相关属性的实例，作为被构造出来的种类的单例是可认知的。因为类型-类型同一性在这里失效了，所以毫无疑问，某些属性是不可认知的。但在单例层次上，则不存在任何不可认知的东西。

这足以表明康德坚持一种外在于理论的(theory-external)、存在主义的(existential)、经验的实在论，同时他还提出了普遍概念构造的先验观念论。而且，处于特定状态(即激发联系)的人和具有我们正在讲的那些属性的对象，通过刚提及的殊型同一性，一同被纳入理论。在单例的层次上，重复的激发消失了。所有这一切都是这种情况，尽管在理论之外，我们没有任何用于刻画对象及其属性的非明示的、推理性的方式。康德的这种两面性的观点答复了雅可比(Jacobi)的著名诘难[①]。康德将会认为，如果没有这些被单独思考的东西(独立于理论之外)，那么人就不能形成并进入经验认知系统。但如果认为我们不能使用它们来保持那个经验认知系统，这是错误的。

康德关于那些本身不可认知的事物的抽象理论，包括刚提及的源自理论对象的类型-差异性(type-difference)、与理论对象之间的殊型-同一性(token-identity)，是他的连接于主动知性的接受性(receptivity)理论的一个基础性部分。他对各种认知能力和认知综合的描述，构成了根据心理的程序和子程序对知性及其认知进行成分的心理学分析。从这个意义上讲，康德预见了许多现代分析方法，例如那些使用卡明斯的分析策略的方法[②]。对特殊认知概念的使用被描述为心理的程序和子程序的结果，所有这些都相悖于那种非常特殊的心理学理论的背景。这种心理学理论被康德认为是人类的[③]，并且它假定了各种能力[④]。在这些能力中，有一种能使其所有者构造出普遍概念(以它们的质料为模)。关于在这些构造中起重要作用的相似性的看法，是一种功能主义的看法，并且在它们的普遍性方面，概念间彼此处于由功能主义刻画的联系之中。认知的行为和状态也是以功能主义方式描述的，因为它们所依靠的东西乃是内容上的。

---

① 参见 F. H. Jacobi, David Hume uber den Glauben, Werke(Leipzig: G. Fleischer. 1815), vol. II, 304. 雅可比对认知表征的看法是：如果没有关于感性的任何假定真实的和给定的条件，那么我们就不能进入这些表征所形成的系统，然而根据这一假设，我们也不能保持处于这个系统中。康德或许会这样答复：真实的东西在感性中被给予，但并不是作为客观地确定的东西被给予的。

② 参见前文引述他的文章“Functional Analysis”。

③ 他在 BXXXII, B556 和 B812 中，提到了人类知性。在 B33 处，他认为激发联系至少对我们人类而言是恰当的。因而，感性被定义为我们被激发的方式。

④ 这些都是心的能力，但我认为它们接受一种物理的实现。当沙文主义的问题在下文中被提出来时，值得注意的是：我们可能会坚持归属于人类的状态和过程，或者以一种心理主义的语言，或者以一种物理主义的语言。

康德从事研究那种非常特殊的（并且是人类所特有的）心理学理论，这使得他能够指责沙文主义，使用内德·布洛克（Ned Block）恰当的标签①。但如果他倾向于认为心的主动生活接受一种物理的实现，并且认为变异一元论正确地描述了获得这种实现的方式②，那么不同物理类型的单例在原则上就会展示相同的功能，也就是说，它们都会把属于心理类型的功能实例化。这会削弱沙文主义。康德只是对物理实现进行了断断续续的思考③，我不知道他是如何解决这一问题的。

康德关于感受性的观点使得情况进一步复杂化。他认为功能主义的描述完整地刻画了知性的行为和内容，使得知性的内容与接受性分离。因而，他赞同功能主义对知性进行孤立地考察。然而，他也认为构造需要非功能主义刻画的接受性。性质和感受性，当以这样一种方式被引进时，都不能通过推理的方式被把握，因为它们不能被功能主义地刻画。就感受性而言，康德赞成舒梅克的观点④，即个体的以从物的方式被明示到的感受性，在功能主义上都是不可定义的，但它们的种类（classes）在功能主义上是可定义的。这种观点在被用于分析对象中的性质时，引出了康德对雅可比的答复。

就康德认知心理学研究的目的而言，感受性的性质必须是二重性的。在把这种二重性的性质归属于感受性这一点上，康德的观点与舒梅克和布洛克一致⑤。感受性中有一个性质并不是以功能主义的方式刻画的，这意味着康德对感受性性质的处理，不同于并独立于他对人的信息流加工的功能主义看法。然而，由于感受性具有非功能主义的性质，它们是构造所必需的，是构造出来的概念的（部分的）因果指称定位（causal reference-fixing）所必需的，因而心理的这一非功能主义部分是心的生活的一个本质部分，至少是人的心的生活的一个本质部分。在此，可能会出现新的沙文主义。这是可能的（但不确定），即康德想要把认知所需要的心的生活限制在感觉和知性的复合物之中。不管如何，由于感受性在某些重要方面避开了功能主义，因此一些普遍概念之形成和使用的条件也避开了功能主义。

上面所表明的这种感受性与信息流加工之间的差异是根本性的。感受性（其性质之一不是功能主义刻画的）构成了一种心的生活，这种心的生活与物理的东西

---

① See his "Troubles with Functionalism" reprinted in N. Block (ed.), Readings in Philosophy of Psychology, vol. I (Cambridge: Harvard University Press, 1980), pp. 268-305.

② 参见第122页脚注①。

③ See his introduction to S. T. Soemmering's On the Organ of the Soul, as reprinted in G. Hartenstein (ed.), Immanuel Kants Samtliche Werke, vol. 6 (Leipzig: L. Voss), pp. 455-461. 这种思考把大脑中的水看作是知觉的物理实现。

④ 参见前面引述的"Functionalism and Qualia"。

⑤ 布洛克强调这种归属的重要性。类似地，舒梅克承认：关于感受性，存在一种不受制于功能主义解释的看法。

之间处于因果联系之中[①]。但它们本身不是物理的。而且,它们不能成为理论性的东西,甚而比其他心的状态和过程之不能成为理论性的东西更严重[②]。它们之所以不能成为理论性的东西,不仅因为它们不能完全数学化[③],而且因为感受性本身,在其非功能主义刻画的性质中,不能以非明示的、推理的方式描述。它们是心的一种性质生活。这种心的生活被给予善于接受的心智而无需恰当的类型同一性,但认知表征的类型同一性,却是那些构造出的并作为它们内容的概念所需要的。康德关于感觉的经验心理学只不过是明示的。由于感受性是人的心的生活的一个重要部分,并且它们不是物理的,还有一性质是非功能主义刻画的,因而感受性是那些"属于心的知性活动"的功能之总体实现的一个不可或缺的部分。因而,这种实现就是一种心理-物理的(psycho-physical)实现[④]。

① 根据变异一元论,认知过程接受一种物理的实现,目的是与物理的东西处于因果联系之中。回想这种激发联系也是因果性的。

② 认知的状态和过程,当以心理主义的方式描述时,就是以不确定的方式被描述的。

③ 它们是集中地而非广泛地(添加地)衡量的。See the Anticipations of Perception,B207-218. 康德为最高程度的理论性规定了添加性。这也说明被纳入理论的感受性的单例缺乏最高程度的理论性。

④ 感谢 Barry Brown、Lewis W. Beck、J. -C. Smith 提出的许多宝贵意见。

康德的专用认知主义系统

帕特里夏·基特彻尔(Patricia Kitcher)
加利福尼亚大学圣迭戈分校

一、导　　言

康德将他的鸿篇巨制描述为不是对“某些书籍和体系”的批判,而是对“普遍理性能力”的批判,“这种普遍理性能力是就一切可以独立于任何经验而追求的知识而言的”①。在康德看来,理性提供了独立于经验的知识,不是因为我们能够在没有经验的情况下获取知识,而是因为我们在有经验的情况下所获取的知识,部分是对这一经验的反思,部分是对我们获取知识之方式的反思。康德在探究理性本身的先天知识或在经验上独立的知识时,提出了要考察我们思维过程的运行方式是如何体现于那些我们所做出的知识断言之中。对这项工作的一个哲学审视就是要揭示:我们共同智慧的某些特殊方面,在任何时代、任何人身上都是不变的。这些不变性(invariances)不能通过假定一些关于自然之必然一致性或连续性的形而上学原理而得到确立。为此,康德引入了一个新方法。他试图在哲学上证明这些重要的、贯穿人类知识主体的不变性,并认为它们反映了这样一些方式,借此任何一个具有我们基本心理构成的人都将能思维。

有了这样一种工作,那么康德最终所得出的任何结果,对于我们理解认知而言,都将应该是一个重大贡献。但康德并没有被看作是一位最早的认知科学家,因为他的一些有名的英语翻译者们否认康德的这些努力,即他在理解我们的认知能力方面所做出的努力,在哲学和心理学上的重要性。没有人怀疑我上面所说的论证策略是否存在于《纯粹理性批判》中,问题在于它的价值。使康德在“先验心理学”方面的努力处于较低地位,斯特劳森(Peter Strawson)似乎比谁都负有更大的责任。他认为这一方面必须被搁置在一旁:

> 每当[康德]发现了关于经验的某些受限制的或必然的普遍特征时,

---

① Norman Kemp Smith(trans.), Immanuel Kant's Critique of Pure Reason(New York: St. Martin's Press, 1968), Axii, amended translation. 遵照惯例,文中对这本书的参考和页码引用均使用 Kemp Smith 的标记法,以“A”代表第一版,以“B”代表第二版,A、B 之后的数字指该原版的页码。如果我对译文做出了修正,我将会在文中指出。

他就宣称这些东西源自我们自己的认知构成……然而,毋庸置疑的是,这种学说本身并不连贯,而且还掩盖了,而不是解释了,他所探寻的那个真正特征……

这部著作彻头彻尾地表现出一种心理学的风格。无论康德在我们的经验体系中发现的那些必然性是什么,他都把它们归属于我们的官能本质……

但[范畴演绎]也论述先验心理学的想象主题……这一理论……像任何先验心理学中的论述一样,遭到了这样一个从个人偏好出发的反驳,即我们得不到任何关于其真理的经验知识……①

在上面引述的最后一段文字中,斯特劳森的草率论证是:由于康德方法所揭示的不变性独立于经验,所以它们不能成为经验证据。但正如我在下面所表明的,斯特劳森要么是在非常狭窄的意义上使用"经验"一词,所以导致他的观点没有任何说服力;要么是错误地认为康德不能诉求于经验——尤其是经验的可能性——来阐明自己的观点。以这种非心理学的(apsychological)方法来解读《纯粹理性批判》,尤其是十分重要的范畴演绎部分,所遇到的又一个问题是:如果我们略去或删去关于我们认知能力的所有讨论,那么我们将几乎没有什么东西可看。

斯特劳森可能提供一个删减版的康德,因为在他撰写《感知的界限》(1966)一书时,康德的认知官能心理学似乎与当时心理学中的科学研究工作完全挂不上边。然而,一年以后,奈瑟(Ulrich Neisser)宣告了认知心理学的诞生。认知心理学(和之后的认知科学)的高歌猛进,使得斯特劳森研究康德的方法严重地脱离于邻近科学的需求和评价。像往常情况一样,哲学家又没有注意到他们邻居的变化。(但这并不是哲学家所特有的情况。许多心理学家也没有意识到并非所有的哲学家都是逻辑实证主义者。)因此,许多研究康德的学者们仍继续着那种惯常做法,在体系上避开康德的那些分析,即分析为何某些认知能力对认知而言是必需的。如果承认文本中这些讨论的重要性,那么这种自觉的辉格式历史(Whig history)似乎不是一个理解康德思想之复杂性的合理方法。而且,由于坚持这种方法,康德主义者失去了任何一个有助于当前关于我们认知能力之本质和局限性的争论的机会。我将试图表明:这在事实上是一个已经失去了的机会,并且我认为康德的那些独到的、论证严密的观点,至少在两个主题方面引起了当前人们的极大兴趣。这两个方面是:经验概念的本质和信念整体论(holism of belief)的问题。

二、康德的方法

康德先验心理学的核心主张是认为理性不是万能的工具。这一点与笛卡儿截

---

① P. F. Strawson, The Bounds of Sense (London: Methuen, 1966), pp. 15-16, 19, and 32.

然不同。笛卡儿将理性与某些更受限制的器官做了一个比较:“因为理性是万能的工具,可以用于一切场合,而这些器官则不然,一种特殊结构只能适合做一种特殊动作。”[①]虽然康德在感知与思维之间做出了大量区别,但我认为他把我们的认知能力类比于我们的感官,尤其是在其运行方式和适用范围方面。康德一再地宣称:某些东西超出了我们理解的范围;我们的理性是以特定的方式在运行;因而,在某些情况下,导致出现了某些预料之中的谬误(A293/B350 及其后)。用现代术语来讲,康德没有把我们的认知能力看作是万能机器,而是把想象、知性和理性看做只在特定物质上以特定方式运行的专用过程。

除了认为认知过程是专用的以外,康德方法的另一最为突出的特征是他对知识之可能性所表现出的压倒一切的兴趣。他想要确定的是:我们能认识什么以及如何去认识,和我们不能认识什么,以及我们为何不能认识(Bxxii 及其后)。在当代认知科学语境中,康德的方法显得十分与众不同,因为他所关注的只是认知过程的特征——这些特征对所要认识的信念或断言的认识地位(epistemic status)起某种作用。他对特殊心理过程的实际物理具身化(physical embodiments)没有丝毫兴趣;他唯一感兴趣的是文化或个体历史(individual histories)对心理加工的作用;他明确否认对儿童如何获取知识有任何兴趣;最后,他甚至不去捍卫自己所做出的这种分配,即把特殊的认知过程分配给特殊的官能,并且经常改变自己对官能如何分担认知工作的看法。康德唯一的目标就是要确定:如果我们的认知能力能够产生知识,那么它们将必定会是个什么样子。

虽然康德所关注的这一点在当前认知的跨学科研究背景下显得十分狭隘,但我认为康德为这一问题的研究提供了一个有价值的视角。因为他不被其他问题分神,所以他能对确证信念(warranted belief)的“任务环境”(纽厄尔和西蒙的说法[②])进行充足地分析。我在下面将要论证:这些分析为当前认知研究中的某些复杂问题提供了一些重要的洞见。但在论述这些重要的结果之前,我将试图回应几个对康德方法的先天性反驳。

一个明显的反驳涉及康德的这样一个假设,即我们的认知能力,事实上,的确能有规律地产生合理的信念(justified beliefs)。近来,一些心理学家,如阿莫斯·特沃斯基(Amos Tversky)和丹尼尔·卡纳曼(Daniel Kahneman)所广泛报道的研究结果显示:与这种对认知研究的乐观评价相反,大多数人所使用的认知策略并没有为其所接受(adopt)的信念提供恰当的确证[③]。康德可以避免这种 18 世纪的乐观

---

① Elizabeth S. Haldane and G. R. T. Ross(trans.),The Philosophical Works of Descartes, vol. I(Cambridge: Cambridge University Press,1972),p. 116.

② Allen Newell and Herbert A. Simon, Human Problem Solving (Englewood Cliffs, NJ: Prentice-Hall, 1972),55.

③ For a review of the literature, see Richard Nisbett and Lee Ross, Human Inference: Strategies and Shortcomings of Social Judgment(Englewood Cliffs, NJ: Prentice-Hall, 1980).

主义指责,因为他的官能心理学实际上包括两种重要的、相关但不同类型的研究:①

（1）论证表明:如果知识,或某一特殊类型的知识是可能的,那么我们必定有某种类型的官能;论证表明:一组特殊的官能,对于知识或某一特殊类型的知识而言,是充足的。我把这些论证叫做认识分析(epistemic analyses)。

（2）论证表明:如果对我们实际所执行的认知任务给出一种无可争议的说明,那么由此可以得出:我们拥有(1)中所提及的一种或几种官能。因为它们与我们实际具有的能力相关,所以我把这种研究叫做经验能力分析(analyses of empirical capacities)。

康德不单假定:我们通常享有确证信念,然后我们探究各种官能如何产生这种令人惊叹的成就。这种假设在他撰写《纯粹理性批判》的时候还未得到认可。康德无需特沃斯基等人告知自己人类认知中存在缺陷。他已遭到了那种笛卡儿和休谟所苦于应付的来自怀疑论者的挑战。由于这些挑战,康德不得不对经验能力做出分析——即便是那些怀疑论的反对者也认可这些能力的存在,以证明我们实际上拥有获取知识所必需的原材料。康德所试图表明的是:我们具有获取知识所必需的能力。他不认为人类认知在实践中是特可靠的。

哲学家们有时也拒斥康德的官能心理学。他们批评康德的这样一种观点:通过论证我们必定拥有某种官能,所以知识是可能的;因为知识是可能的,仅当我们拥有某种官能。但这种批评未能将经验能力分析与认识分析区分开来。康德在《实践理性批判》的某一篇章中阐明了对经验能力分析的重要作用:

> 但一旦我们达到了基本的能力或官能,人类的一切洞见也就结束了,因为这些能力或官能的可能性是根本无法理解的,也不应随意虚构或假定。因此,在理性的理论应用中,只有经验才可以证明它们的假设是合理的。但是,这些经验证据……从我们身上得不到[在伦理学中]。②

据康德自己的估计,《纯粹理性批判》中的先验心理学来自于某些经验上的、无可争议的假设,即关于我们所执行的认知任务的假设。这就是他为什么认为自己是在回应怀疑论者,而不是在窃取论题(begging the question),正如他们对先验心理学的批评所表明的那样。

如果这种对先验心理学的解释是正确的,那么它不但回应了当前那种经验上的反驳,即康德对我们的认知天赋(cognitive endowment)表现出过度的乐观,而且也回应了那种长期存在的哲学上的反驳,即康德的推理是窃取论题的(question-begging),因为是循环的。它同时也回应了斯特劳森的方法论上的反驳,即没有任何证据可以支持先验心理学中的观点。康德论证中的经验证据表现在两个地方。首先,是经验证实了某种特殊认知能力的存在,如证实了我们拥有某些特定种类的

① I first developed this analysis in "Discovering the Forms of Intuition," Philosophical Review 86 (April, 1987), pp. 205-248.

② Lewis White Beck (trans.), Critique of Practical Reason (Indianapolis, IN: Bobbs-Merrill, 1956), p. 48.

信念,或者证实了我们进行一些特定种类的推理。然后,通过论证,我们不能把存在于认知中的那种特征解释为通过我们的感官自世界获得,康德推导出:我们的信念中有某种特殊的特征反映了我们思维的方式,但不是世界的存在方式。这些论证依赖于关于"我们的感官向环境所能获取的"特征种类的进一步假设。例如,"我们对三维空间的感知是对我们感觉构成的某种反映",康德的这个有名论断依赖于"我们的感官不能传达三维空间信息"这样一个假设①。同样,他的"因果推理是对人类思维过程的某种反映",这个著名论断依赖于休谟的"我们因果信念的某些特征不能从经验中获得"这样一个证明②。

这些假设都是经验上的吗?我认为有些明显是经验上的。关于"我们不能把空间信息记录在我们的感官中"的假设就是一个明显的例子。这一假设依赖于对视觉几何构造的观察,并且在未来可能的发现中是明显可驳倒的。我们如何看待休谟所讲的那种"观察",即我们永远不能观察到一个原因与其结果间的任何必然联系?尽管《人性论》中的这种表述有点让人产生误解,但休谟并没有发现他看不见任何必然联系,如同道尔顿发现有些人看不见颜色。休谟的观点不是得自于一系列的实验,而是基于对人类感知界限的一般认识。如果我们在时间上向后向前观察的话,那么我们就能确定:某个结果总是伴随于某个原因。虽然休谟的观点没有建立在一个得到完美界定的经验基础之上,但在广义上仍是经验的。康德在心理学推论中所使用的假设也典型地使用了相同的模式。为了把某一特征归属于我们的思维结构本身,他必须在狭义或广义上做出某些经验上的假设,这些假设能使他排除掉感觉经验作为这一特征来源的可能性。

尽管康德所依赖的是经验上的假设,斯特劳森仍可以反驳康德得出结果的方法是非经验的。康德方法的最简形式,在标准意义上包括四个步骤:①将某一认知任务分解为它的几个基本的子任务;②注意:这一过程的某些方面不能归属于那些来自经验的特征;③推知:那些特征的出现反映了任何一个可思维的东西的结构;④推知:那些特征将总是出现于这样一些生物的思想中,即那些大致上以我们思维的方式进行思维的生物。显然,这种方法所包括的是分析和推理,而不是观察和实验。然而,如果那就是斯特劳森用以判定非经验的标准,那么科学推理中的那些更为理论性的方面将会遭到像康德的研究工作一样的下场。在某些更为合理的标准之下,任何一种观点都不应该被指责为是非经验的,因为它所依赖的是推理和分析而不是那些得到完美界定的观察,只要它符合于相关的一般性观察,并可以在未来的发现中被剔除出去。正如我所认为的,康德的研究,或者至少是他的某些研究,在这两个方面都是经验上的。

---

① See "Discovering the Forms of Intuition," op. cit.

② Immanuel Kant, Lewis White Beck (trans.), Prolegomena to Any Future Metaphysics, (New York: Bobbs-Merrill, 1950), pp. 24-25.

我将要考虑的最后一个先天性反驳产生于康德对知识问题的关注。康德唯一关心的是认知。但是,与当代认知主义者把认知看作是一切心理过程的模型不同,康德并没有以认知来看待一切事物。他没有假定:感知、回忆、归类,或概念学习,根本上是类似于获取确证信念的过程。相反,他是彻底的认知主义者,因为他对感知、回忆等所想要知道的,是这些过程能对主体最终的知识断言做出些什么贡献。在康德看来,这些过程并不像认知一样。相反,仅就它们是认知的宏大任务的子过程而言,它们是相关的。

三、康德的经验概念理论

在对康德的方法进行表述和部分辩护的过程中,我已经把他对官能的论述摆在了重要位置之上,因为这是先验心理学中最为有名的部分。康德作为一个知名的哲学家,还在于他认识到知识必须包含直观和概念两个部分。直观是指那些通过感官所获取的信息产生的知觉,概念用于对那种信息进行分类。他有一句著名的格言:"思维无内容则空,直观无概念则盲。"(A51/B75)康德不仅致力于区分概念和直观——对这两者的混淆是理性主义者和经验主义者所犯的共同错误,而且致力于确切地解释概念和直观何以对确证信念的产生而言是必需的。

康德是否成功地区分开了概念和直观?这一问题超出了一篇论文所能探讨的范围。因此,我将考虑整个理论的一个令人感兴趣的部分,即对经验概念的论述方面。当你有一个概念时,你具有什么东西?这一问题容许有两种答案。我们可以试图确定某些能力,如对新实例进行归类的能力,并且这些能力对于确定你是否有一概念而言是关键的。或者,我们可以试图确定:究竟关于你的什么东西能让你具有那些对于概念获得而言是关键的能力?康德试图回答后一个问题。关于你的什么东西能让你把概念用于事物呢?

在康德看来,概念就是允许你把分别给定的知觉材料统一于某一标签之下的规则:

> ……概念,就其形式而言,总是某种用以充当规则的普遍的东西。例如,物体的概念用以充当我们对外部[对象]的知识的规则,通过统一在它之中被想到的各个方面……于是,在对我们之前的某物的知觉中,物体概念就使广延的表象,和不可入性、形状等的表象成为必然……(A106)

也就是说,在把知觉所获取的信息组合成一个单一表象,或一个负载信息的单一状态的过程中,概念起着调控作用。尽管这种讨论所蕴涵的东西有点让人产生误解,但康德意识到他不能提供一个关于我们如何使用概念的一般性解释,他声称我们使用概念 X,马上就注意到我们可以使用概念 Y 和 X,因为那将包含某种无穷倒退。

康德明确拒斥他的先辈们的那种基于意象的(image-based)理论,因为一个具体的意象并不取决于任务,而且一个不明确的意象也没有任何意义。通过比较我们当下的知觉与所储存的一个三角形的意象,我们不能确定一个新实例是否是一个三角形。因为所储存的这种意象"将永远达不到概念的普遍性,即让概念对于所有的三角形,不管是直角的、钝角的还是锐角的,都有效的普遍性……(A141/B180)"。相反,我们必定使用了某种图式(schema),即一个用于构建意象的规则,它暗示了组合步骤的顺序,借此知觉系统产生所感知到的概念实例的意象(A141/B180;A103-104 和 A77-79/B103-104)。这一顺序大概会有某些包括了大量的可能性选择的步骤。例如,在一个等边三角形的例子中,边与边之间的相等性能被显示出来,但这一步骤将不会出现于其他例子之中。概念就是规则,概念的那个准许知觉识别的部分就是图式,或者是用于构建概念实例之意象的规则。

除了论证图式方法优于标准意象比较观点以外,康德关于图式为何一定是理解概念应用(就感觉概念而言)的正确方法,并没有提供任何具有说服力的论证。图式假说(schema hypothesis)似乎许可了我们实际使用的概念所必需的自由度,而且它不含有某种倒退,因为它根据知觉过程而不是概念信息,解释了概念是如何被使用的。我将补充一点,我认为这一建议是极富有启发性的。在康德看来,对于概念化而言,关键的不是知觉材料本身,而是那些与我们的概念化直接关联的过程,即我们的知觉系统在处理概念实例时所要完成的过程。这一假说本身看起来似乎是正确的,因为理解我们如何概念化,似乎重要的是去考察知觉材料是如何显现于我们的认知系统,而不是考察它们本身是个什么样子。诸如此类的建议近来得到了进一步的展开,并卓有成效。例如,语音知觉的"肌动理论"声称,我们根据我们作为言说者如何清晰地发出这些声音,把各种听觉信号划分为不同的语音种类。例如,我们把一组听觉信号归于 ba 类,不是根据它们内在的听觉相似性,而是根据我们在相同的发音动作之下是否可以产生所有这些声音①。

在康德理论中,我想为其辩护的那个部分涉及那些体现概念的规则中的稳定性质或变化性质。无论我们是否把意象、特征列表,或图式看作是用于指示概念应用的相关工具,仍会产生一个涉及规则之稳定性的问题。例如,当你获知猫这样一个概念时,你现在是否拥有一种方法——这种方法为确定你所碰见的一切东西是否是一只猫提供了一个充要条件?康德将概念等同于规则似乎蕴涵了他的这样一种观点,即认为概念是完全被编码了的并且是相当稳定的。事实上,他的观点正好相反。

由于存在无穷倒退问题,所以在所有情况下,通过一个概念来对实例进行识别,就不能是一个有意识地检查特征清单的问题。我们仍可能勾画出一个关于特征的清单。这个清单上的特征对于那些在背后处理实例的不同概念而言,似乎是

---

① Sally P. Springer and Georg Deutsch, Left Brain, Right Brain (San Francisco: W. H. Freeman, 1981), pp. 201-202.

关键的。康德一再地强调综合必定先于分析：在我们能够询问自己是什么样的(知觉)特征被组合在各种概念中之前，我们实际上必定抽象出并使用了产生实例意象的规则(如B130)。问题在于这种分析不能在经验概念上执行：

> 由于对经验概念的综合不是任意的而是经验性的，并且从严格意义上讲，还永远不完整(因为在经验中总是能发现概念的新特征)，因而经验概念不能被定义。①

康德，像他的经验主义先辈一样，认为经验概念是从经验中被抽象出来的。我们之所以具有猫这一概念，是因为我们在遭遇到大量的猫之后，抽象出了一个用于在其他事物中产生猫的知觉意象的图式。关于经验概念，在认识论上十分重要的一点是：经验概念适用于世界的合法性这一点是毋庸置疑的。由于我们从我们的实例处理中抽象出了意象产生中的相似性，所以我们不能欺骗自己相信有一类这样的东西存在(比较A84/B116)。经验概念的使用是由产生它们的过程来保证的。

以认识论观点来看，对相似性的抽取应当什么时候停止？实例间的相似性应当什么时候被分解，并被编码在一个定义中，以便用于将来对新实例进行归类？康德之所以否认经验概念定义的可能性，是因为他认识到：由于我们持续地具有经验，所以不存在一个停止的恰当时刻。因为无论你什么时候停止，你总是在限制你的经验，或者至少在赞成此证据而反对彼证据。假定在你21岁生日那天，你停止(抽取相似性)并把你的概念进行编码。如果你严格奉持你的定义，那么你将会否定掉一些属于这一概念外延中的相似例子。由于那些例子是证明你的分类之恰当性的潜在证据，所以你不可以再声称：你的概念是根据你的全部证据而得到保证的。如此一来，你的"经验"概念将会失掉它们在经验上的保证。

为了避免这一问题，你会在你21岁生日那天考虑编码你的概念，同时对你的概念系统要持一种开放的态度。当你把你的定义用于对新实例进行归类时，你要准备反映一些新例子，并允许一些处于对理论上重要的相似性的考虑导致你舍弃你所定义的概念，以便支持某种更为令人满意的概念。这种开放性将不会导致那种限制证据的认识论上的错误。而且，这一模型也很好地反映了科学家们在其学科领域内处理关键性概念的做法。

但如果我们再进一步探究的话，这种自由主义模型(liberal definitional model)仍存在一些认识论上的问题。首先，我们应该注意到它在证据上倾向于旧例子。新例子可以获得发言机会，但它们必须证明自己作为数据的重要性，然而在获取概念的过程中，任何一个例子都可以不受限制地被纳入数据库。在有组织的科学研究背景中，支持旧证据具有某些认识上的优点。如果在某段时间内，某个数据或某个理论在科学共同体内相当盛行，那么我们就有理由期望它已抵制住了那些否定

---

① Immanuel Kant, Robert Hartman and Wolfgang Schwartz(trans.), Logic(New York: Bobbs-Merrill, 1974), p. 142.

它的努力。但这一数据必然不是这种情况，它只在某个人的毕生中是旧的。然而，在这一模型中，这种旧证据占据着头等重要地位。

这种自由主义模型的第二个认识论上的缺点是：新数据不是被自动纳入的，它们只基于有意识的反思。关于我们概念之恰当性的有意识反思在认识上是有优点的，康德是第一个强调这一点的人。因为那些使我们把实例归为一类的知觉相似性，将被证明在理论上是不重要的。但是，将有意识的反思放置在这一模型中的要求似乎显得有些过高。一般而言，归类活动不是有意识的而是自发性的。考虑到倒退问题，它的某个东西必定是自动的。如果归类活动通过某些充要条件而自发地进行，那么考虑到我们所使用的概念是完全建立在我们所遭遇到的数据基础之上的，这一过程将必须受到有意识反思的不断纠正。虽然这是可能的，但我们很难相信我们能尽心尽责地做到使我们的概念不会逐渐地脱离经验所提供的数据，因此我们对它们的持续使用将再也得不到保证。如果经验概念因其产生的方式而反映了实在，那么它们最好有一容许连续自动更新的过程。正如康德所意识到的，我们需要这样一种过程来解释我们如何能成功地获取概念，所以他假定这一过程仍在塑造着我们的概念，以适合那些我们将继续经验到的数据。

近年来，关于概念是如何表征于我们之中，尤其是关于概念之表征是否根据某些适用于概念所涵盖之一切实例的充要条件，得到了大量的讨论。史密斯(Edward Smith)和麦迪(Douglas Medin)以这样一点来结束自己对文献资料的冗长评论：虽然经验证据的天平不利于充要条件的存在，但是经验证据却不能证实任何一种关于概念的观点是正确的，并将所有其他观点排除掉[①]。我们不可以求助于康德，并期望发现，那种关于概念的真正理论(未被窥见)已经在我们之中潜藏了200年(虽然我认为他的图式假说的确为我们如何识别实例提供了一种似真的、新颖的暗示)。我认为康德关于知识之充要条件的分析表明，概念理论家们有一种选择：如果他们认为概念(或概念的某一子集)因其产生的方式而反映了实在，那么他们将不愿使用一个充要条件模型。的确，如果他们认为我们的概念库(conceptual repertoire)极为适应变化中的环境，那么他们将不愿全然诉求于概念，而是诉求于某种像概念虫(conceptual worms)一样的东西，能随着时间的推移而不断演化。康德的分析还暗示了一个极为令人震惊的一点，即概念学习是某种虚构的东西。如果这一过程被一般地认为是发生于某一相对稳定的时间段之内，主体在这个时间段之前缺乏概念，之后获得这个概念，那么概念学习就不会发生。为了满足那些成为经验上确证信念的必要条件，概念学习必须是一种"终生经验"。

---

① Edward E. Smith and Douglas L. Medin, Categories and Concepts (Cambridge, MA: Harvard University Press, 1981), p. 182.

康德的分析将会为概念和概念学习的理论化提供某种指导，如果当代的研究者们同意他关于经验概念和确证信念的看法。我认为这些假设事实上是普遍存在的，如果它们不总是明确的话。心理学家们担忧概念的唯一理由是，他们需要解释认知的技艺。除了对环境发生作用以外，我们还把环境的存在方式表征到了我们自身中。由于我们具有一个用于表征我们周遭环境的复杂机构，所以对自然选择的思考表明：我们通常能成功地形成颇为准确的表征①。这个世界是一个多变的、令人惊异的表征对象。正如大卫·马尔（David Marr）在视觉例子中所认为的，我们几乎很难解释任何一个全能的视觉系统是如何成功地完成自己的任务的，除非它能"可靠地从其意象中获得世界的属性……"②若假以适当的修正，同样的观点也适用于认知。鉴于我们所需要考虑的情况太多了，我们的认知系统何以能成功地完成自己的任务，除非它能从自己所遭遇到的对象的实际相似性中，获得那些自己将用以归类对象的表征或概念？

基于这些非常好的理由，我认为当代的理论家们在经验概念问题上，像康德一样，都是经验主义者。他们认为这些概念之所以适用于实在，是因为这样一个过程，借此，这些概念从实在中被获得。而且，我认为当前的研究者们都同意康德的这样一个普遍假设：概念的理论应成为对成功性认知的一般解释的一部分。鉴于这些隐含的原始假设，康德的分析表明：充要条件模型所具有的似真性，远没有哲学家和心理学家们传统上所假定的那么重要。

四、信念整体论

康德提供了一个双层理论。这个理论诉诸两种独立的官能，即"知性"和"理性"。我们在上文已看到这一理论的某些部分。知性就是"概念的官能"（如A68/B93）。由于概念就是包括图式在内的、用以识别知觉系统何时处理实例的规则，所以知性就是"规则的官能"（A126），和那种执行"在某一概念中识别（实例）"的官能（A103）。知性也是那种在某一判断中统一某些概念的官能（A68-70/B92-94），正如在"这个物体是重的"（B142）判断中。康德的一个最为突出的观点认为，知性之运作，使用了一系列特定的规则，这些规则用于统一判断中的概念，如"先验概念"或"范畴"。在此，我将不对这一观点做出评价。例如，知性使用规则组合某些概念，连同否定概念一起产生判断，如"灵魂是不死的"（A72/B97）。

就我的目的而言，关于知性所执行的概念化活动或判断活动的一个关键性事

---

① 考虑到我们似乎具有一个用来表征周遭环境的复杂系统，那么做出这一假定就是合理的，即认为这种结构就是理性，它非常适合这项任务。然而，正如Stephen Jay Gould和R. C. Lewontin所强烈指出的，这种推理总是得不到保证。See their "The Spandrels of San Marco and the Panglossian Paradigm: A Critique of the Adaptationist Programme" in Proceedings of the Royal Societys of London, B 205(1979), pp. 581-598.

② David Marr, Vision(San Francisco: W. H. Freeman, 1982), p. 23; see also pp. 32-36 and 340.

实是:这些活动实际上是无意识的,不受任何随意的控制[①]。在康德看来,对不同表征(无论是一个概念中的知觉信息还是一个判断中的概念)的组合是由“想象力,[知性的]一种盲目的但不可或缺的机能”来完成的(A78/B103)[②]。我认为这一隐喻暗示了:想象不受意识的指导。如果想象受意识的指导,那么我们将面临关于概念应用的倒退问题和一个在判定如何做出判断时的类似问题(比较 A132-133/B171-172)。但是,如果不同的知觉信息和概念信息没有以某种方式被组合或整理,那么很难看到我们是如何能概念化或判断的。所以我们必须具有某种能力或某些能力,用以完成这种必需的无意识组合。

知性作为概念的官能,在知觉信念的产生中发挥着某种关键性作用。这些信念是关于我们此刻正在看、听、感、尝或闻的东西的信念。它也受联结规律的支配:“……那些经常相继或伴随着的表象最终彼此联结在一起……(以致)即使对象不在场,这些表象中的一个也可……引起心智向另一个表象的过渡”(A100)。康德在这里又一次提到,知性的这种机能的运行是盲目的,没有意识的指导的。由于知性受到联结规律的支配,所以它能为我们提供关于对象的信念和在性质上共现的属性的信念。

并非我们所有的信念都通过知觉或联想而产生。如果我碰到这样一个人——他在注视一个水平栅条时看见了红线,而在注视一个垂直栅条时看见了绿线,那么我将会推出他的行为证明了麦科洛效应(McCollough effect)的存在。康德对理性这一话题的讨论在《纯粹理性批判》中大概只有300页的篇幅。理性是一种具有推理能力的官能。正如他所指出的:

> 由于我们不断地使用推理,并因此而最终完全习惯于它,所以我们就不再注意这种区别了,即直接认识到的东西与只是推理出来的东西之间的区别。(A303/B360)

然而,这种区别是真实的也是重要的,因为当我们对哪种官能负责知识的某个方面发生错误时,一些严重的错误就会产生(A261/B317)。理性的作用在于“将通过知性获得的各种杂多知识归结为最少数的原则:并以此来实现知识所可能具有的最高统一”(A305/B361)。也就是说,理性的作用在于使我们的整个信念集尽可能地系统化(A645/B673)。

康德为我们提供了一个对理性的批判,因而他集中于研究那些被我们的理性实践所导致的谬见。例如,由于我们总是尽可能地寻找一种在范围上涵盖面最广的理论,所以我们不合理地假定了:必定存在某种原则,在实际支配着整个世界的

---

① 康德有时也认为我们意识到了知性的组合活动。参见 A104、A108、B134。但康德通常在做出这一断言之后就立即撤消。我认为它反映了当代心理学家 J. N. Tetens 的观点。不管怎样,重要的一点是,即使我们的确观察到了这一过程,我们也不能指导它。

② 文中,康德把想象描述为灵魂的一种能力。但我从 Manley Thompson 那里得知:在康德《纯粹理性批判》的原稿中,他划掉了“灵魂”而代之以“知性”。

运作(比较 A571/B599 及其后)。尽管康德的分析是否定性的,但推理和理性必定也在确证信念的产生中发挥着某种积极的、不是那么宏大的作用。这一点是很显然的。下面两种做法是没有用处的:一是当月亮升起来的时候,我们去观察它并判定它具有某种尺寸;二是在它升至最高点时观察它并判定它具有另外一种不同的尺寸。关于这两个判断,如果我们要摒弃其中错误的一个,就必须对它们进行比较和对比。虽然康德没有强调理性对知识的这些简单贡献,但他明确地说道,"知识(本质上)是一个作为各种相比较和相结合的表象之整体"(A97;Kemp Smith 的插入语)。另外,他也清楚地言明:将最高统一性或系统化引入我们知识的是理性(A299/B355)。

只有直觉(知觉)和知性才是知识的(原初的)来源(A294/B350)。理性虽不能提供任何新材料,但它仍在我们信念的规定中发挥着某种关键性作用。正如康德对我们的理性过程所描述的那样,它们是有意识的,并处在(某种)直接控制之下:

> 在每一个三段论中,我首先通过知性想到一条规则(大前提)。其次,我凭借判断力把某种认识到的东西归摄到该规则的条件之下(小前提)。最后,我通过该规则的谓词、因而先天地通过理性来规定我所认识到的东西(结论)……
>
> 倘若像通常情况下那样,那个构成结论的判断被看作是一个问题——目的是要看看它是否从已经给出的……判断中推出——那么我是在知性中寻求这一结论的实然性,以求发现它是否按照一条普遍规则而处于某些条件之下。如果我发现了这样一个条件,如果结论中的主词又能归摄于这个被给定的条件之下,那么这一结论就是从这条对其他知识对象也有效的规则之下推断出来的。
>
> (A304-305/B360-361)

我们举一个康德最爱使用的例子。如果我想搞清楚凯厄斯(Caius)是否是会死的,那么我就得参考我所已经知道的,并发现凯厄斯符合一个条件,即他是一个人,这一条件能使我找到一个普遍原则,即"所有人都是会死的",这一普遍原则能充当一个三段论(它将得出凯厄斯是会死的这样一个结论)的大前提。这一过程处在相当随意的控制之下。首先,我整理出一些给定的前提,目的是能得出一个结论。其次,我详尽地寻找那些能使我推断出所欲求结论的前提。虽然我可以为自己设定观察任务,但我却不能随意地控制搜索本身。因而我不能保证这种通过纯粹意志力而获得的成功,即使我的确拥有这种必需信息。

大约30年前,奎因写了一篇具有里程碑意义的文章:《经验主义的两个教条》[①]。文中提出了一种叫做"信念整体论"的学说。奎因说明了两点,这两点之间密切相关,并

---

① Reprinted in From a Logical Point of View(New York:Harper Torchbooks,1961),pp. 20-46.

且都被20世纪早期法国科学史家迪昂(Pierre Duhem)预见到了。第一点是,在评价支持某一信念的证据时,任何一种证据都是相关的。你的每一种信念都(潜在地)与放置在你的任何一种信念中的相信(credence)相关。第二点是,当出现一个新证据,并且看起来似乎与先前所持有的观点相悖时,我们需要通过唤醒对总体简单性(overall simplicity)、保守主义、丰富想象力(fecundity)等的思考来修正我们的信念系统。因此固有信念是整体性的,因为系统中的每一个成员都能与其他成员发生关系,并且系统通过唤醒对最微小的整体变化的全面思考而得到修正。

奎因关于信念整体论的学说本身已经成为了当代哲学的一个教条。它被频繁地引用,并且据我所知,从未遭到严重的挑战。从认知科学的视角来看,这一学说的问题在于它所隐含的这样一个观点,即我们永远不会有一门关于固有信念的科学。为了提出一种关于某一心理过程的严格理论,我们必须首先把相关的变量孤立出去。然而,如果奎因关于信念整体论的观点是正确的,那么这种孤立就是不可能的。因为任何一种人们看起来所拥有的众多不确定的信念,都可能被用于解释固有信念的任何一种情况①。有人可能期望引入某种顺序,通过把信念分成子集,并得出可以同时处理全部子集的某种原则。但这种建议并没有真正认识到整体论的根本本质,因为整体论宣称,信念之间不存在任何特许的联系,并且这些联系将既需要对信念执行有效的分割(partitioning),又需要能使我们把全部子集当作不值得进一步搜索的东西而予以摒弃。

福多在其《心的模块性》一书的最后一部分中粗略地提出了这一论证,从奎因的前提得出这样一个结论:一门关于核心心理过程,即那些包含于固有信念中的过程的科学是不可能的②。然而,我认为福多(极有可能)不单怀疑奎因的整体论严重地隐含了一门信念科学。我所试图表明的是,如果我们赞成康德关于知性和理性的观点,那么整体论者的信念模型将最终包含两个严重的混淆。

康德的一个最重要的也是比较有名的观点是:理性的体系化原理不是"构成性的"而是"规范性的"(例如,A644/B672)。也就是说,我们的推理受到这样一个原则的正确指导,即(例如)我们应探寻某种在总体上具有最大简单性的理论。但它并不能推出这样一个我们总能找到的理论,更不用说它不能推出我们实际上经过了一个不确定有多长的推理链,这个推理链使我们能确定这个理论提供了关于我们所有材料的最简说明。理性的体系化原理体现了认识上的理想。它们是关于那些对我们的信念进行体系化的最佳方法的规范性原理,而不是那些对我们在推理时实际所发生的东西的经验性说明(A642/B670及其后)。这就康德的原理而言

① 关于"我们实际所拥有的信念有多少"这个问题本身是极为伤脑筋的。对这一方面的讨论,参见Daniel C. Dennett,"Brain Writing and Mind Reading" in his Brainstorms(Montgomery,VT:Bradford Books,1978),pp. 45-46。

② Cambridge,MA:MIT Press/Bradford Books,1983.

是真实的，并且它就奎因的原理而言也是真实的。这些原理是通过以下方式而得到发现的，即通过仔细地反省那些对我们的信念进行体系化的最佳方法，目的是确保它们得到最大可能的保证。无论是康德还是奎因都未曾测试过任何一个主体，以求探明主体在修正自己的信念时所经历的过程是什么。然而，如果这些原理仅是规范性的，那么它们对认知科学的发展就构不成任何威胁。

即使我们并不总是以这样一种方式推理，即把所有潜在的相关信息归置于那个将要被接受或被拒斥的信念，但我们有时的确可以通过把来源截然不同的信息结合在一起而得到结论。达尔文对马尔萨斯的《人口论》及其对加拉帕戈斯群岛(Galapagos)的观察所做的解读，常被许多教科书用来强调不同观念之间广泛交流的重要性。由于我们的确能推理，并且由于推理有时利用了一些初看起来杂乱的、没有联系的信息，所以对于认知科学而言似乎仍存在一个问题。这些现实的但非理想的推理是如何得到解释的呢？

在此，我认为康德关于信念形成的双层结构的反思，揭示了整体论者反对一门信念科学中的一个十分重要的并合(conflation)。如果康德是正确的，那么知性概念仅就在这样一种意义上而言是“整体论的”，即一个人对实例的所有处理方式将塑造当前用于识别实例的图式，反塑造当前基于实例共现的概念之间的联系。但这并不是一个令人麻烦的整体论，因为没有理由相信处在第一层上的过程不能得到科学的解释。如果接触不到个体的特殊知觉历史，那么我们将不能预测他们的特殊联系，但在给定必需事实的情况下，我们大概可以规定那些能使我们做出这些预测的规律。同样，也没有理由相信我们不能形成一些原则，这些原则把与特殊种类的实例之间的遭遇和概念发展中所特有的特征联系在一起。这将最终说明：那些在快乐或痛苦环境之下所遭遇到的实例，正如洛克所假设的，在规定随后产生的概念的内容中起着特殊作用。

当我们转向信念形成的第二层(推理在这一层介入)时，我们必定受到这样一个规范性原理的指导，即我们所知道的任何事情都可能与我们所试图确定的、我们应放置在一个断言中的相信度(degree of credence)相关。那么，我们做了些什么呢？我们“察看知性”以寻找其他可能帮助我们构建一个稳固推理链的断言，并把这一断言作为这一推理链的结论。许多因素将对这一阶段发生作用，包括过去的联系、穿过我们头脑的当下观念和(最明显的是)那些我们引导记忆搜索的方式。我想没有人会相信这些过程不能得到科学的理解。也就是说，我们可以合理地期望找到控制记忆结构或记忆系统的普遍原则，以及关于记忆搜索如何发生、当前合理材料的可利用性等的普遍原则。再者，由于个体心理学是一门历史科学，所以我们不能期望可以预测到一个特殊个体的特殊搜索的结果。在这一方面，适用于个体的认知科学与地质学或进化生物学一样，处于相同的处境。然而，所有这些没有一个反对关于推理阶段中的过程的真正科学理论的可能性。

如果发现了一些材料，那么我们实际上就可以对这一断言进行推理。康德认为我们在推理中遵循了亚里士多德三段论的一些合适的原则。但是,最近的某些经验性研究显示:我们根据新证据使用了一些非常不可靠的原则来修正我们之前的信念[①]。而且,康德认为我们在推理时,不仅意识到了那些考虑之中的断言,也意识到了我们所使用的推理类型。最近的这些研究也表明:这并不总是真实的。然而,没有任何先天的理由认为我们不能规定那些用于推理中的规则或启发法(heuristics)。

正如康德所做的那样,如果我们不把推理看作一个整体而是把它分为几个阶段,那么"宣称不可能存在任何关于固有信念的科学"这一断言似乎就没有那么有道理。有趣的是,像奎因一样,康德也不认为词项(概念)可以被定义,但他的确认为固有信念应该受到体系化思考的指导。然而,在康德的处理中,这两种观点并没有将认知科学的前景置于危险中[②]。康德的立场表明:从奎因关于信念的整体论,到福多关于一门固有信念科学的怀疑论的转向,基于两个混淆。第一点且最明显的是:这种推理从规范性思考滑向了描述性断言[③]。第二点是:它也利用了知性和理性在信念形成中的混合作用。如果康德是正确的,那么就存在某种受到限制的整体论,它涉及这样一些过程,我们借以快速且无意识地修正我们在判断中所使用的概念。相比之下,如果我们试图把整体论的原则应用于有意识的(或更为有意识的)推理,并且我们的目标是要尽可能地体系化时,那么我们对此的执行就远远达不到。这一过程在目的上是整体论的,但在实际情况中却是缓慢的、笨拙的,并且正如我们所要指出的,在资源上受到高度约束(因为我们的头脑不能同时容纳太多的东西)。结果,它在范围上并不是那么广泛。然而,尽管这一过程可能受到它的认识上的德性的限制,但它的确具有初看起来可以解释的这么一个德性。因此,在康德的理论中,信念形成的两个层次,即信念形成的整个过程,将可以经得起科学解释的检查。

哲学家们将会仓促地反驳道:根据我的解读,康德关于信念形成的解释避免了奎因整体论中所隐含的一些不好的东西,只是通过援引了一种对知觉信念与推理信念之间,或观察信念与理论信念之间的不合法区分。我将以两个从个人偏好出发的论证开始我对这一转向的辩护。通常而言,从个人偏好出发来论证是极为不恰当的,但在这种情况中,它却能让我把历史情况讲清楚。认为在基于观察的信念与基于理论的信念之间不存在任何严格的区别的学说,与信念的整体论一样成为

---

① See Nisbett and Ross, op. cit.

② 事实上,康德自己的一套理由认为:一门科学的心理学是不可能的。首先,康德将心理学限定在我们可以称作是心理物理学的领域之内。然后,他论证心理学永远不能成为一门科学,因为一门科学必须是可以量化的,而我们在感觉中所遭遇到的性质却不能被量化。参见 Immanuel Kant, James Ellington(trans.), Metaphysical Foundations of Natural Science(New York: Bobbs-Merrill, 1970), p. 8。虽然康德拒斥一门科学的心理学,即作为一门科学的心理物理学,但他耗费了大量时间来研究各种不同官能对思维所产生的必要作用,即研究那些我们称作为理论性的认知心理学的东西。关于"康德对心理学所持的态度",参见上面所引用书中的"Discovering the Forms of Intuition"。

③ 虽然我认为它是一个有趣的问题,但我不打算在此试图确定:这种滑向是出现在奎因之中还是出现他的注解者之中。

了当代哲学的一个教条。然而,对于这种压倒一切的流行观点,仍有一位持异议的著名人士,即福多①。由于福多没有给出理由,即为何从奎因的整体论转向一门关于固有信念的认知科学的不可能性,所以我认为他的推理的确依存于前文所引述的两个混淆。

第二个从个人偏好出发的论证是关于康德的。对于任何一个受到哲学史训练的人而言,反对康德没有充分地重视主体对其自身信念的作用,无异于抱怨教皇不够资格成为一个天主教徒。康德的哥白尼式哲学革命在于转变了认识论的根本问题:从"我们的观念如何符合对象?"转向"对象必定是个什么样子,如果它们符合一些我们认识它们所必需的条件?"(Bxvi)康德意识到:知觉不单是记录此刻在你之前的东西。这一点在我们上面所表述的观点中是显而易见的。根据康德的一般模型,你如何对你所感知到的东西进行描述,将取决于所有你之前与实例之间的作用,在这些作用中形成的联系,你现在所归置在一起的特殊信息(例如,企鹅被恰当地称为"鸟",即使它们不那么像其他的鸟),和所有那些已经影响你观点的总体考虑。至少后两种类型的影响最初会凭借有意识的推理。然而,如果认同康德关于联系的看法,那么这种信息将成为那些被流畅地、无意识地运用于新实例的概念规则的一个部分。例如,如果你看见一只企鹅时提醒自己科学家们把企鹅归于鸟类,或者如果你只是在短期记忆中记住了企鹅与鸟之间的联系。这种事情是会发生的。

考虑到这种历史记录,就不能再抱怨康德没有认识到以前的经验和信念对知觉的影响。因此,这一反驳就必须是关于他借以考量这种影响的具体方式。出于那个我在上文所简述的整体论问题,若要反对康德的方法,就一定是这样一个断言:康德对知性的流畅的、无意识的过程和推理的明确的、费力的过程之间所做的重要划分,在某种程度上是不正确的。

那么,这样一种反驳将是窃取论题的,除非它建立在某种独立的证据源基础之上。事实上,在过去的25年里,哲学家们为了提出批判性的观点,大都求助于托马斯·库恩的那本极具影响力的著作。在《科学革命的结构》一书中,库恩主张:"一个人所看到的不仅依赖于他在看什么,而且也依赖于他以前的视觉概念的经验已经教会他去看什么。"②在一种强意义上,库恩的意思是:一个知觉报告将受到高级理论因素的影响。这些高级理论因素在作报告中是被无意识地使用的。就是这个假设使他得出了那个著名学说,即拥护不同高级理论的人,将不能求助于一些普通的观察来调节它们之间的争论。例如,亚里士多德学派的人在看一块摆动着的石头时,所看到的是一个重的物体在朝着自身的自然静止状态运动;而伽利略学派的人看的却是一个摆③。如果

① Jerry A. Fodor,"Objectivity Reconsidered," Philosophy of Science 51,1,pp. 23-43.

② Thomas S. Kuhn,The Structure of Scientific Revolutions,2nd ed.(Chicago:The University of Chicago Press,1970),p. 113.

③ Ibid.,p. 119.

库恩是正确的,那么从表面上看,这样一种做法就是错误的,即把信念形成划分为两个独立的阶段:一个是自动的、无意识的,并且只包括一种受到限制的整体论;另一个是费力的、有意识的,并且在目的上完全是整体论的。

因而,我们可以得到如下关于这一学说所依赖的几个要素:"认为一门关于信念的认知科学是不可能的"这一观点基于奎因关于信念的整体论;奎因关于信念的整体论之所以得到广泛支持,在某种程度上是因为观察与理论之间差别的缩小;造成这种差别缩小的一个重要因素是库恩在科学革命方面的研究。那么,库恩反思的主要来源是什么呢?我认为哲学家们并不总是赞成库恩的这一做法,即他把他的"范式"论证的一个重要部分建立在当代研究的基础之上,这种当代研究似乎表明知觉受到被无意识使用的高级信念的渗透①。库恩诉诸这项研究,以支持他的那些著名断言,即之前所形成的对科学的客观性的看法不能得到坚持,包括一个中性资料库、不变资料、原始资料和粗糙的或直接的经验的存在②。这里颇具讽刺性的地方不止一处。由于上面所列出的关于这一学说所依赖的一串要素是准确的——并且我认为它的确反映了一些十分关键的(但不是详尽的)、用以支持各种不同学说的理由,所以反对一门特殊经验科学发展的哲学论证依赖于那种在很大程度上对之前经验结果的无意识接受。另一个相关的、颇具讽刺性的地方是库恩所赖以成名的那个观点:你所接受为事实的东西取决于你现有的理论。

我无法确定高级理论信念是否在无意识地影响着知觉信念的产生。最近大卫·马尔和他的同事的一项研究显示:情况并非如此③。但我的意思只是说,这是一个经验性问题,不能通过哲学的认可而得到确定。因此,关于这个问题,如果没有更为全面彻底的经验性研究,我就不愿放弃康德的这个对整体论问题的解决办法。

康德非常关注获取知识或合理信念的可能性。为了使我们的信念得到真正地确证,我们必须诉求于涵盖面最广的可能证据基础和对总体简单性的考虑。康德对知性和理性之不同作用的分析表明:我们可以尊重这些认识上的必要条件,但我们仍可期望去理解我们实际上是如何形成信念的。在康德看来,我们有能力达到对自然界的系统认识,只是因为我们能对我们所获得的信息进行推理。但出人意料地是,康德对理性的赞赏恰如其分。在他看来,真正了不起的是我们在根本上能进行推理,而不是我们在推理方面做得特别出色。④

---

① Ibid., pp. 62-64, 85, 112-135.

② Ibid., pp. 121, 125.

③ See my "Marr's Computational Theory of Vision," Philosophy of Science, March, 1988.

④ 感谢 Philip Kitcher 对文章初稿撰写中所给予的有益建议。

胡塞尔与心的表征理论

罗纳德·麦金太尔(Ronald McIntyre)
加利福尼亚州立大学北岭分校

> 胡塞尔终于被认为是现今对意向性感兴趣的先驱,即第一位在语言哲学和心智哲学中提出心理表征作用的一般理论的人。作为将心理表征的指向性(directedness)置于其哲学之核心地位的首位思想家,胡塞尔也开始作为现今认知心理学和人工智能的研究之父而出现。
>
> ——德雷福斯

本文开头的一段话是德雷福斯在其《胡塞尔、意向性和认知科学》一文的导言中所写的①。这些颇具煽动性的评论引发了对胡塞尔和当前心智哲学的重要研究工作之间关系的激烈讨论,尤其是福多与塞尔之间的讨论。倘若德雷福斯是正确的,那么胡塞尔本人就是先于福多的心理表征理论的创始人,并且他为先验现象学所构想的任务预见了现代人工智能和认知科学的研究规划。但德雷福斯又批评这些努力。的确,他认为海德格尔拒斥先验现象学之可能性的理由基本上是正确的。那么,他比较胡塞尔和"现代心灵主义者"(如福多)的最终目标就是要表明这两者都是有缺点的。

在本文中,我将重审这些比较,以一种更加赞同胡塞尔和试图对当代心的各种"表征"理论采取更加中立的态度的立场。在别处我已经讨论过了塞尔的观点与胡塞尔的关联之处②,而在这里我将集中讨论福多与胡塞尔。作为德雷福斯文集的撰稿者和对这本文集中所表现出来的胡塞尔解释的总路线的拥护者,我所感兴趣的是把这种解释从德雷福斯对胡塞尔的强有力的计算主义解读中分离出来③。然而,我赞同德雷福斯所讲的这样一个观点:胡塞尔与当代表征主义者之间明显存在着某些一致的地方;我的策略是,首先尽我所能地摆出这些一致的地方,然后引出他们之间不一致的地方。我这样做的目的是希望不仅能凸显这些一致的地方和不一致的地方,而且还能表明胡塞尔关于意义和意向性的观点在何处以及以什么样的方式来修正理解心智的表征路径。

虽然我不赞同德雷福斯把胡塞尔刻画为拥护形式主义版本或计算主义版本的

① Dreyfus(1982),p. 2.

② 参见 McIntyre(1984).

③ 事实上,我的看法基本上与 Emmett(1983)一致,尽管她似乎把德雷福斯的观点也归属于撰稿者。

认知主义的人,但是我也想表明胡塞尔和当代认知主义者之间有许多共同的地方。尤其是福多和胡塞尔所共享一个方法论原则,使得他们都反对"自然主义"心理学,并且福多所寻求的关于心智本质的理解与胡塞尔的"先验"现象学有一些共同的目标。而且(关于我所赞成的那种解释),胡塞尔的意向涵义(Noematic Sinne),在某种程度上,可以看作是福多所称作的"心理表征"的一种形式。它既具有形式的(或"句法的")属性,又具有表征的(或"语义的")属性,因而构成了一种"思维语言"。虽然如此,但是我将会论证,胡塞尔在某些重要方面与福多和其他当代表征主义者之间有所不同。这些差异在以下两个重要方面达到了极致:一是心的意向特征或表征特征方面;二是意义在我们精神生活中的作用方面。

一、方法论的唯我论和现象学悬置

福多(1980)在其被讨论得较多的文章中,支持一种被普特南首先称作"方法论的唯我论"的理论。正如普特南所述,方法论的唯我论是指"这样一种假定:任何心理状态,严格地讲,都不预设除了它所归属的主体以外的任何个体的存在"①。福多有点宽泛地把它刻画为一种"笛卡儿式"观点。这种观点认为"存在某种重要的意义,世界在这种意义上以何种方式存在,对于一个人的心理状态而言是无关紧要的"②。虽然我们的心理状态中有许多是意向性的,因而表示或表征了那些外在于心智的东西,但是这些心理状态本身,根据这一假定,都具有某种内在特征。这种内在特征,也就是其本来的样子,即使实际上不存在任何独立于心智的世界(mind-independent world)。如果是这样的,那么一个心智理论本身,即那种旨在实现理解心理状态的这种内在特征的理论,就应该是一种即便是一个彻头彻尾的唯我论者都能接受的理论。当然,这一点不是要证实唯我论,而只是表明它似乎是正确的,所以对心智的最终解释将不预设任何关于心智与其实际环境之间的自然(尤其是因果)联系的东西,或者预设任何关于心智所处于"自然"背景的东西。

现在,胡塞尔的方法论,即他所称作的"现象学还原",偏离了那种关于心智独立于"自然"实在的理论。"……没有任何现实存在",他说,"对于意识本身的存在而言是关键的。"③因此,胡塞尔版本的方法论的唯我论是指:"……让我们设想……整个自然界,首先是物理的自然界,'被毁灭了'……我的意识,不管构成它的经验被改变得有多大,仍是一个具有自身本质的绝对经验流。"④的确,胡塞尔认为我们每个人都有一种关于心智(或者是他较喜欢说的"意识")所必不可少的

---

① Putnam(1975), p. 220.

② Fodor(1980), p. 64.

③ Husserl(1913), section 49, p. 115; my trans.

④ Husserl(1913), section 54, pp. 132-133; my trans.

内在特征的第一人称知识(first-person knowledge)。这种第一人称知识不依赖于我们关于自然世界的信念是真还是假。因此,他认为对心智的恰当的哲学(或现象学)解释,应与他所称作的"悬置"或"加括弧"相一致。也就是说,它应当只诉求于心智的内在特征。这种内在特征是我们在悬置或中止掉所有关于精神以外的实在的信念之后所认识到的东西。

方法论的唯我论,或悬置,是如此富有争议,以至于遭到了从海德格尔到维特根斯坦、斯金纳、普特南、德雷福斯的责难。这一事实使得福多和胡塞尔对方法论的唯我论的支持成为了一个重要的一致之处。但是,应该指出的是,甚至当代的反对者也不同意它所导向的地方,并且福多和胡塞尔支持它的理由都各自迥然不同。

福多所感兴趣的是"心的因果性",即心理状态在行为中所起的因果作用。正如他所观察到的,这种作用通常看来,似乎更依赖于世界在我们的心理状态中是如何呈现在我们面前的,而不是依赖于世界实际上是如何存在的。例如,俄狄浦斯(Oedipus)想得到伊俄卡斯特(Jocasta)的欲望产生了两种根本不同的行为,先是求爱,后是自己主导的暴力。这是为什么呢?不是因为伊俄卡斯特本人发生了什么重大变化——她自始至终是他的母亲,而是因为伊俄卡斯特在俄狄浦斯的心理状态中呈现于他的方式发生了变化。这种支持方法论的唯我论的理由,通过福多致力于对心理过程和心的因果性进行计算说明(computational account)而得到进一步强化。由于"计算"是对内在于一个系统的形式元素或句法元素所进行的操作,所以这些操作和它们所产生的行为都不依赖于这些元素与外界之间的任何联系。相应地,他指出,计算主义不可能成为一种真正的心智理论,除非方法论的唯我论所体现的这一假定是正确的。

胡塞尔强调了两种不同的考虑。首先,心理状态本身的表征特征或意向性显示了某种独立性,即独立于被表征物的实在。于是,一个心理状态可能表征或被"指向"一个实际上根本不存在的对象或事态;并且某物被表征于何处,这个地方的确存在,那些此物被表征为具有的属性无需与它实际上所具有的那些属性相一致。我们将会看到,胡塞尔与这里的计算主义者之间有一个关键性的差别。胡塞尔的另一个重要考虑是认识论上的:我们关于我们心理状态中的实在表征所知道的,在认识论上先于我们关于实在本身的性质所知道的。因为关于实在,除了通过我们对它的心理表征以外,我们没有任何方式可通达它。因而,胡塞尔认为,我们关于自然实在信念基础的哲学理解,必定源自对心理表征的研究,所以为了避免循环性,这种研究本身并不依赖于那些信念的真。这一观点导致胡塞尔得出的方法论的唯我论,比当代表征主义者所描述的更为激进,并且最终导致了他的"先验"形式的现象学。

二、功能主义、计算主义和先验现象学

我打算把福多和胡塞尔之间的一些巨大差别忽略掉,但我的意思并不是说这

些差别无足轻重。例如,胡塞尔认为通过对我们的自然信念进行悬置或中止,几乎就可以直接为恰当的哲学理解提供材料,如果这种悬置或中止被合理地执行,并继之以对自我意识内容的某种特殊的内省或“反思”。他把这种现象学的反思看作是可靠的、不容置疑的,并且由此而得出的断言不应只是思辨的或归纳概括,而且还是关于意识的必然真理或“本质”(eidetic)真理。诸如此类的宣称,表明了被胡塞尔刻画为现象学所特有的方法,与当代认知主义者所使用的方法之间有根本差别。

但是,第二个差别大概没有它初看起来的那么激进。方法论的唯我论,正如普特南所描述的,没有假定除心理状态的“主体”以外的任何个体的存在。但这种“主体”是什么?胡塞尔把先验现象学刻画为研究“先验自我”的“先验纯粹”或“绝对”经验,而不是“心理学的”或“经验自我”的“现实”或“经验上的”经验。这些差别是福多和当代其他许多哲学家所不能容忍的。然而,尽管表面上是如此,但我所想论证的是:福多(和当代的表征主义者)与胡塞尔之间有一个重要的相一致的地方。

这个相一致的地方是:无论是福多还是胡塞尔——无论是认知科学还是先验现象学,都没有宣称提供一种自然主义理论,这种理论是关于心理加工实际上是如何在人的心智或大脑中产生的。恰恰相反,他们的目的是要获取对各种心理活动所包含的东西而进行的抽象而又一般的分析。这种分析等效地适用于任何一种能进行这种心理活动的实体(entity),不管这种实体的实际物理构成是什么,也不管是什么样的物理过程使得它能实际上执行这种心理活动。

这一点对于福多和人工智能拥护者而言,应该是再明显不过的了。他们并非主张人类心智或大脑在物理上类似于无机的计算机(inorganic computers),或者人类思维运行的过程在物理上类似于计算机处理的过程;相反,他们认为相同的“实况说明”(play-by-play accounts)(卡明斯的叫法①),既描述了人类的确定的心理能力(mental capacities),又描述了计算机的确定的信息处理能力。人工智能研究所关注的是,获得这些在流程图或计算机程序中得到确切阐明的“实况说明”,并且它所处理的是这些抽象对象,而不是可能“实例化”它们的硬件的那些具体的物理构成。由此,这些研究的努力发掘出了心智的功能主义理论所特有的本体论中立(ontological neutrality)特征。功能主义认为,对于心性(mentality)而言,重要的不是那种能具有心理状态的实体(substance),而是心理状态与其他心理状态、感觉“输入”和行为“输出”之间的逻辑或结构关系(标准的功能主义认为是因果关系)。正如福多所言:

> 功能主义寻求提供一种抽象层面的哲学解释,它认为像人类、计算机器和游灵(disembodied spirits)一样差别很大的系统都有可能具有心理状态。在

① Cummins(1983),p. 34.

> 功能主义者看来,一个系统的心理学不是依赖于构成它的材料(活细胞、金属或者精神能量),而是依赖于这一材料是以何种方式被组合起来的①。

所以,功能主义因为比行为主义、物理主义和二元论前进了一大步而广受好评。但胡塞尔所确切阐明的这种理解心智的"本体论中立"的路径,比功能主义早了近半个世纪。他看到,即便是彻头彻尾的反自然主义理论事实上也需要这个路径,因为自然主义不仅包括关于"除了主体以外"的个体的信念,而且还包括关于主体自身的信念。因为主体是心理物理的自然有机体,与其他事物之间存在因果联系,并与它们占据着同一个自然界。因此,他强烈主张,悬置方法若被严格地使用,就必定会得出一种对心智的说明。这种说明不依赖于我们所有自然信念的真或假,这些自然信念包括关于人类主体本身的心理性质或物理性质的信念。那么,关于现象学家所设想的"被毁灭了的"自然界,胡塞尔在我先前所引述的篇章中的省略之处讲道,"就不会再有任何活的有机体,因此也不会再有人。我将不再作为一个人而存在……但是,我的意识……仍是一个具有自身本质的绝对经验流"②。因此,胡塞尔对这种剩下的"意识"及其"绝对"经验的现象学描述,就不能被看作是对"经验自我",即自然地具身于我们人类中的"自我",或者它的作为"现实"心理过程或物理过程的经验自然主义说明。相反,它们被看作是对心智之"先验"特征的特有的哲学说明,因为这些先验特征构成了心性本身(至少是那种我们人类所具有的心性),不管它们实际上是如何在我们或它们所存在的其他任何存在物之中实现的。胡塞尔把这种被如此先验地描述的经验主体叫做"先验自我",并且它的在这种抽象层次上被理解的心理状态或经验,构成了他所称作的"纯粹"或"绝对"经验。

因此,正如史密斯和我所论证的③,胡塞尔关于先验自我及其纯粹经验的学说,首先是一种方法论或认识论上的学说,而不是一种形而上学说。这种学说并不认为在经验自我的背后还存在着一个自我,操纵着经验自我的活动;相反它认为关于自我及其活动,存在某种层次的描述,这种描述是**本体论中立**的,并且在**方法论上**独立于任何关于自我及其经验实际上是个什么样子的自然描述④。像功能主义者和计算主义者一样,胡塞尔所寻求的是那些抓住了心理的各种能力所共有的东西的抽象说明,不管构成具有这些心理能力的实体的自然成分存在多大差异。在一段写于 1925 年的文字中(这是一段颇具说服力的文字,因为胡塞尔在这里阐释了他 25 年前所写的《逻辑研究》一书的目标),他如此明确地说道:

> ……如果像数、数学流形、命题、理论等之类的东西成为了主体经验中的意识对象,那么所必需的经验就一定有其本质必然的、处处同一的结

① Fodor(1981),p. 114.

② Husserl(1913),section 54,pp. 132-133;my trans.

③ 参见 Smith and McIntyre(1982),pp. 96-99.

④ 参见 Husserl(1954),section 72,p. 264.

构。换言之,无论我们把自己看作思维主体,还是我们臆想出天使或魔鬼或神灵等,任何一种能进行计数、计算、数学研究的存在物——这个进行计数、数学研究的内在行为……如果它能产生逻辑-数学的东西,在先天必然性上处处是本质相同的东西……由绝对必然的普遍真理所构成的王国[描述了]……任何一个主体的精神生活,因为它被看作是一个纯粹观念性的、在其自身之中认识数学之物的主体。

这[不仅对数学]适用,而且适用于一切研究与所有领域、范畴的对象相关的心理交互关系……正因为如此,一个关于心理学的新观念出现了……这门心理学所研究的不是这个地球或世界上的人类主体……而是任何进行数学研究的观念本质,或更普遍地说,任何认识的主体性(knowing subjectivity)。①

从以上术语和对绝对必然性的关注中,我们可以看到,胡塞尔在此所强调的不是本体论上的具身性(ontological embodiment),而是那种他用以具体说明同类经验的"处处同一的结构"。胡塞尔的这个强调,就是那个我所声称的他与功能主义者的共同之处。

当然,胡塞尔本人不能算作是一个标准的"因果作用"之类的功能主义者。也就是说,他不能根据心理状态彼此间的因果联系和心理状态与世界之间的因果联系,来解释心理状态,因为(任何一种自然意义上的)因果性通过现象学悬置"被加上了括弧"。但是计算主义版本的功能主义也抽离了心理状态之间的因果关系,转向心理表征之间的推断关系,并把它看作是解释这些因果关系的一种方法。然而,我们切不可草率地假定胡塞尔一定是一个计算主义者,因为这取决于这些"处处同一的结构"是否以计算术语来说明。关于这一问题,胡塞尔下面所讲的让我们不能做出这种假定。

因为我们都已形成了数学中的先天科学概念……所以我们以一种可理解的方式,倾向于把任何一种先天科学都看作是像数学一样的东西;因此,先天心理学就被看作是关于心智的数学。但在此,我们必须警惕……这种类型绝不与任何一种先天的相关。

心理学领域……属于一种在本质上全然不同的类型……决不是某种数学类型的那种完整的科学。②

三、心理表征与意向含义

到目前为止,我所论证的胡塞尔和福多相一致的地方有两个关键点:一是心理

① Husserl(1925),section 3(e),pp. 27-28;with trans. changes.

② Husserl(1925),section 4,pp. 36-37.

状态有一其本身所固有的内在特征,这一内在特征无需参照心理以外的东西就能得到阐明;二是这一内在特征中的本质上是心理的东西,在一种本体论中立的抽象层次上,得到了恰当的阐明。福多把计算主义看作是一种与这两种看法相一致的理论,并且他把这个理论刻画为一种特殊形式的更加普遍的理论,即他所称作的“心的表征理论”。所谓“心的表征理论”(缩写为“RTM”),在福多看来,是指这样一种理论:试图通过诉诸一个内在“心理表征”体系来解释心智的那些重要特征。无论胡塞尔是否赞同计算主义,如果他也是一个 RTM 的拥护者,那么他与福多之间就有许多共同的地方。

根据 RTM(Fodor,1980),每一种心理状态在本质上都关联于某个心理表征,这个心理表征(据称)代表或表征了某个通常是心理以外的东西或事态。因此,心智与心理以外的世界之间的表征关系就是“中介”关系:每一种关系都由两种关系构成,即某个心理状态与其所关联的心理表征之间的关系,和(若有的话)那个心理表征与其所相称的心理以外的东西之间的关系。但是 RTM 也认为心理表征之间也存在关系。一般而言,心理过程是心理状态之间的因果关系;但是,根据 RTM,这些因果关系反映在……相应于这些因果关联的心理状态的……心理表征之间的关系之中。这样,心理过程,在“先验的”抽象层次上,就可以根据它们所关联的心理表征之间的关系而得到阐明(如果这些关系是计算性的,那么我们就可以从那些被恰当设计的计算程序中获得它们)。由于奉持 RTM,所以方法论的唯我论在于忽略掉心智与世界之间的关系,而集中于研究这个心理表征体系和它们之间的关系。

现在,我们可以看到:RTM 的这种描述与胡塞尔对心智的意向性研究方法之间,至少存在一种结构上的类似性。在胡塞尔看来,每一个心理状态在本质上都关联于某种他称作是“意向对象(noema)”的实体。构成意向对象的一个成分——被叫做意向涵义(Noematic meanings)——(据称)代表或表示了某个通常是心理以外的东西或事态①。意向性,或表征,又是一种“中间”事态:一个心理状态只有“通过”其意向对象才能表征某个对象(注意:这并不是说意向对象(noemata)是心理状态所指向的直接对象。胡塞尔坚持认为心理状态的被表征了的或“被意向了的”对象,是一般种类的实体;意向对象的引入是为了解释心理状态是如何表征这些一般存在物的)。胡塞尔也认为心理过程可以被解释为意向对象之间的关系,而这种解释,准确地讲,正是先验现象学的任务。那么现象学悬置,对于胡塞尔而言,就在于忽略掉心智与世界之间实际上存在的关系,而集中于研究这些意向对象和它们之间的关系。

事实上,我们甚至可以把胡塞尔的观点与福多的观点推进得比这更近一些。

① 参见 Husserl(1913),esp. sections 87-91,129-133. 关于胡塞尔的意向对象和意向涵义概念的解释的进一步展开,参见 Smith and McIntyre(1982),esp. Chs. 3 and 4。

福多把心理表征体系刻画为一种个人的“思维语言”，并且——虽然有些重要差别——这也适用于描述胡塞尔的意向对象体系。福多认为心理表征既具有“句法的”属性，又具有“语义的”属性，正如一种自然语言的要素在相同意义上所具有的。例如，句子之间在“外形”上彼此互异，这是因为构成它们的个别语词在组织上有所不同。那么“马文是悲伤的”在句法上就不同于“马文是幸福的”。类似地，福多认为马文是悲伤的这一信念，和马文是幸福的这一信念，与在句法结构上不同的心理表征相关。然而，这些表达在自然语言中也具有“语义”属性、典型意义、所指和真值。福多认为心理表征也具有这些相同种类的属性。这样，认为马文是悲伤的就与某种心理表征相关。这种心理表征“代表了”马文，把他“表征为”悲伤的，并且这种心理表征是“真的”或“真实的”，当且仅当马文是悲伤的。因此，那些解释心理过程的心理表征关系，福多认为，就是句子之间的相同种类的句法关系和语义关系。最后，福多相信自然语言的句法属性和语义属性，承继于它们在心理表征体系中相对应的更为基本的东西①。从这种意义上讲，自然语言就是“思维的表达”：把思维的中介，即心理表征，转换为语言交流的公共中介。

那么，福多的心理表征就是心理符号（mental symbols），它们对更为简单的似语词（word-like）要素进行复杂的似句子（sentence-like）组合，并且它们还具有意义和真值。如此看来，胡塞尔的意向含义在这个意义上就不是心理符号。也就是说，它们不是那些具有意义的似语词实体或似句子实体；相反，意向含义就是意义。然而，尽管这一点十分重要，但意向含义在某些重要方面也相像于福多的心理表征。这些类似之处源自这样一个事实：意向对象是根据语言类推而被构造出来的。

例如，正如言说存在于有意义声音的时间序列之中，所以在胡塞尔看来，思维（或任何一种心理过程）存在于有意义心理状态或事件的时间序列之中。的确，胡塞尔认为，我们在说或写时所表达的意义，在本质上是相同的实体，即意向含义，它们使得有意义的心理插曲（mental episodes）成为可能。语言的目的就是要表达“我们心智中”有什么东西，以便其他人能把我们心智中的相同对象，以相同的方式表征于他们自身。为了使这一目的成为可能，他认为，我们所表达的意义必须是相同的意向意义，这些意向意义决定了这些“思想”的表征特征②。因此，虽然胡塞尔也认为“语言是思维的表达”，但他对这一点的论述不同于福多。福多认为我们是以心理“语词”在思维，这些心理“语词”在我们说或写的时候，被转换为一种公共语言；而胡塞尔认为我们是以“意义”在思维，而“意义”在一种公共语言中得到表达。

在胡塞尔看来，自然语言所表达的意义派生于它们在意向对象体系中相对应的更为基本的东西。正是因为这种对意向对象和语言意义之关系的看法，所以胡

① Fodor（1984），pp. 8-11.

② 参见 Husserl（1900），I，section 7；Husserl（1913），section 124；Husserl（1929），section 3. 关于这一观点的进一步展开，参见 Smith and McIntyre（1982），pp. 170-187。

塞尔认为意向对象具有句法属性和语义属性就不足为奇了。例如,弗雷格把语言意义看作是具有句法结构的抽象实体。他认为,正如句子是由句法不同的部分构成,并且这些部分以句法允许的方式被组排在一起,因而由这一句子所表达的命题就是由相应的不同的意义构成,并且这些意义以相应的可允许的方式被组排在一起。类似地,胡塞尔把意向含义看作是具有某种结构的抽象实体,这些抽象实体反映了表达它们的语言表达的句法结构。例如,认为“这是白的”,关联于某种意向含义。这种意向含义由两种不同的意义成分构成:“X”-成分用“这”来表达,它表征了所思维的对象;“谓词意义”用“是白的”来表达,它表征了所述对象的属性①。这种意向含义的语义属性,尤其是指称属性,十分类似于弗雷格。如同弗雷格一样,胡塞尔也认为意义决定指称。他认为一个心理状态的表征属性或意向属性由其意向涵义决定。关于这一点,我将在下一个部分中做出讨论。

这样,我们就有充分的根据把胡塞尔的意向含义看做一种福多所称作的“心理表征”形式,因而就可以把胡塞尔看作是早期提倡心的表征理论的人。对胡塞尔而言,意向含义构成了一种心理过程产生于其间的“中介”;这种中介在句法和语义上是可描述的,因而从根本上讲是似语言的(language-like);靠着这些意向含义与心理以外的世界相关联的方式,心理状态得以表征心理以外的东西;并且根据这些意向含义之间的关系——这些关系独立于心理状态与心理以外的世界之间的实际关系,心理过程可以在一种本体论中立的抽象层次上得到理解。因此,心理表征所起的作用,至少初步看来与福多所讲的相同。

另一方面,胡塞尔把意向对象看作是意义,而不是具有意义的符号,这足以表明意向对象在任何合乎福多逻辑的意义上,都不能被刻画为心理表征。若是如此,那么胡塞尔就全然不是一位心的表征理论的提倡者。但是,我认为这种拒斥只隐藏于胡塞尔与福多之间的深层差别之后。毕竟,我们可以很容易地把胡塞尔的理论修正为一种真正形式的RTM:简单地假定一个福多式心理表征体系,并把意向含义作为这些心理表征的意义,而不是作为心理状态自身的意义(结果将会符合于巴克(Bach)所刻画的“概念的”而非纯“形式的”方法论的唯我论,并且结果将会是那种斯迪克(Stich)所称作的“强RTM”形式)②。我所冀以表明的是:只要心理表征的意义是胡塞尔为其所构造的意向含义,最终形式的RTM将仍在根本上不同于当代的,尤其是计算主义形式的RTM。之所以会得出这样一个结论,在某种程度上是因为胡塞尔本人提供了一种反对福多的观点,即认为符号或“记号”调解了心理状态与其对象之间的关系。胡塞尔指出,一个符号作为符号,只是凭靠其本身作为某一心理状态的对象而在起作用;它在这种心理状态中被领悟(被解释、被再现)为表征除了它自身以外的某个东西。于是,这种领悟将必须借助于另一个表征

① 参见 Husserl(1913),sections 130-131;Smith and McIntyre(1982),pp. 194-219.

② 参见 Bach(1982),pp. 123-127;Stich(1983),pp. 127-148.

第一个符号的符号,如此以至无穷。胡塞尔认为这种"记号论"(sign-theory)不能解释心理表征,并且出于同样的理由,关于观念的传统"意象论"(image-theory)也不能解释心理表征①。这种比较是有趣的,因为福多,出于一个不同的理由,也拒斥"意象论",而代之以计算主义形式的"记号论"。将计算主义形式的"记号论"从胡塞尔的拒斥中拯救出来的是计算主义,因为它旨在表明心理符号何以能够进行自己的工作,而无需作为符号而起作用,即不依赖于它们的语义属性或表征属性。胡塞尔之所以拒斥心理符号而代之以意向含义,是基于这样一种截然相反的观点:这些符号的意义,不只是符号本身或它们的"句法"特征,将必须承担起解释心理表征的工作。在胡塞尔与计算主义者之间,颇有争议的是意义概念本身及其在心理表征中的作用。

四、意义、意向性和心理表征

心的表征理论,正如福多所刻画的,只是一个框架——虽然是一个十分具体的、很有争议的框架,它被用于讨论关于心智的一些传统问题。在这一部分当中,我将在这一框架范围内讨论心理表征问题,或意向性问题。德雷福斯认为当代的心理表征概念,不过是那种被修正过了的胡塞尔的意向性概念,但是我们将会看到,这种同一决不是不证自明的。因为胡塞尔所构想的意向性问题与现今所谓的心理表征问题,看来似乎在根本上是不同的问题。

关于这一讨论,让我们先假定:意向含义可以被刻画为心理表征,尽管我们已经指出能否这样做还有待商榷,并且对福多和胡塞尔而言,心理表征问题就是关于心理表征的"语义"问题。那么,这一问题将会有各种可能的解决办法:存在许多研究语言表征的语义的方法,并且研究心理表征的语义的方法也一定不少。

福多(Fodor,1980)提出了一种关于心理表征的解释,它的原型是语言指称的"因果理论"。根据这个理论,语言与世界之间的根本联系是因果性的:对于每一个名称而言,都存在复杂的因果链条,把它的各种场合之下的用法和世界中的某个独一无二的东西联系起来,而这个独一无二的东西就是这一名称的"所指物";其他形式的指称(如限定摹状词的指称)都派生于这些因果形式。类似地,福多把心理表征的表征属性或"指称"属性看作是因果关系:"[例如]使我关于罗宾·罗伯茨(Robin Roberts)的一个思考,成为一个关于罗宾·罗伯茨的思考",他说,"是我们两人之间的某种因果关系。"②也就是说,一个心理状态是"有关"罗宾·罗伯茨的,仅仅是因为它关联于某个心理表征,这个心理表征本身与罗宾·罗伯茨本人之间存在某种恰当的因果关系;这种因果关系是"语义"关系,即表征关系或意向性

① Husserl(1913),section 43,pp. 98-99;section 90,pp. 224-225. 参见 Husserl(1900),I,section 23.

② Fodor(1980),p. 300.

关系,它把这一心理表征与其所表征的东西联系起来。福多对这一理论是如何起作用的,几乎没有给出详细的说明。对此,我们(撇开他的那些玄秘的理由)也能看出是为什么。由于脱离了世界的存在方式,世界与心智之间的因果性就得不到阐明,所以这个解释本身与彻头彻尾的方法论的唯我论相抵触。

有人会认为这一结果,要么表明了方法论的唯我论未能提供一个恰当的心智理论(因为它不能解释意向性),要么表明了对意向性的因果解释是不正确的(因为它与方法论的唯我论相抵触),但福多却得出了一个不同的结论:由于心理表征超出了方法论的唯我论者所能解释的范围,所以心理表征本身不是心理状态的一个严格意义上的"心理"特征。如果福多是正确的,那么心理表征就全然不是心的表征理论所关注的恰当对象!然而,对于作为表征主义者和方法论的唯我论者的福多而言,这一颇为怪异的结果弥补了作为计算主义者的福多。计算机器(computing machines)可以完全不利用其所使用的符号的表征属性,但是根据这一观点,它们在任何本质上是"心理"的东西方面并不有所欠缺。

这一结果,若未加修正的话,将会与胡塞尔对意向性的看法大相径庭。方法论的唯我论者,与进行现象学"悬置"、"加括弧"的实践者一样,没有使用任何心理以外的东西:被我们的心智构想为是自然实体的自然界和这些实体之间的因果关系,在这一方法论的指导之下,都"被加上了括弧"。在福多看来,这意味着心理表征本身,作为一种因果关系,也被包括在了这些"被加上了括弧"的东西之中。但是,胡塞尔毕生都坚持认为,意向性是他的悬置方法论所旨在解释的首要特征。例如:

> 如果我感知一所房子……一种意识联系包含于这个感知经验本身之中,并且是一种与这个感知经验中被感知到的房子之间的联系……如果这所房子只是一个幻觉,那么当然也就谈不上外在-内在的心理物理的因果性(external-internal psychophysical causality)。但是很明显,这种短暂的经验本身不但是一种主体的经验,而且还是一种对这所房子的感知。因此,这种对象关系(object-relation)在描述上属于这个经验,无论这一对象实际上是否存在。①

那么,对于胡塞尔而言,一个心理状态的意向性就是这个心理状态本身所固有的一个特征,独立于它与心理以外的东西或事态之间的实际关系(尤其是因果关系)。但是,需要小心指出的是,"属于这个经验"的,是"对象关系",而不是对象。

但事实上,由于心理表征概念或意向性概念本身当中的模糊性(ambiguity),福多的立场与胡塞尔之间并不是截然对立的。史密斯就利用了一个十分有用的差别。这个差别存在于一个心理状态的意向关系或表征关系,与这一心理状态本身

① Husserl(1925), section 3(d), pp. 22-23; with trans. changes. 参见 Husserl(1900), V, section 25, p. 603; Husserl(1913), section 36, p. 80; Husserl(1931), section 14, pp. 32-33.

的意向特征或表征特征之间①。让我们来思考如下一个例子。我盯着我的床底下,看见了一段卷曲的绳子,并尖叫:"蛇!"然后逃离了房间。我看见了什么?我的视觉表征是对什么东西的表征?在一种意义上,我所"看见"的当然是一段卷曲的绳子,并且在这个意义上,我的经验是"关于"这段绳子的:这段绳子是我的视觉经验通过心理表征实际上所关联的东西。用史密斯的术语来讲,我的经验在表征意义上(representationally)关联于某段绳子。而福多的因果描述(causal story)至少抓住了这种关系当中的某些东西:这段绳子通过某种远距刺激(distal stimulus)而关联于我的心理表征。但在另一种意义上,我"看见"一条蛇:我通常都倾向于害怕蛇,而不是害怕绳子,并且我之所以害怕这个对象,只是因为我把它当成了一条蛇。从现象学上讲,我的视觉经验具有那种"关于"一条蛇的意向特征或表征特征。就这种意义上的表征而言,胡塞尔的唯我论的理论看来似乎是正确的:我的心理状态具有那种表征特征,即使它实际上所关联的是条绳子;并且它可能具有同样的特征,即使全然不存在任何恰当的远距刺激。那么意向关系或表征关系,所涉及的就是心理状态和心理表征实际上与这个世界相"连接"的方式;这样福多认为那些关系(不管是否只是因果的)依赖于世界的存在方式,当然就是正确的。但如果胡塞尔是正确的,那么心理状态和心理表征本身就具有一种内在的表征特征,这种特征使得它们似乎实际上关联于心理以外的东西,无论这些心理以外的东西是否存在。

因此,意向性问题对于胡塞尔而言,不是去解释心理状态实际上是如何与这个世界发生关系的,而是去解释心理状态是如何具有关联任何事物的现象特征或"内在"特征的。胡塞尔对这一问题的"解决",是通过诉求于一种"语义指称",这截然不同于那种因果解释的办法。一个心理状态,由于它关联于某个意向含义,所以在性质上是意向的。何以如此呢?因为意向含义(Noematic Sinner)就是意义(meanings),并且胡塞尔显然认为,它只是意义的一种用以表征的内在的和不可还原的(但并不是完全不可分解的)属性。胡塞尔实际上持一种强形式的弗雷格理论,即意义决定指称。在谈到语言意义(他称之为"含义"(Bedeutung))时,他讲道:

> 对对象的指称构成了意义。有意义地使用一个表达和达意地指称一个对象(形成对一个对象的表述),是同一回事。无论这个对象是实存的,还是虚构的,或者甚而是不可能的,都没有差别……②

因此,胡塞尔明确指出,即使不存在任何实际的所指物,一个表达的意义不但能使其有意义,而且还能给予其一个指称特征;并且他对意向含义和意向性,也持相同看法:"关于意识与某一对象之间的关系的现象学问题,首先具有的是其意向方面(noematic side)。意向对象本身具有一种对象性关系(objective relation),尤其

① 参见 Smith(1984).

② Husserl(1900),I,section 15,p. 293;with trans. changes.

是通过它的特殊'意义'"[①]。总之,胡塞尔对意向含义所讲的,在本质上就是塞尔对心理状态本身所讲的:它们具有"内在的",而非"派生的"意向性(但需要注意的是,塞尔自己对意向性的解释,明确拒绝引用意义,尤其是作为抽象实体的意义)。在塞尔看来,心理状态因具有"满足的条件",所以是意向的,无论任何一种事态实际上能否"满足"它们,只是因为这是心理状态所在的那种实体的一种基本属性[②]。意义或意向含义,之所以被胡塞尔构造为意向的,不是因为它们与其他任何别的东西之间的任何关系(例如,不是因为它们被某个人"解释",或它们以某种特殊的方式被引发),而只是因为它们是这样一种实体,其性质是可表征的。根据这种观点,意向含义本身将不是决定一个心理状态实际上(以因果方式或其他方式)所关联的是哪一个对象的唯一因素,但是它的意向特征将会决定哪一个对象是它所必定关联的,以便被"满足"。

如果心理状态真的具有这样一种内在的或现象学的意向特征,那么现代心理主义者就不能完全把意向性问题交给精神以外的"自然"科学。但是我们也很难看到,意向性问题,通过只使用功能主义或计算主义的策略(当代表征主义者通常限定自己所使用的策略),是如何能够得到解决的。的确,这里所讲的问题,与那个被广泛认可的用功能术语来解释现象性质(如疼痛)的问题,没有什么不同。在许多人看来,这似乎是明显的,即由于这些现象性质是心理状态的初始特征(primitive features),所以它们不能还原为因果作用、计算,或者其他什么东西。尽管胡塞尔的观点没有那么明显,但他基本上认为意向特征亦是如此。

现在,我想做的是,对比一下胡塞尔对内在意向特征的看法和表征主义者,尤其是计算主义者对表征特征的实际解释。但遗憾的是,当代表征主义者似乎没有考虑过意向特征问题,至少没有以一种直接的方式考虑过。我猜想,计算主义者,与其说他们没有明确地承认意向特征的存在,倒不如说他们惯于否定意向特征的存在。首先,由于假定机器状态,或计算机程序中的符号,具有内在意向特征是极其反直觉的,所以一个对心智的计算机模型的深层承诺必然诱使人否定心理状态或心理表征具有这种内在意向特征(因此,丘奇兰德认为,虽然不代表计算主义,"我们自身的心理状态,与机器模拟的任何状态一样,没有'内在的意向性'"[③]。但计算主义者却没有这么坦率)。其次,普特南著名的"孪生地球"论证[④],给当代的绝大多数表征主义者留下了深刻印象。这些论证旨在反驳弗雷格的这样一个论点:意义决定指称;并旨在表明:任何内在于心理状态的东西都不足以确定一个心理状态所表征的是哪一个对象。对这一结论的认可,会诱使人断定意向性或心理表征全然是一种"外在的"物质,并且关于"内在"表征特征或意向特征的问题——

① Husserl(1913), section 128, p. 315; my trans.

② Searle(1984).

③ Churchland and Churchland(1981), p. 140.

④ Putnam(1975), esp. pp. 223-227.

那个胡塞尔诉求于意向含义来解决的问题,就完全不复存在了。显然,普特南的论证以及与其类似的论证提出了一些重要的问题,但我想说的是,这些问题还未得到彻底地解决,并没有对胡塞尔构成威胁。关于心理的"指示"(indexical)内容是如何决定,或(巴克所讲的)部分地决定(类似普特南所讲的例子中的)心理状态的对象的,巴克、塞尔和史密斯都各自提出了不同解释①。而且,不管如何解释它,对于意向性而言都存在一个"心理方面",并且这个"心理方面"与意识和自我意识一样,都是我们精神生活中的一个"现象学事实"。好的哲学理论要求必须限制理论能够歪曲这些事实的程度。因此,在下一个部分当中,我将研究:是心智的计算主义理论,还是形式主义理论能够与胡塞尔所构造的意向性相容。

五、胡塞尔是形式主义者吗?

胡塞尔从未低估过我们精神生活的丰富性和复杂性,因此他把先验现象学,即他解释这种精神生活的尝试,刻画为具有"无限的任务"。但胡塞尔也从未动摇过他的这样一个信念:从本质上讲,精神生活的丰富性和复杂性"在理性上"是可理解的。的确,他认为,我们若把意识看作为意向的、有意义的经验,就需要把某种原理(rationale)加诸意识之上,否则意识将是一团杂乱无章的毫无意义的感觉。心理状态或经验的"意向对象",通过以受规则支配的方式,将意识关联于胡塞尔所称作的一种"关于过去经验和未来可能经验的"对同一对象或事态的"视域",从而把意识放置于这样一种原理之语境当中。

例如,假定我把某一特定对象看做一棵树,那么这一经验的意向含义就包括"树"这一谓项含义(predicate-sense),正是凭借着这一含义,我才把这个对象感知为一棵树,而不是其他东西。但胡塞尔认为,这一含义在把这一对象同我的心理储存库(mental repertoire)中的其余东西隔离开来的过程中,并不对这一对象进行描述或规定。我相信树有各种不同的种类,并且相信树是物理对象,因而具有三维特征,等等。在这些信念的语境当中,"树"这一含义预示或"预先描绘"(predelineates)了一个在更大程度上可能的经验范围。在这个可能经验范围内,我面前的这个对象,将进一步可能地被刻画为一棵橡树,或一棵榆树;被刻画为我现在看不见的黑色或棕色。这样,胡塞尔讲道,含义(Sinn)就把这一当下的经验和其对象关联于一种可能经验的视域,这种视域是不确定的,或不明确的和无限制的。但胡塞尔认为,尽管这种视域存在不确定性,但它仍具有一个合乎理性的、连贯的结构:这一当下经验的含义,连同与之相关的背景信念的含义(Sinne),以受规则支配的方式,一并限制了那些可以进一步归属于它的经验种类。因此,对这一经验和其意向性的最终理解,就是理解这一经验的含义是如何关联于这些背景信念的含

① 参见 Bach(1982);Searle(1983),Ch. 8;and Smith(1984).

义和它的进一步可能的经验视域的含义①。

那么,对经验的意向解释或现象学解释,就是去揭示出意向涵义之间的这些关系和那些用以描述它们的规则,从而展示出经验的固有原理(inherent rationale)。胡塞尔相信:对于人的任何一种可理解的经验,都存在这样一种内在原理,并且这种内在原理独立于这一经验与自然界之间的实际关系。如果胡塞尔的这一信念是一种"认知主义"信念,那么胡塞尔无疑就是一位认知主义者。

但是,在我所赞同的那种普遍意义上,德雷福斯却并不乐意把胡塞尔看作一位认知主义者。他认为胡塞尔是一位形式主义者,并且至少是一位早期的计算主义者:

> 事实上,无论胡塞尔是否持那种福多所称作的心的计算理论,即在胡塞尔看来……无论谓项含义[在意向含义中]是否表征对象……和统一不同的经验……严格地根据它们的外形(即作为一个不依赖于任何解释的句法系统)——不能如此容易地得到确定。但是,存在大量的证据……表明胡塞尔把意向对象看作为复杂的形式结构,并且也没有任何证据表明他曾把他所关注的规则看作是语义的。②

德雷福斯在这里提出了两个问题。一是意向含义是否表征对象并把经验严格地统一为"一个句法系统"?二是那些描述心理状态或心理过程的规则是否纯粹是"非语义"的?在我看来,与德雷福斯恰恰相反,由于第一个问题能"容易地得到确定",所以我先来谈论第一个问题。

计算主义的拥护者并不否认诸如意义和意向特征之类的概念。他可以根据更适合于形式主义纲领的东西,来自由地解释这些概念。例如,福多所称作的"功能作用语义学"(functional-role semantics)③,就是试图根据心理状态与其他心理状态(和因果输入及输出)之间的因果关系,来解释心理状态的某些"语义"属性。虽然福多批评这种努力,但他认为计算主义可以通过识别某种同构性而对它加以利用。这种同构性存在于"心理状态的因果网络"与"关于心理表征间的纯形式关系或句法关系的恰当网络"之间。心理状态或心理表征的任何"在功能上"可解释的语义属性,如果不可还原的话,将至少可被替换为心理表征之间的形式联系。因此,如果意向特征是心理表征的这样一种语义属性,那么它就能根据严格句法的形式主义术语得到有效的解释。这样,对一个心理表征(或一个意向含义,若这是胡塞尔的观点的话)的意向特征的理解,就是对它与其他心理表征(或意向含义)之间的形式关系或句法关系的理解。德雷福斯似乎认为,胡塞尔是否持某种与此类似的观点还有待商榷。

我赞同德雷福斯所讲的这样一个观点:由于意向含义具有句法属性,所以意向

① 参见 Smith and McIntyre(1982),Ch. 5.

② Dreyfus(1982),p. 10.

③ Fodor(1985),pp. 85-88,96-99.

含义彼此之间存在确定的形式关系。并且，正如我们所看到的，含义只是在其他含义即由既定经验视域构成的心理状态含义的网络语境当中，才“对对象进行表征”。但是，这并不意味着它们的表征属性可还原为这一网络中的含义之间的形式关系。首先，胡塞尔对这一网络的刻画，总是根据含义之间的“语义”关系，即根据它们的意向特征。他甚至把视域定义为由指向同一对象的经验构成[①]。更重要的是，由于胡塞尔认为意向特征由意义决定，所以这种对意向特征的还原论看法需要一种对意义的最为特殊的解释。它并合了胡塞尔-弗雷格的观点，即意义决定指称或意向特征和那种激进的反弗雷格的观点，即意义还原为句法。但据我所知，即便是当代的表征主义者也不持这种混合的观点[②]。而且，我也不知道胡塞尔的著作中有那一段表明，他曾认为意义能以任何方式还原为句法。相反，不仅没有任何系统的考虑，而且我们所看到的只是少数几个段落，用以论证一个截然不同的、似弗雷格的意义理论[③]。而且，胡塞尔本人有时也明确地提出这样一个问题：意义和意向特征是否能够被还原为纯形式要素或无意义“内容”之间的关系？对此，他总是认为不能。例如，他拒斥意识的“感觉论”(sensationalist)观点。这种观点认为构成意识的不是别的东西，就是感觉和它们之间的复杂关系。他拒斥的根据在于认为感觉“本身是无意义的”[Sinnlos]，因而“不能给出任何‘意义’[Sinn]，但它们可以被聚集在一起”[④]。我们很难相信：胡塞尔一方面提出了这一反驳感觉论的论证，另一方面又认为这是无意义的，因而意向含义的意向特征可还原为它们之间的形式关系。事实上，他在之后的几页中讲道：

> ……先验现象学……必须做到这一点，即不把经验看做如此死板的东西，如成分和复合结构、类和亚类，如“内容复合体”——它们只存在着，但不指谓(signify)任何东西，也不意谓(mean)任何东西；但先验现象学必须掌控本质上独特的问题系列，经验把这些问题呈现为意向的，并且纯粹通过其本质呈现为“对……的意识”[⑤]。

现在，意义和意向特征不可还原为形式结构之间的句法关系。这一事实也与德雷福斯所提出的第二个问题相关。这个问题是：胡塞尔所关注的那些“规则”是否是“语义的”。由于“非语义的”就是指“形式的”，所以我很难理解为什么德雷福斯认为这里“没有任何证据”。胡塞尔总是把这些规则描述为用于关联经验的规则，根据它们的意向特征，而不是根据它们所关联的意向对象的“外形”或“形式结

---

① 参见 Husserl(1931), sections 19, 20.

② 例如，McGinn(1982)提倡根据“个体内的因果”或“认知”作用来解释意义成分，但他否认指称由这一意义成分决定。然而，由于 McGinn 的意思是指实际上存在的指称关系，所以根据这个意义理论，关于什么东西应该发生于指称或意向特征之上是不清楚的。

③ For example, the whole of Husserl(1900), I.

④ Husserl(1913), section 86, p. 213; my trans. Cf. Husserl(1900), V, section 14, p. 565.

⑤ Husserl(1913), section 86, pp. 214-215; my trans.

构”(例如,他说,对象的每一个范畴“规定了这样一种规则,使得某一从属于它的对象借以达到充分的规定,关于意义和所给予方式的规定”①)。并且德雷福斯没有评论胡塞尔的这些言论,如:“……先验理论的构成使得那个作为非形式的东西关联于任何空间事物……”②作为一名数学家和逻辑学家,胡塞尔非常熟悉“形式”或“句法”理论的概念;但他认为,即便是应用于对经验进行现象学描述的逻辑规律,也不是纯“句法的”③。事实上,他不遗余力地区分了作为一种“本质(或先天)”学科的现象学和形式的本质学科(如数学)。让我们考虑他的如下几段文字:

> 由于数学学科……是一门代表了科学本质学观念(the idea of a scientific eidetic)的学科,所以首先不会想到:可能存在其他类的、非数学的、“在其整个理论类型上不同于所熟悉的学科的”本质学科(eidetic disciplines)。因此……试图确立某种像关于现象的数学的东西,就会立刻遭到失败,而且这种努力还会误导人抛弃一门现象学的观念。但那将全然是错误的。④
>
> 我们首先把本质和本质科学区分为实质的(material)和形式的。由于现象学显然属于实质的本质科学,所以我们可以排除掉形式的科学,继而排除掉整个一套的形式数学学科。⑤
>
> 先验现象学……属于……一类基本的本质科学,完全不同于那类数学科学。⑥

胡塞尔为何不愿把现象学看作一门“形式”科学呢?大概有许多种原因,但我只说一种。我已经指出胡塞尔的心理表征体系是这样一个体系,它的心理表征的运作不但凭靠其形式属性,还凭靠其意义和表征特征。另一方面,句法被胡塞尔描述为只处理纯“形式”,而这些“形式”是从这些有意义的“内容”中被抽离出来的⑦。因此,即使心理表征的运作可以被形式化,因而可以在句法上被描述——如逻辑和数学运算,但它们也不能在日常思维和经验中以句法的方式被执行。同样,德雷斯克(1985)认为即便是数学思维,如加数,也不能等同于形式符号的操作。那些被人,即加数的那个人操作的符号,必定表征数,所以这些符号对于这个人而言就具有意义。加数的这个人必定按照他所做的那样对这些符号进行操作,这在某种程度上是因为这些符号意谓了它们对这个人所意指的东西。因而,即使有相同的操作被执行,充其量也不过是一种模拟——不是一个关于加数的真实实例。我

---

① Husserl(1913), section 142, p. 350; my trans, and my emphasis.

② Husserl(1931), section 21, p. 52; my emphasis.

③ 参见 Husserl(1913), sections 59, 134.

④ Husserl(1913), section 71, p. 164; my trans.

⑤ Husserl(1913), section 72, p. 165; my trans.

⑥ Husserl(1913), section 75, pp. 173-174; my trans.

⑦ 参见 Husserl(1913), section 134; 参见 Husserl(1929)。

认为胡塞尔对形式性问题的看法与此非常相像。

当然,否定人的思维和经验是纯形式的或计算的,并不必然导致反对人工智能领域的研究。那个我所归属于胡塞尔的立场,并且我也持相同的立场的确断定了:人工智能是“人工的”,因为它只是形式的,而且它极度缺乏真正“心理”的东西。如果是这样的,那么计算主义作为一种心的理论就是错误的,并且塞尔所指责的那种“强人工智能”也是错误的。强“人工智能”认为计算机和人,仅仅通过做某些特定的句法操作的能力,就能被赋予心灵①。但这仍为“弱人工智能”留下了可能性。“弱人工智能”旨在模拟各种认知心理能力,通过建构与其在形式上类似的东西。胡塞尔本人在我所引述的讨论中,似乎留下了这种可能性:

> 显然,我们还未回答这样一个紧迫的问题,即在[现象学上]被还原的现象的本质领域之中(无论是在其整体中,还是在其某个部分中),是否除了描述程序之外,还存在一种观念化的程序。这种观念化的程序将被直觉的所与物替换为纯粹的、严格的观念,并且它甚至可以作为一门经验数学的基本手段——作为描述现象学的对应物。②

德雷福斯已经指出,人工智能领域中的一个重大进展,即明斯基(Minsky)的“框架”理论,至少对那些由胡塞尔首先提出的观点感兴趣——无需得益于计算机的启发③。并且,我猜想胡塞尔对经验的仔细描述中,有更多的东西有助于构建他所期望的对等于一门心的科学的东西。但现象学对胡塞尔而言,仍是一门描述性的学科,即对内在意向经验,按照它们被经验地所描述的学科。④

参考文献

Colin McGinn(1982),"The Structure of Content," in Andrew Woodfield(ed.),*Thought and Object:Essays on Intentionality*(Oxford:Clarendon Press),pp. 207-258.

D. W. Smith and R. I. McIntyre(1982),*Husserl and Intentionality:A Study of Mind,Meaning,and Language*(Dordrecht:Reidel).

David Woodruff Smith(1984),"Content and Context of Perception," *Synthese* 61,pp. 61-87.

Edmund Husserl(1900),*Logical Investigation*, trans. by J. N. Findlay,(New York: Humanities Press, 1970). [Original German edition,1900-1901.]

Edmund Husserl(1913),*Ideen zu einer reinen Phanomenologie und phanomenologischen Phiosophie* (Drittes Buch); 1950 edition(Husserlian V), ed. Marly Biemal(The Hague: Nijhoff). [Original German edition,1913. English trans. by F. Kersten(The Hague:Nijhoff,1982).]

Edmund Husserl(1925),*Phenomenological Psychology*,trans. by John Scanlon(The Hague;Nijhoff,1962). [Lectures

---

① Searle(1984),pp. 28-41.

② Husserl(1913),section 75,p. 174;my trans.

③ See Dreyfus(1982),pp. 17-19.

④ 在此感谢 David Woodruff Smith 和 Frank McGuinness 对本文所给予的宝贵意见和帮助。

delivered by Husserl in 1925.]

Edmund Husserl(1929), *Formal and Transcendental Logic*, trans. by Dorion Cairns(The Hague: Nijhoff, 1969). [Original German edition, 1929.]

Edmund Husserl (1931), *Cartesian Meditations*, trans. by Dorion Cairns (The Hague: Nijhoff, 1960). [Original edition, in French, 1931.]

Edmund Husserl(1954), *The Crisis of European Sciences and Transcendental Phenomenology*, trans. by David Carr (Evanston, IL: Northwestern University Press, 1970). [Original German edition, 1954. posthumous.]

Fred Dretske(1985), "Machines and Mental," *Proceedings and Addresses of the American Philosophical Association* 59, pp. 23-33.

Hilary Putnam(1975), "The Meaning of Meaning." in his Philosophical Papers. Vol. II: *Mind, Language and Reality* (Cambridge: Cambridge University Press), pp. 215-271.

Hubert L. Dreyfus (ed.) (1982), *Husserl, Intentionality, and Cognitive Science* (Cambridge: MIT Press/Bradford Books).

J. A. Fodor(1980), "Methodological Solipsism Considered as a Research Strategy in Cognitive Psychology," *The Behavioral and Brain Science* 3, pp. 63-73; reprinted in Dreyfus(1982), pp. 277-303.

J. A. Fodor(1981), "The Mind-Body Problem," *Scientific American* 244, pp. 114-123.

J. A. Fodor(1984), "Mental Representation: An Introduction," photocopy; colloquium presentation at the University of California, Irvine, 1984.

J. A. Fodor(1985), "Fodor's Guide to Mental Representation: The Intelligent Auntie's Vade-Mecum," *Mind* 94, pp. 76-100.

John R. Searle(1983), *Intentionality: An Essay in the Philosophy of Mind*(Cambridge: Cambridge University Press).

John R. Searle(1984), "Intentionality and Its Place in Nature," *Synthese* 61, pp. 3-16.

Kathleen Emmett(1983), "Phenomenology and Cognitive Science: Should You Be Reading Husserl?", *Cognition and Brain Theory* 6, pp. 509-516.

Kent Bach(1982), "De Re Belief and Methodological Solipsism," in Andrew Woodfield(ed.), *Thought and Object: Essays on Intentionality*(Oxford: Clarendon Press). pp. 121-151.

P. M. Churchland and P. S. Churchland (1981), "Functionalism, Qualia, and Intentionality," *Philosophical Topics* 12, pp. 121-145.

Robert C. Cummins(1983), *The Nature of Psychological Explanation*(Cambridge: MIT Press).

Ronald McIntyre(1984), "Searle on Intentionality," *Inquiry* 27, pp. 468-483.

Stephen Stich(1983), *From Fold Psychology to Cognitive Science: The Case against Belief*(Cambridge: MIT Press/Bradford Books).

蒂奇纳的内省主义

罗伯特·卡明斯(Robert Cummins)
科罗拉多大学博尔德分校

毋庸置疑,在美国最具重要意义的内省主义纲领,当首推蒂奇纳(E. B. Titchener)的"结构主义"。蒂奇纳所关心的是确立这样一个观点:来自德国的"新心理学"已经使得心理学成为了一门严格的经验科学。为了支持这一点,蒂奇纳强调他所看到的心理学与那种已被确立的经验科学(即物理化学)之间的类比。因此,为了理解蒂奇纳眼中的心理学,我们最好简略地审查一下他的模型。

在蒂奇纳时代,物理化学的核心是元素周期表。元素周期表使得人们能够以分析的方式去解释化合物的诸多化学属性。它为我们提供了一张化学元素表(这些元素是指这样一些成分:对它们的进一步分解,对于所解释的属性而言,在理论上是不重要的),以及关于这些元素的重要化学属性。正是因为有了这些东西,我们才有可能得出关于化合物的合成定律和关于某些物质在经验上被确立的化学属性的实例化法则。蒂奇纳的想法是要为心理学提供像元素周期表为化学所提供的一样的东西,从而使得解释心理事件和心理过程的属性(通过把它们分解为心理"元素",即那些不能被再进一步分解的心理事件)成为可能。由于蒂奇纳所说的元素既不是物体(things)也不是实体(substances),而是事件,所以他的纲领要求对这些元素的来源做出论述。他需要一个普遍方法来回答类似这样的问题:为什么此刻我们(在意识之中)只具有这些元素而不是其他呢?有两种现成的答案:或者现在的某个元素是另外一个元素或之前更多元素的结果,或者它是某种精神以外的东西刺激的结果。蒂奇纳都容许这两种可能性,但他主要集中于第二种可能性。这大抵是因为:(i)精神以外的事件,对于实验操作而言,是开放的;(ii)受经验主义哲学影响,蒂奇纳认为知觉是发生于心智中的事件的最重要原因[①]。

那么,心理学理论的目的就是解释意识内容(如感到愤怒、对一只猛扑猫的视觉影像,或一次志愿活动的经历)的来源和属性。假设愤怒感具有属性P、Q和R(它们是通过内省而被展现出来的)。我们把这种感觉分解成它的元素x、y和z。然后,通过诉求于这些元素的属性和合成定律,我们力图证明为何愤怒会必定具有

---

① 由于在蒂奇纳看来,"在心智中"意味着"在意识中",洛克也是这么认为的,所以强调把知觉看做心理元素的来源也就不足为奇了。

属性 P、Q 和 R——就是说，我们力图得出一个关于这些属性的实例化法则。为了解释 S 为何会在 t 时愤怒，我们需要解释 x、y 和 z 的出现，解释构成愤怒的那些单例化了的心理元素类型，它们都是先前心理事件的结果或外在于精神刺激的结果（或许，我们也需要解释为何这些条件对于 x、y 和 z 组合成愤怒而言是合适的。比较：许多化学组合之产生，需要一定量的热或某种催化剂）。

因此，这一方案的目的，就是发掘意识的那些根本的和在内省上不可分解的元素，并进而得出组合原理，使得这些元素借以综合成日常生活中的那些复杂而又熟悉的经验。每一种心理状态或心理过程都将被解释为构成它的成分，它的总体特征源自构成它的部分的特征和这些部分的组合模式。这一纲领的核心部分，即分解熟悉的意识经验，是对洛克在其《人类理智论》的第二卷中所提出的方案的延伸。关于感觉和反思的简单观念，分别变成了那些外在于精神而产生的心理元素和在精神上产生的元素；而联结的原则变成了心理联结的重要定律。那么，内省主义者们谈论心理原子价（mental valences）、心理均衡（mental equilibrium）和心理元素间的彼此抵消，也就不足为奇了。但是，关于心理之分解和综合的根本性问题却没有超越洛克，并且原因也是相当清楚的。没有任何确切的实验程序，也没有任何像化学中定性分析那样的东西。由于没有任何可比得上滴定、离心机、溶度、氧化和分析天平的东西，所以内省心理学的后继者们最后只能在语言分析的掩饰下与洛克进行比较。继《人类理智论》之后，并没有出现任何显著的进步。

因而，关于意识的分析就会因缺乏分析工具而停滞不前。但那种把这些元素解释为反应（responses）的相关方案却不是这样，因为内省主义者们在韦伯-费克纳实验（Weber-Fechner experiments）中有一实验范式。下面是蒂奇纳的一种典型的教科书式的描述：

> 这是一个寻找韦伯定律对噪声的数值表达式的方法。一颗放在硬木盘里的乳白色球，分别从两个不同的高度降落下来。这两种声音之间的强度差别（即从两种不同高度降落的差别）必定是微小的。这两种声音在不同实验中是以不规则的顺序给出的（目的是避免期望的影响），并且在每次实验中，被试需要说出第二种声音是否比第一种高。在经过 100 次实验后，他将会给出若干正确答案和若干错误答案。
>
> 这种方法假定了：如果这两种声音只是在强度上明显不同，那么实验者将会给出 80% 的正确答案和 20% 的错误答案。这一比例是根据数学家所讲的“概率论”计算出来的。现在，假设在 100 次实验中，某种差别给出了 70 个正确答案和 30 个错误答案。根据积分，我们可以计算给出 80 个正确答案和 20 个错误答案的最小可觉差是多少。所计算出来的差（降落的高度差）是韦伯定律表达式中的分子，而较弱声音的原始强度（降落高度）是分母。
>
> （Titchener，1897：81-82）

下面是一个不同的、更为基础的描述：

> 假设现在我们正在研究噪声强度。我们先从一个中等强度的刺激开始，即一颗放在木盘里的乳白色球从一处90厘米高度降落时所产生的噪声。我们把这种感觉强度称做1。如果我们逐渐地增加降落的高度，我们将会达到一个点。在这个点上，降落所产生的噪声能恰好被感觉到比原来的噪声要明显高。我们把这第二次的感觉强度称做2。如果我们进一步增加降落的高度，我们将会得到一个比第二次所感觉到更高的感觉强度3……照此类推。现在，满足什么样的降落高度才能产生感觉强度2、3、4等？……需要增加30厘米才足以使感觉强度从1上升到2；但是如果我们受到120厘米高强度刺激，我们就必须增加超过30厘米的高度，才能使感觉强度从2变为3。换言之，感觉强度的变化并不与发生于它们之上的刺激强度的变化同步。
>
> 根据某一确定的科学定律，我们通过实验就能把关于感觉强度关系的一般陈述更换为关于刺激强度关系的一般陈述。如果感觉强度等量地增加，那么发生于它们上的刺激强度也一定会等量地增加。
>
> （Titchener，1897：79-80）

这类实验，由韦伯（1834）发起，经费克纳（1860）得到改进和扩张，最后得出了费克纳定律。这里有检测和改进它的一个定律（转移率）和一个程序。这一定律是否对所有感觉都有效？在每一种情况下的常数值又是多少？对这些问题的研究进展都相当快。

但是，这个纲领中的这一亮点却被证明是它的一个致命弱点。虽然对意识的分析减弱了，但仍没有任何被普遍接受或清楚阐明的一般法则，用于评估分析性解释，尤其是用于对意识的分析性解释。因此，没有任何方法能断定这一问题只是实践的还是深层概念的。但另一方面，也的确存在某些被清楚阐明和普遍接受的一般法则，用于评估那种利用费克纳定律所构造出来的解释，因为这种观点把意识中的某个事件（如对响度的可辨差）解释为某种外在原因的结果——某种刺激力量的变化。

我们可以通过几句话来把这个问题说清楚。那种要求独立获得原因和结果的一般法则适用于下面所讲的韦伯-费克纳实验。假设我们发现某个被试的反应不符合这个定律。那么这个被试（A）是对自己的感觉做出了错误的描述，还是（B）他在心理上是异质的？就此而论，我们是如何得知被试所做出的正常反应（C）在心理上不是异质的，而是被错误描述的成系统的经验，而不是（D）在心理上是正常的？我们不能比较被试所做出的描述和那些应该被描述的东西。我们获得被试感觉的唯一方法是：（i）从已确立的、与反应之间的关系（包括口头报告）来推断；（ii）从已确立的、与刺激之间的关系来推断。显然，我们不能确定这种所要求的联系，除非我们（至少有时）能区别（A）和（B），以及（C）和（D）。但我们不能得出这些差别，除非我们能够确立那些联系[1]。由于内省观察的准确性不能得到检验，所以它似乎不能起到科学观察所要求的作用。在摒弃掉内省之后，测量感觉强度的唯一方法就是测量刺激强度，然后利用费克纳定律来计算感觉强度。但是，如果这样做的话，那我们是在利用费克纳定律来界定感觉强度，并且我们不可以改变主意，佯装通过诉求于刺激强度和费克纳定律来解释某种感觉的强度。我们一旦取消了内省，那么关于感觉强度，除了用于解释它的恰当定律之外，再无任何别的方法。

因此，内省主义者们很容易遭到一个方法论上的强有力的攻击。这种包括因果解释在内的方法论，经过培根、贝克莱、休谟、马赫和米勒的工作之后，已经得到了牢固确立。经验主义学说认为因果定律没有任何解释力，除非这些定律所包含的原因和结果各自是独立可知的。颇具讽刺意味的是，这种学说对内省主义而言是至关重要的，因为在经验主义哲学家看来（他们提出了一连串的扼杀内省主义心理学的论证），内省是通往非推导性知识的唯一路径。洛克的倒置光谱问题又再次缠绕着那些企图捡起《人类理智论》第二卷所遗漏的地方的人。倒置光谱问题触发了概念主义者的这样一个假定：语言训练将不可避免地掩饰了“心理的”系统差异。这就是由上面（A）和（C）所提出的那种可能性。

无论我们如何看待这种批判[2]，它最终所能得出的这一点都足以扼杀任何基于内省的心理学。正如贝克莱对表征实在论（representational realism）的批判似乎必然指出了一个单一选择一样（如果我们认识桌子，并且我们只能认识观念，那么桌子就是观念），所以对内省主义的这种批判也似乎必然指出了一个单一选择。由于内省不是真正的观察，所以韦伯-费克纳定律不能关涉意识。但它对某种东西而言是明显的，因为实验者们在蒂奇纳所描述的那种实验当中一定对某种东西做出了观察和记录。这种东西是什么呢？既然实验者们对他们的被试所说的东西做了记录，那么韦伯-费克纳定律就必须把刺激与“内省行为”关联起来。在通常的实验设备中，这有时是一种言语行为，但按按钮也能做到这一点。

这种分析可能会最终导致行为主义，但是也应该考虑其他一些因素。我认为有两个因素需要特别指出。首先，实用主义在美国哲学圈子里十分流行，并且实用主义者着重强调理解某种联系的重要性。这种联系是行动与理解传统哲学问题（包括心理状态和过程在内）之间的联系。例如，在杜威（Dewey）看来，经验主义者

① 诉求于不正常的耳结构颇为吸引人，但这最终不过是一种拖延策略（delaying tactic）：我们是如何确立这种耳结构与感觉之间所需要的联系的？

② 实验者或许可以通过把自己作为被试来避免这一困境。由于内省“观察”的对象是事件，所以一个人不能两次察看到同一个对象；因而，正如维特根斯坦所指出的（1953，par. 244-315），没有什么东西可以保证一个人自始至终描述的是同一个对象。我们只是假定了相同（类型）的刺激产生了相同（类型）的经验。根据这一假设，我们可以检查自身或他人的一致性。这一假设所关涉的东西是什么呢？但似乎有人可能会记得：“是的，那正是上次所看起来的那个样子”。维特根斯坦似乎认为这不是一种真正的记忆报告，因为没有任何办法可以用来检查它。比如，有人用大头针在你背上扎了一下，之后用手指摸了你一下，然后问一下你自己，就你记忆所及，后者感觉起来是否像前者。

和理性主义者所犯的一个关键错误是:假定知识和信念可以脱离行为而被理解,并且它们本身被看作是研究的先行条件(antecedent conditions)。反驳这一假设一直是杜威著作中的一个核心主题。从这到那种"认为谈论心理状态就是谈论可识别的行为模式"理论,只有一步之遥。杜威的实用主义在芝加哥产生了巨大影响。沃森(Watson)就是当时芝加哥的一个著名学者。

另一重要的因素是巴甫洛夫发现的刺激替代(stimulus substitution)。这本身是一个重大发现,但它在我所描述的那种理性氛围中有着特殊的意义,因为它似乎解释了那种被普遍归属于观念联系而不诉诸观念的现象。若是有人采取了对内省的经验主义批判和对信念状态的实用主义处理,那么他必然会得到这样一个结论:巴甫洛夫已经证明了联系在一起的是刺激与反应,而非观念与观念。这似乎是一个重大突破,因为联系是现有学习的唯一原则。

内省主义的心理物理学能够得到方法论上的审查,因为它属于归类(subsumption)的情形,即它是一种解释策略,这个策略的结构和逻辑是内省主义者和行为主义者所清楚和熟悉的。与此形成鲜明对比的是,分析策略虽然经常被使用,但它没有被明确地表述为一种策略。所以蒂奇纳纲领的核心逻辑在很大程度上是不可见的,因而得不到严格的审查。然而,借助于后见之明,我们才能认识到蒂奇纳的这种核心解释纲领是极其幼稚的,而这给予了我们一个判断标准。根据这个标准,属性理论的结构(至多)是缄默的而非显在的。

蒂奇纳把心理分析的对象看作为过程。这走的是标准的冯特路线,这一路线可追溯到经验主义者把心智看作是意识中的一系列事件的观点。当然,由于过程可以被分解,因而过程的属性也可以被分解,正如化学化合物和其属性可以被分解一样。化学家们试图发现水是什么(即 H_2O),并且这被自然而然地看作是一个分析的问题:当我们分解水时,我们能够得到什么东西?我认为这即是蒂奇纳和内省主义者们所倾向于思考他们问题的方式。他们发问:"愤怒是由什么构成的?"

对某一化合物的分析,虽然它本身通常是令人感兴趣的,但它作为解释这一化合物的倾向性特征(dispositional properties)的一步,在理论上也是令人感兴趣的。类似地,蒂奇纳之所以对分析愤怒感兴趣,是因为这种分析对于解释愤怒的属性——最重要的是它的倾向性特征而言,是必要的也是有用的一步。但蒂奇纳一定忽略了这一事实,或者至少没有注意到这一事实的暗示(implications)。为了说明这一点,让我们回想一下蒂奇纳解释愤怒的示意图。我们设想愤怒感可以被分解为 x、y 和 z 三种心理元素,并且每一种心理元素都被解释为是先前干扰的结果。现在,一个明显的问题是:以什么样的方式把 x、y 和 z 结合在一起就能产生愤怒?它们是否只在意识中同时出现就足够了?这无疑是极其幼稚的,因为这一整个纲领将依赖于关于意识的一种"蒲式耳篮子"理论的假设(即这种理论认为意识只是一种容器,里面放置着彼此不发生相互作用的元素)。另一方面,如果存在严格意义上的心理连接(mental bonding),使得 x、y 和 z 构成某种心理复合物,那么:(i)我们需要对 x、y 和 z 构成这一复合物的能力做出说明,或者我们需要对心智的复合它们的能力做出说明;(ii)我们不用再严格地假定:我们只“察看”这一复合物就能辨别出它里面的成分。(设想有人假定:一个人只审查某一复合物就能辨别出这一复合物中有什么东西,这确实是复合物和混合物之间的一个混淆之处。)

于是,内省作为一种方法使得这一理论的解释目标不能达到。这一目标在于分析性地解释意识的复杂内容的属性和心智拥有这些内容所必需的能力。由于内省至多是一种观察形式,所以它可以期望得到某些数据,即意识内容的属性,但它不能期望得到分析。这些元素及其属性在被复合时,将不是“可见的”,除非我们假定不存在任何严格意义上的成分(composition)。如果我们假定了一种意识的蒲式耳篮子理论,即便是休谟也没有跨出这一步,那么愤怒的属性只不过是在一个人愤怒时,意识中某些元素合并了的属性。这种情形之下的分析,充其量是一种形态分析(morphological analysis)。当然,形态分析自有其重要的应用价值,但认为作为复合物的意识经验的属性可以通过形态分析而得到解释,则是极其令人难以置信的。当然,“令人难以置信”并不等同于“错误”,或者甚而“得不到证实(disconfirmed)”,但是如果纲领中的这种暗示被明确意识到了,那么这个纲领必定没有它实际上看起来的那么吸引人。显然,无论是蒂奇纳还是他的批评者,都没有意识到这种暗示。内省主义者(在其心理物理学中)所使用的归类很容易遭到指责,并且由于他们所使用的心理物理学对其主要方案而言是次要的,所以最终结果在一定程度上是不能令人满意的。然而,正如所发生的那样,所使用的内省在两种情况下都遭到了批评——虽然是基于不同的理由,因而得出内省主义心理学失败(因为它纯粹是内省的)的一般结论基本上是合理的。但是,需要注意的是,在这一方案的分析部分中,对内省作用的批判并没有指向行为主义的选择,这一方案的归类部分中对内省使用的批判也是如此。在前一种情况下,问题并不完全在于内省报告是不可证实的,而是在于(i)内省的对象(心理复合物)不是那些需要被观察的东西(心理元素),并且(ii)内省作为一种观察方式,不是一种分析工具(正如我们不能通过察看糖就能把糖分开一样,我们也不能通过察看愤怒就能把愤怒分开)。既然证实主义过时了,那么与其说内省在蒂奇纳分析中的作用是成问题的,倒不如说心理物理学中对内省的依赖是成问题的。

参考文献

E. H. Weber, *De Tactu*(Leipzig, 1834). Available in translation as *The Sense of Touch*, trans. E. Ross and D. Murray (New York: Academic Press, 1978).

E. Titchener, *An Outline of psychology*(New York: Macmillan, 1897).

G. Fechner, *Elemente der psychophysic* (Leipzig: Breitkopf and Hartel, 1860). Trans. H. Adler, *Elements of Psychophysics*(New York: Holt, Reinhart, and Winston, 1966).

L. Wittgenstein, *Philosophical Investigations*(New York: Macmillan, 1953).

R. Gregory, *Mind in Science* (Cambridge: Cambridge University Press, 1981).

分析哲学与心理现象

约翰·R. 瑟尔(John R. Searle)
加利福尼亚大学伯克利分校

一、导论:行为主义背景

纵观分析哲学的大部分历史,我们可以看到它表现出对心理(the mental)的异乎寻常的偏见。众多的(或许绝大多数)分析哲学家认为,关于心理的过程、状态和事件,存在某种特别令人费解的东西;但如果它们能够被分解开来,或者根据某些别的东西来解释,或者以某种方式被剔除掉,那么我们可能会比较好一些。例如,我们可以从一些不断使用的具有贬义的形容词中看到这种态度,诸如自赖尔(Ryle)到罗蒂(Rorty)以来的分析哲学家用以刻画心理现象的"神秘"和"玄奥"。

我最初意识到这种态度的渗透性,是在我试图把对言语行为的分析扩展至意向性状态时。没有人会怀疑许诺、陈述、道歉和命令的存在,但一到分析信念、恐惧、希望、欲望和视觉经验,哲学家们就会突然提出许多"本体论的"怀疑。我认为思维和其他心理的过程和事件,像言语的过程和事件一样,是基于生物的,并且与消化、交谈、哺乳,或其他我们所熟知的任何基于生物的过程一样真实。这一点对于我而言似乎是再明显不过的了,以至无需论证,但我确信在当代哲学中只有少数人持这一观点。

在分析哲学的实证主义和证实主义时期,不难看到要迫切剔除心理的理由:如果某一陈述的意义在于其证实的方法,并且证实心理陈述的唯一方法是对行为(至少是"他心"所关注的)的观察,那么有某种行为主义似乎是证实主义在逻辑上的直接后承。心理陈述在意义上等同于行为陈述。

今天,大多数哲学家都认为行为主义死亡了;但正如我所要论证的,他们中持这种观点的许多人都遭遇着与行为主义一样的缺陷。所以,先让我们审查一下行为主义究竟存在着些什么问题。在研读这一主题的相关文献时,我们有时会获得这样一个印象:行为主义由于某种大抵是技术上的原因而存在着一些缺陷。行为主义者在倾向性(disposition)概念上从未获得某种令人满意的解释,或者他们的分析遭遇着某种循环性,或者他们对被分析项中的先行从句从未给出一个令人满意的确切阐述,或者他们所给出的关于"完美行动者"或模拟论证的答案缺乏说服力。我想给出的建议是:这些缺陷并不是行为主义中的根本缺点;

它们至多是某种潜在问题的表面现象而已。如果我们记得行为主义在其物质模型的版本中是指:心理现象只是行为模式,那么它显然是错误的。至少在我看来,一旦我追问下面的两个问题并对它们进行对比,它的错误性似乎是显而易见的。这两个问题是:具有某种有意识的心理现象(如疼痛)是个什么样子,从事相应于疼痛的确定行为是个什么样子。例如,我现在胃痛,虽不剧烈但总是疼。我胃痛这样一个事实是一个很独特的事实,而且也的确迥异于任何关于我的行为的事实(包括条件事实)。胃痛是一回事,从事相应于胃痛的各种行为又是另外一回事。

我将不会把这作为反驳行为主义的论证。如果是这样,那么它将是在回避问题的实质,因为那些我所正在使自己想起的事实只是宣称了行为主义的错误。我的最终目的不是要拒斥行为主义,而是要理解那些从一开始就产生这种令人难以置信的论断的潜在缘由。

或许有人会说,赖尔的行为主义总是受到感觉分析(如对疼痛的分析)的困扰,但它对信念和欲望的分析却是令人非常满意的。行为主义对信念和欲望的分析是错误的,这一点也不明显。大抵具有某些信念和欲望,尤其是具有恰当组合的信念和欲望[①],只不过是倾向于表现出某些行为特征而已。

这里,我想要再次论证的是:行为主义是错误的,虽然它的错误性在这种情况下不像在分析感觉的情况下那么明显。假设我现在有一开车去办公室的欲望;假设此刻我最想要做的事情是开车去办公室。并进一步假设我拥有一系列关于我能开车去办公室的信念,一系列关于我的车及其功能的信念,一系列关于恰当路线的信念,等等。现在,所有这些能否必然推出:我将要从事某种行为,即可描述为开车去办公室的行为,或可描述为至少试图开车去办公室的行为?而且,那种恰当的行为(如开车去办公室)本身能否显示或表达我的信念和欲望,以这样一种给定的恰当说明,即我们可能会说这种行为至少是具有一系列信念和欲望的一个充分条件?在这一点上,引发了对行为主义的另一个反驳:如果行为主义的目的是根据行为观念来分析心理观念,那么这个目的是达不到的,因为我们正在谈论的行为观念本身是意向性的行为,这种行为被描述于行为主义者所用于分析的分析项中,所以我们正在谈论的行为在相关意义上仍是心理的。如果我们把"行为"(behavior)解释为人的行动(action),那么行为就不只是身体的运动或肌肉的收缩。身体的运动被看作是行动,仅当它们由意图(intentions)所引起。这里所说的意图,与那些被引以分析的信念和欲望一样是心理的[②]。因而,赖尔关于信念和欲望的行为主义就会遭遇这样一个两难困境:要么我们所谈论的行为是人的完全展开的行为,也就是说,

---

① 为了分解欲望,我们需假定存在固有信念,这一点对于反驳行为主义而言,有时是正确的,反之亦然。但这是一个"内部"反驳,它并没有揭示出行为主义路径所潜在的荒谬性。

② For a discussion of the mental element in actions, see Searle(1979).

人的行动表现出意向性;要么它不是。如果是前者,那么把心理现象分析为行为现象,就等同于是把心理现象分析为心理现象,并且在行为观念中,我们仍有未得到分析的心理成分。如果是后者,那么我们就得把行为诠释为身体的运动;任何把关于信念、欲望和意向的陈述分析为关于身体运动的分析都将是不恰当的,因为身体的运动还不是人的行动,并且身体运动的观念本身,对于分析任何心理状态而言都不是恰当的。例如,人的身体可能会以这样一种方式被激发,即它经受身体的一切运动,特点是开车去办公室,即使它全然是无意识的,或甚而是僵死的。概言之,如果"行为"是指行动,那么行为就是心理的。如果它是指身体的运动,那么它就不是行为,并且对它的分析也就不可能。在这一点上,反对根据身体的运动(包括身体运动的倾向)来分析信念和欲望,就非常相像于反对根据行为(包括行为的倾向)来分析感觉(如疼痛)。心理状态与全然是物理的身体运动之间的区别,和疼痛与行为之间的区别一样鲜明。

我想以如下方式记住这两种对行为主义的反驳——感觉与行为之间的非同一性和人的行动中的心理因素。现在,我想引入一个我所称作的内在心理现象归属与观察者相关心理归属之间的区别。这一区别,可通过列举一些无质疑、无争议的例子而得到彰显。假设我现在说我胃痛,或者说里根相信他能赢得竞选。当我做出这样一些陈述时,我正在把一些内在心理现象归属于我自己和里根。但假设:我说"il pleut"这个表达式在法语里是指它正在下雨,或者我说我的便携式计算器能做加减运算但不能做除法运算。在这种情况下,我没有把任何内在心理现象归属于"il pleut"这个表达式,或我的便携式计算器。这些陈述在某种程度上是对讲法语的人或使用计算器的人的内在心理现象进行简缩后的陈述。粗略地讲,它们是对"讲法语的人习惯使用'il pleut'这一句子表达'它正在下雨'"和"我能使用我的计算器进行加减但不能进行除法运算"的简缩。并不是说存在两种心理现象,即内在的心理现象和与观察者相关的心理现象,而是说存在心理谓词的归属,这种归属没有把某种心理现象归结于这种归属的主词。在这种情况下,我们所说的唯一的心理现象存在于观察者(或使用者)的心智中,而不是存在于归属的主词中。因而,存在两种归属,但只有一种是关于心理现象的归属。

二、汽化器与功能主义

现在,我想转而谈论功能主义,一种当前拒斥心理的最具影响力的理论。我认为功能主义遭遇着与行为主义非常相像的困境,而且它基于观察者相关归属和内在心理归属之间的混同。

首先,为了解释功能主义是如何从物理主义演化而来的,我们需要简略地勾勒一下心智哲学的近期历史。在物理主义发展的早期,从或多或少具有二元论倾向的哲学家,到物理主义者的"心理状态同一于大脑状态"的观点,存在一系列的反驳。这些反驳中的大多数,都是莱布尼茨定律论证的翻版(例如,我的胃痛存在于我的胃里面,但我的大脑状态却存在于我的脑袋中,所以我的胃痛不能同一于我的大脑状态),并且斯马特(Smart)[①]和他的同事们也都有理由认为他们能回答这些问题(例如,同一于我的中枢神经系统之某一状态的,不是我的胃痛,而是我的胃痛经历)。但存在两种更令人麻烦的论证。

先看第一种反驳。假设物理主义作为一种偶然同一性理论(a contingent identity thesis)是正确的。那么全部心理状态都同一于大脑中的某些物理状态。但是,大脑中有某些物理状态是心理状态,有某些其他状态不是心理状态。它们之间有何差别?那么,最明显的差异是:那些是心理状态的物理状态具有心理属性,而其他不是心理状态的物理状态则不具有心理属性。然而,我们现在似乎留下了属性二元论(a dualism of properties),用以取代我们原初的实体二元论(original dualism of entities),因此物理主义就是那种它所要取而代之的二元论。在替换掉"神秘""玄奥"的心理实体之后,我们就剩下了"神秘""玄奥"的心理属性。

斯马特对这一反驳回应道:以一种不提及任何心理属性的语言,即以一种"话题中性的"语言,来描述这些实体是可能的。例如,我们可以把"我有一橘子后像(afterimage)",替换为"有某种东西在我心中产生,这种东西类似于我看到一颗橘子时产生的东西"。但这等于什么都没回答。我们可以提及某个具有心理属性的对象,而不提及它具有这些属性,这与它是否具有这些属性不相干。这相当于讲:我们可以提及某一机车,而不提及它是一辆机车,这与它是否是一辆机车不相干。我们可以以一种"话题中性"的方式指称某一机车,如"某个东西隶属于南太平洋铁路",但这并没有使它不那么像一辆机车。我们可以使用含蓄的、话题中性的词汇来谈论心理状态,但这并不能使心理状态变得不那么心理。这是分析哲学中反复出现的谬误,即我们用以描述某种现象的语言特征与现象特征之间的混同。

再来看第二种反驳。早期物理主义者认为:如果两人处于同类型的心理状态,那么他们一定处于相应的同类型的神经生理状态。比如,如果你和我现在都相信"天在下雪",那么我们就都处于实现这一信念的同类型的神经生理状态。然而,出于种种原因,我们似乎很难假定这一点是正确的。即使心理状态等同于物理状态,同类型的心理状态也不能同一于同类型的神经生理状态。

这种反驳注意到了:多种事物在描述层次上可以是类型同一的(type identical),即使每个实例在描述的较低层次上殊型同一(token identical)于相应的对象,并且这些对象在描述的较低层次上不是类型同一的。钟(clocks)与描述层次上的"钟"(clock)属于同类型事物,即使每个钟都殊型同一于相应的在物理上实现了的东西,即一套机械驱动的齿轮,或一套电动的石英晶体振荡器,并且这些在物理上实现了的东西可能是不同类型的。如果这能解释得通钟和汽化器,那么它为

① For a discussion of these issues see the articles by Smart, Shaffer, and Cornman in Rosenthal, (1971).

什么不能用于解释心理状态呢？那么，即使我们的神经生理状态不是类型同一的，你和我也都会有“天在下雪”这么一个相同的信念，正如你的车和我的车都有一个汽化器，即使我的是钢的你的是铜的。但是，心理状态所共有的使其成为类型同一的那种东西是什么呢？在我看来，答案显然是：心理状态之所以是类型同一的，是因为它们有共同的心理特征，无论是意识特征还是意向性特征，还是两者兼而有之，还是某些别的什么心理特征。这就是为何众多分析哲学家们不愿从其表面意义来看待心理现象的原因所在。这种常识性答案不是人们所期望的那种。

在功能主义者看来，正如钟和汽化器是根据其功能，而不是根据这些功能在物理结构中实现的方式而得到识别，故而心理状态也是根据其功能，而不是根据这些功能在大脑中实现的方式而得到识别。从这个意义上讲，心理状态就是功能状态。这一点可通过类比钟和汽化器而得到解释。那么，现在我们对第二个反驳所做的回答，同时也顺便回答了第一个反驳。那些“神秘的”“玄奥的”心理属性最终就成为形而上的、无关大碍的功能属性。简言之，殊型-殊型同一论（token-token identity theories）取代了类型-类型同一论（type-type identity theories），由此产生了汽化器功能主义（carburetor functionalism）。功能唯物主义（functional materialism）结果就是一种取消式唯物主义，因为功能分析取消了所有涉及不可还原之心理属性的问题。

功能主义所遭到的一个直接而又明显的反驳是：功能主义似乎是不正确的，因为所谈论的心理状态是内在的，而功能总是观察者相关的（observer relative）。把功能归属于某个系统或系统中的某一要素，总是要牵涉某个目标、某种目的或意图；功能决不是恰当的原因，它们是关涉某种目的论的原因。我的汽化器内在地产生了许多东西，它们中只有一些是汽化器的功能。例如，它施压于发动机，发出嘫嘫的声音，支撑空气滤清器，将灰尘积存起来，把空气和汽油混合在一起。我们说它的功能在于混合空气和汽油，只不过是说它促动了空气和汽油的混合；我们也可以说它的目的就是混合空气和汽油，且与系统的总体目的相关。但这些目的决不是内在的，它们是由我们所赋予的。如果我决定把我的汽化器只用于支撑空气滤清器，那么它的功能就会改变，即使系统的内在因果性的特征没有发生任何改变。功能的这种观察者相关性，对于那些非人造物而言，也是正确的。例如，心脏促动血液循环，使胸腔中发出怦怦的跳动声音，并按压肺部。我们说心脏的功能是泵血，等于是把观察者相关的意向性赋予心脏。从这些事实中，我们得到一个语言学的提示：一旦我们把某种功能赋予某一因果性要素，那么某个全然是意向性的词汇就会变得恰当，但这个词汇对于简单因果联系而言是不恰当的，于是我们就可以说“故障”“失灵”“运转良好”等。

现在，由于心理状态是内在的而功能状态是观察者相关的，所以功能状态决不能构成心理状态。即使心理（=大脑）状态常常具有相同的因果联系，即使我们常常把相同的功能赋予这些状态，这些状态的使其成为心理状态的特征也是内在的，所以它们不能由我们所可能采取的任何观察者相关的姿态（stance）构成。换言之，如果我们试图根据心理状态的功能来定义心理状态,那么就得有某种别的什么东西用以充当这些功能,即使它缺乏那些我们正在试图界定的内在特征。汽化器功能主义之所以如此吸引人,是因为它的这么一个特征,即信念等描述的功能层次和物理层次之间的类比,对于汽化器功能主义而言是至关重要的,因为这种描述的心理层次是内在的而非功能的。

我相信,当代绝大多数功能主义者都会认为,这对于他们的观点而言并不真的是一个严格意义上的反驳,所以他们可能会论证道:功能概念对于功能主义而言,并不是非常重要的。他们最终想要根据心理状态的因果联系(其中的原因是内在的)来定义心理状态,即使这些功能不是内在的。这一论证是行得通的,不管这些因果特征对于界定内在心理特征是否充分。之后我将着重论述这一点。

三、图灵机或组织功能主义:普特南与丹尼特

让我们继续我们的描述。汽化器功能主义很快就会被图灵机功能主义取代。根据这种观点(图灵机功能主义),心理状态的确是功能状态,但不只是一种功能状态;确切地讲,它们是计算机的逻辑状态,而且至少在计算机程序的描述层次上是内在的状态。而且,图灵机功能主义也优于汽化器功能主义,因为它似乎承诺了一个更丰富的心智理论(a richer theory of the mind)。根据这种理论,心理过程就是计算过程。这种理论似乎与认知心理学和人工智能领域中的当前工作相契合。我将考察希拉里·普特南(Hilary Putnam)和丹尼尔·丹尼特(Daniel Dennett)的研究成果。

我先从普特南开始,尽管他宣称自己已经抛弃了图灵机功能主义,至少是它的简陋形式(Putnam,1975,298-299)。我认为普特南抛弃图灵机功能主义的理由是错误的。他给出的理由有二:一是图灵机在某一时刻只能处于某一状态,而人则能同时处于许多心理状态;二是某些心理状态(如"嫉妒")在整体上关联于其他心理状态,而图灵机的状态之间则没有这种关联。但这并不妨碍他认为心理状态就是功能组织的问题。我所想要讨论的是图灵机功能主义的这个方面,而不是计算机类比的具体局限性(这些局限性与机器状态的范围和机器状态间的互不关联性(discreteness)相关)。因此,对于我所批评的那种观点而言,"组织功能主义"将是一个比"图灵机功能主义"更好的术语。

普特南引进了系统的"描述"(description)概念。在他那里,"描述"被定义为对系统的状态和输入-输出关系的明确化,并且系统是由机器表(machine table)(计算程序)来规定的。随后他表述了一种关于有意识心理状态(如疼痛)的组织功能主义。

> 这一假设——"处于疼痛状态是有机体的一个功能状态",可以被比较准确地阐明为:

(1) 一切能感到疼痛的有机体都是概率自动机(probabilistic automata)。

(2) 每个能感到疼痛的有机体都至少具有某种描述(也就是说,能感到疼痛等于是拥有一种恰当的"功能组织")。

(3) 任何能感到疼痛的有机体都不可分解为那些独自具有(2)中所提及的那种描述的部分。

(4) 对于任何(2)中所提及的那种描述而言,都存在感觉输入的某个子集,因此具有这种描述的有机体处于疼痛,当且仅当它的某些感觉输入属于这一子集。

(Putnam,1975:434)

在我看来,这种分析似乎遭遇着与经典行为主义一样的缺陷:处于疼痛状态是一个东西;满足所有这些条件,或任何类似于这些条件的东西,却是另外某种截然不同的东西。为了论证这一结论,我将表明以下两点:一个系统可以满足所有这些条件且感觉不到任何东西;这些条件既不构成也不充分地满足拥有感觉(诸如疼痛之类的)。由于(2)和(4)是这种分析的核心所在,所以我将简略地讨论一下(1)和(3)。

(1)"一切能感到疼痛的有机体都是概率自动机。"

由于任何东西在某种描述或其他别的描述(普特南所认可的)之下都是一个概率自动机,所以这一陈述起不了多大作用。它不能把那些能感到疼痛的有机体从其他东西中区分出来。而且,需要着重强调的是,陈述中的"有机体"不是指生物学意义上的有机体。它仅指系统。这对于普特南和丹尼特所奉持的那种功能主义而言是十分关键的。根据这种功能主义,任何系统,只要能具备恰当的功能组织,就能感到疼痛。它不必是动植物意义上的有机体。的确,正如我们先前所指出的,功能主义的初衷之一就是承认有无数不同类型的系统在功能上是可以同构的。例如,机器人,在普特南那里就可以被看作是"有机体"。所以,在下文中,我将使用"系统"一词,因为系统正是我们所要谈论的东西。

(3)"任何能感到疼痛的有机体都不可分解为那些独自具有(2)中所提及的那种描述的部分。"

添加这一条件的原因是:许多系统都可以由子系统构成,并且子系统有可能感到疼痛,即使整个系统不能感到疼痛。例如,假设我们有一系统,构成它的是许多在一个庞大的行政机构中一起工作的人。这种系统能实现某种机器表,即使除了构成系统的个体遭受某种疼痛之外,系统不遭受任何疼痛。为了排除这些反例,普特南嵌入了条件(3)。通过简单的命令来排除那些潜在的反例,这普遍暴露了理论上的一个弱点,而且我们不久就可以看到普特南的分析仍受制于相关的反例。

(2)和(4)。"每个能感到疼痛的系统都至少具有某种描述(也就是说,能感到疼痛等于是拥有一种恰当的"功能组织")。对于任何这种描述而言,都存在感觉输入的某个子集,因此具有这种描述的系统处于疼痛,当且仅当它的某些感觉输入属于这一子集。”

(2)和(4)连在一起,意味着:能感到疼痛的存在物(beings),是那些而且只能是那些把某个计算程序实例化了的东西;计算程序,在输入、输出和内在状态之间,明确了一系列的跃进概率(transition probabilities),并且系统将会在现实中处于疼痛,只要正确的输入根据这一程序激活系统。

有某种看法会使普特南的观点变得无足轻重,以至于认为他的观点蕴涵这样一个结论:某系统处于疼痛,当且仅当它处于疼痛。我认为,这并非他的本意。相反,他的想法是:正如对于疼痛而言,存在具体的机器表一样,所以对于疼痛而言,也存在具体的输入。我们无需确切地知道它们是什么,而只需简单地知道存在某些输入;并且我们可以根据它们来定义功能主义,而不管它们是什么。而且,“感觉输入”中的“感觉”这一表达的使用,与“有机体”这一术语的使用一样,都潜在地具有误导性。在这一语境中,“感觉”并不是指生物学意义上的感觉,因为任何一个系统(如,机器人)都可能具有各种感觉输入,而无需具有任何一个我们所熟悉的生物学意义上的器官。否则,我们就不能解释普特南关于机器人的各种论断。

现在,一旦你把(2)和(4)中的真实特征揭示出来,你就会容易地看到:使系统或有机体满足这些条件且不具有任何疼痛是可能的。我认为这一断言与行为主义一样,显然是错误的。我将介绍两种相关的论证以彰显这一断言的错误性。

麻醉论证

假设我们所说的这个系统是我。根据假设,我能感到疼痛是因为我实现了某种机器表。让我们假定:这种机器表是令人心烦的,并且这一机器表是通过麻醉我的中枢神经系统的相关部分来实现的,从而使得我不能感到任何疼痛。我现在不再实现任何机器表。但进一步假定:为了弥补这一点,我简单记住机器表中的步骤,以便我现在能在我的心智中完成所有的步骤。根据普特南的论述,关于为何我的心智可能不会成为实现那一机器表的系统的要素,不存在任何理由。只要某人给予我相关的感觉输入,比方说他朝我鼻子上打了一拳,我将感觉不到任何东西,因为我被麻醉了,但我“查看”机器表以确定我下一步该做什么,并且我将遵循每个步骤,直至实现那种输出,然后说出或打出“哎哟!”。我虽感觉不到任何东西,但我仍具有相关的感觉输入。我仍实现了那一机器表,我仍具有正确的输入-输出的“跃进概率”。我满足了普特南所规定的所有条件(1)~(4),但我仍全然感不到任何疼痛。

这一论证看来似乎略显匆促,但事实上,我认为这一反例起决定性作用。包括输入在内的机器表,对于疼痛而言不是充分的,也不能构成疼痛,因为人这个行动者(a human agent)在其心理过程中可以实现任何你所想要的机器表,也可以拥有任何你想在其身上产生的输入,并且如果他的具体神经生理状态不恰当,那么他仍不会具有相关的感觉。

这表明:功能组织并非神经生理学的那种起关键作用的特征。关于这一点,我们将在下一个反驳中进行探究。强调这一点也是重要的,即尽管这一反驳是根据机器表来陈述的,但它也适用于其他种类的功能组织。它被直接指向组织功能主义,而不只是指向图灵机式的组织功能主义。

生物学论证

就疼痛和其他感觉的因果基础而言,我们所知道的是:它们是特定种类的动物和人类的神经系统所特有的。人类和许多种动物都能遭受疼痛;但树木、灌木和花卉却不能,更不用说石头、瀑布和山峦了。图灵机功能主义断言的一个令人惊异的结果是:无论何种物质,只要它实现了原则(2)中的机器表,并且具有原则(4)中所描述的那种接收器(receptors),那么它就能感到疼痛。虽然功能主义者认识到了,甚至接纳了这一结果,但它的似假性(implausibility)却被这样一个事实遮蔽了,即他们很少能通过任何详细的例子。所以让我们现在列举这样一个例子。在我的办公室里,有一计算机控制台连接于一个叫做PDP-10的常规的普通计算机。现在让我们假定:与普特南的条件(2)相一致,存在一个特定的机器表,它是人所要实现的东西,它能使人感到疼痛。我不知道究竟有何理由假定它是正确的,但为了这个论证,让我们把这一假设赋予普特南。现在,让我们用这一计算程序准确地给PDP-10进行编程。注意:这种机器表是纯形式的;它与它所实现于其中的具体质料无关。正如普特南所反复坚持的,两个成分截然不同的系统可以具有相同的“功能组织”,并且他还强调,“能感到疼痛,即是具有某种功能组织”(Putnam,1975:434)。因此,根据普特南的定义,PDP-10现在就能感到疼痛,从轻微的疼痛到剧烈的痛楚。现在,我们加入一个“感觉输入”,我们插上一个传感器,它的作用是:只要我砰地关上门,或用拳头击打计算机控制台,它就会给被编程为疼痛的计算机产生一种输入。而“跃进概率”的作用是:机器在我的自动打字机上敲出:“哎哟!”“你在令我遭受着如此糟糕的胃痛!”“请停止!”……

现在,我们已经满足了普特南的所有条件。我们有一概率自动机;我们通过命令可以给予它你所想要的任何机器表或其他种类的功能组织;它没有任何具有相同描述的子系统;并且它具有能引起恰当疼痛反应的感觉输入。(而且,我若选择了错误的输入,那也不要紧,因为这一论证最后的结果都是相同的,而不管你赋予计算机何种感觉输入。)那么,现在我们究竟有何理由认为这台计算机处于疼痛状态?是真正内在的疼痛么?注意:功能主义并非认为计算机可能处于疼痛状态,而是认为计算机一定会处于疼痛状态,因为它所处的功能状态,相当于人在疼痛时所处的功能状态;并且那种全然是疼痛的东西只是某种功能状态。我认为,计算机处于疼痛状态,这在经验上显然是错误的。因为构成它的质料种类是有问题的,而且它作为具有疼痛的系统也是有问题的。它要具有疼痛,就得具有一个神经系统。这个神经系统带有神经元、生物学上的特定的疼痛接收器等,或者它至少得具有某种在因果上而不仅是形式上相当于动物神经系统的东西。

除了动物神经系统以外,还有其他某种系统可能感到疼痛;这是一个经验方面的问题。然而,为了能感到疼痛,系统必须具备相关的因果力——它相当于动物神经系统的因果力,但仅实现与此相同的程序并不足以保证这一点。假若我的PDP-10通过某种令人不可思议的奇迹而处于剧烈的痛苦之中。纵使这一假设是正确的,它对图灵机功能主义而言也是无济于事的,因为如果它是正确的,那么它将必须处于疼痛之中,因为硬件的特定因果结构在某种程度上复制了动物神经系统的因果力,但就功能主义而言,这也是极为偶然的。尽管我的PDP-10具有一个能感到疼痛的电化结构(不为我们所知的),功能主义的观点对于这一结构而言也是无关紧要的;重要的是功能组织,而功能组织是由脱离于这一结构的、纯形式的东西来界定的。即使PDP-10处于疼痛状态,我们也可以把相同的程序置入一套水管、风力机,或任何你所想要构造的、疯狂的、结构繁复的设备,只要它是稳定的并耐久得足以负载这一程序。例如,我们可以用风车、旧啤酒罐和纸夹来构造系统。任何这样的系统,根据功能主义,必定能处于疼痛状态。对此,我反驳道:就我们关于生理学所知道的,认为这些别的系统可能处于疼痛状态似乎是令人难以置信的,更谈不上它们必定处于疼痛状态了。

我们把这两个论证放在一起,就能勾画出一系列的步骤,用以证明组织功能主义的两个重要的主张都是错误的。任何人,若要捍卫这种功能主义,就须表明这一论证是有问题的。

这两个主张是:

(a) 人要处于疼痛或某种其他心理状态,只需实现某种带有正确输入和输出的功能组织(如某种计算程序)。

(b) 任何系统(诸如机器人之类),如果它在功能上相当于人,也就是说它具有适当的组织和适当的输入输出关系,那么它也将通过那些事实而必须感到疼痛。

针对这两点,我反驳道:

(1) 人和某些动物所具有的神经系统,在因果上足以使它们能感到疼痛,或能具有其他种类的心理状态(这一关于心理现象的因果基础的假设是经验上的,为争辩的双方所认可)。

(2) 任何能感到疼痛的系统,一定具有相关的、相当于人类和动物神经系统的因果力(causal powers)(这是由(1)得出的一个不甚重要的结论)。

(3) 对某种功能组织(如某种程序)的实现,决不是实现心理状态的充分条件,因为行动者将有可能实现某种程序而不具有相关的心理状态(麻醉论证说明了这一点)。这驳斥了主张(a)。

(4) 因此,系统不能单靠实现某种带有输入-输出关系的功能组织,就可以具有(2)中所描述的相关的因果力(这是由(2)和(3)得出的结论)。

(5) 人类和动物之神经系统所具有的那种因果力能够产生心理状态,而构成这些心理状态的不是他们所具有的那种带有输入-输出关系的功能组织(这是由

(1)和(3)得出的结论)。

(6) 其他像机器人之类的系统,不能单靠某种功能组织和适当的输入-输出关系,就能具有心理状态,而必须具有别的相当于人脑所具有的因果力(这是由(2)和(4)得出的结论)。这驳斥了主张(b)。

通过这两个论证,我认为:我的机器表一定在我的疼痛感中起着某种相关的作用,并且这甚而可能是正确的,但目前还没有丝毫理由认为这一点是正确的。我现在所做的工作是要驳斥这种观点:组织功能主义给予了我们关于心理的一个充分条件。或退一步讲,它可能给予了我们一个必要条件,虽然我不相信存在关于这一观点的任何论证。一旦我们发现它并没有给出一个充分条件,那么认为它可能给出一个必要条件的看法也是枉然。

现在,我们来看看丹尼特。他反对心理现象比普特南还要露骨。丹尼特关于心理现象的典型观点是:主张"信念、欲望、疼痛、心理意象、经验——所有这些都是我们所通常知道的",都不是"好的理论实体"(Dennett,1978,p. xx)。这一主张的困境在于:存在一些迥然不同的方式,使得某种东西不能成为一个"好的理论实体"。巫婆和妖怪就不能成为好的理论实体,因为这些东西根本不存在;但桌子、椅子、山峦和海滩之所以也不能成为好的理论实体,并不是因为这些东西不存在,而是因为那些用以描述自然发展过程的法则并不使用这些术语;它们并不以"桌子""椅子""山峦"或"海滩"的描述来提及对象。从这个意义上讲,这些种类的事物都不是好的理论实体,但这又能如何呢?这至多是一个关于什么种类的术语才能出现于科学理论的构造的论述,而不是关于椅子、桌子、山峦和海滩之存在的论述。既然如此,丹尼特现在是否还会认为心理现象是类似于巫婆或山峦的东西呢?丹尼特是否可能确实认为疼痛和信念就是那些类似于巫婆和妖怪的东西,因为这些"我们所通常知道的东西"全然不存在?(究竟有多少种理解,比方说,我先前所提到的胃痛的非一般的方式?)他论述了"要让人确信不存在任何疼痛或信念"(同上,p. xx)是何其之难,并且他宣称:这项工作将是一点一滴地完成的。对于这样一种努力,他以这样一句话总结道:"既然我否认任何实体可能具有诸如疼痛或思维之类的特征,那么这些东西的本体论地位(ontological status)也就很糟糕"(同上,p. 38)。并且在一个随后的讨论中(同上,p. 76),他说他确实"主张不存在任何诸如疼痛之类的东西,虽然人们确实能感到疼痛"。他没有发现这一观点有其自相矛盾之处(我发现了),但我们现在所关心的不是它的连贯性,而是这个论证:"严格地讲,可能不存在任何诸如疼痛之类的东西"(同上,p. 76)。论证如下:

> 但是,正如我所宣称的,如果那些我们所必须重视的直觉不能形成一个连贯的系列,那么就不存在任何关于疼痛的真正理论,因而任何一个计算机或机器人都不能实现那种关于疼痛的真正理论(而这是计算机或机器人为了感到真实的疼痛而必须做的)。人类和动物再也不会实现那种关于疼痛的真正理论,这使得我们得出了一个令人惊异的结论,即未曾有

人感到过疼痛。(Dennett,1978:228)

在我看来,这一论证包含了某种比结论更令人惊异的东西,即它的逻辑。由于我们所具有的关于某类对象的一系列直觉是不连贯的,所以这类对象中没有一个能够满足所有的直觉,但并不能由此而简单地断定:任何这样的对象都不存在。比较一下:我们关于椅子的直觉(intuitions)没有形成一个连贯的系列;因此不存在任何关于椅子的真正理论;因此椅子并不存在。或者比较一下:人们所具有的关于卡特(Jimmy Carter)的一系列直觉没有形成一个连贯的系列;因此不存在任何关于卡特的真正理论;因此卡特并不存在。不管用意多么好,你也找不到任何拯救丹尼特论证(即"严格地讲",疼痛不存在)中的形式结构的方法,并且我对它做出的驳斥,至少与维特根斯坦对"游戏"和家族相似概念的论述一样陈旧。

然而,就算我们假定丹尼特反驳心理现象(如疼痛)的论证是不恰当的,他关于"心理和那些在剔除掉不存在的状态之后所留下的状态"的正面论断又是什么?现在,我转向他的"意识之认知理论"(同上,pp. 149-173)。

他为具有意识的系统,较为详细地描述了某种流程图。然后,他诘问道(托马斯·纳格尔的问题):"那种实现了这种流程图的实体是个什么样子?"他的假定是:如果这一实体是有意识的,那么就存在某种相像于它的东西;如果这一实体是无意识的,那么就不存在这种东西。答案是:"假若我大胆地提出一个假设:你是实现了这种流程图的某种东西,并且正是因为这一点,才似乎存在某种相像于你的东西"(同上,p. 165)。因而,根据他的论述,具有意识就是"关于具有某种功能组织的问题"。于是,他向我们发起了挑战:"你能否给出否定这一假设的好的理由,并且如果你能够给出的话,这些理由又是什么?你有什么样的私人通道(personal access),并通达何处?"(同上,p. 165)。

有人认为这是对这一问题的误解,因为这一答案似乎太过明显。的确,你能给出否定这一假设的好的理由。的确,照字面意义来看,这似乎显然是错误的,而且,出于同样的理由,认为过时的逻辑实证主义是错误的,这也似乎是错误的。具备有意识的状态(如身体感觉和视觉经验)是一回事,而实现这一流程图却是另外一回事。身体感觉(如发痒)是通过它们内在感觉的方式而被构成的,并实现于神经系统之中。流程图是通过满足某些功能描述而构成的,并且能在你所想要的任何物质中实现。它们与感觉或神经系统之间,并无任何本质的关联。如果实现该流程图既不构成也不充分地满足拥有相关的意识状态,这一点从其表面上看来是不明显的,那么我所列举的反驳普特南的两个相同的论证可以在这里被再次引出。首先,流程图完全独立于它所实现的形式。这意味着:一切种类的物质都能实现该流程图,即使它们对于具有视觉经验、痒感等而言是不恰当的。该流程图可以通过我们所想象出来的那种结构繁杂的机器(它全然由啤酒罐、纸夹和风车制作而成)而得到实现。

其次,我们所用以反驳普特南的麻醉论证也适用于丹尼特,但是以一种稍微修正过的形式。流程图将必须针对不同种类的意识状态,如发痒、视觉经验等而发生变化。我们让一个双目紧闭的人完成流程图(视觉所特有的)中的所有步骤。为了完成这个流程图,他可以使用盲文或其他别的方法。他将确实会有意识状态,他会有意识地完成流程图,但他所具有的意识状态是错误的,因为他把自己的眼睛闭上了,也没有任何视觉经验。他看不到任何东西,尽管我们所谈论的流程图是视觉所特有的。

我先前说过,功能主义有混同内在心理状态和因果特征的倾向,而这些因果特征可能会使得心理状态的观察者相关归属成为可能。以丹尼特的情形来看,他所引入的"意向系统"和"意向姿态"概念,促成他对心理现象从内在归属到观察者相关归属的转变。根据他的观点,无论是人还是带有某种程序的计算机都是"意向系统",并且我们发现在意向系统中采取"意向姿态"是恰当的。在采取意向姿态的过程中,"一个人预测行为……是通过归属于那个具有某些信息的系统,和假定这个系统被某些目的引导,从而根据这些归属和假设得出最合理的或最恰当的行为"(同上,p. 6)。然后,他说,这只是把这些信息和目的描述为信念和欲望的一小步。但我们切不可质问这些信息和目的是否真的是信念和欲望,因为"我所给出的关于意向系统的定义,并不是说意向系统真的具有信念和欲望,而是说我们可以通过把信念和欲望归属于意向系统的方式,来解释和预测意向系统的行为;并且决定采取这一策略是实用的,而且这本身也不是正确或错误的"(同上,p. 7)。

那么,我们就会认可这一点:任何人都可以采取他所认为是有用的策略,但仍存在这样一个问题,即心理状态归属的地位如何?这种归属是关于信息和目的的,还是关于信念和欲望的?即使我们没有把意向系统定义为是它们真的具有信念和欲望,但是那些真的具有信念和欲望的意向系统与那些不具有这些的意向系统之间仍存在明显的差异,并且这种归属对那些具有信念和欲望的意向系统所做出的解释,完全不同于对那些不具有这些的意向系统所做出的解释。例如,对于那些确实具有信念和欲望的意向系统而言,这些信念和欲望所起的因果作用决定于它们的特定的内在特征。丹尼特认为计算机和人是一样的;我们发现对这两者采取意向姿态都是很有用的,并且采取什么样的策略取决于解释者,只要他认为自己所采取的策略是更有用的。然而,我把某种"欲望"归属于一个下象棋的计算机使王车易位,与我说我有喝杯冰啤酒的欲望之间,有着天壤之别。对于前者而言,这只不过是一种描述系统如何发挥功能作用的有用的简单方式而已。在下象棋的计算机之中,根本不存在任何心理现象。但对于后者而言,我没有把喝杯啤酒的欲望归属于我本身,这不是因为我发现它用于预测我的行为是有用的,而是因为我想要一杯啤酒。在后者中,我陈述了一些关于内在心理现象的事实,但人们是否发现对我采取"意向姿态"是有用的与这些事实实际上所是的那个样子完全无关。概言之,某个系统是否真的具有信念和欲望,这完全独立于我们是否发现做出观察者相关归属的信念和欲望是有用的。而且,我们只是认为观察者相关归属是寄生于那些具体化内在心理状态的相同表达而已。我们认为"信念"和"欲望"的非字面的隐喻性用法也同样适用于计算机,因为我们把这些归属看作是基于某种与诸如人类(它们确实具有内在的信念和欲望)的系统之间的类比[①]。

现在,通过下面一个类比,我认为我可以对我所说的丹尼特方案和功能主义的古怪之处做出一般的、清楚的说明。假设有一批哲学家困扰于手的存在;假设哲学家们一直以来担忧手的本体论地位,并且假设关于手的功能主义看法变得很流行。根据这种看法,我们得知:我们无需担忧手的存在,因为这完全是我们朝某些被我们将要描述为"人工系统"的系统,所采取"人工姿态"的问题。我们可以把丹尼特的意思解释为:"关于人工系统的定义,并不是说人工系统真的有手,而是说我们可以通过把手归属于人工系统的方式,来解释和预测人工系统的行为;并且决定采取这一策略是实用的,而且这本身也不是正确或错误的。"我认为理解信念和欲望的意向姿态方法,大抵与理解手的人工姿态方法一样有用。在每一种情形当中,对心理状态的内在特征(或手)进行分析的问题,被另外一个不同的问题所替代:在何种条件下,我们会发现谈论某个系统似乎具有心理状态(或手)是有用的?并且,对这一问题的质问,意味着把那一仍旧迷惑着我们的主体,变换成了思考我们解决那些原初的哲学问题。

总体来讲,我对丹尼特的观点做出了三种反驳:一是那种证明疼痛等实际上不存在的论证是无效的;二是"意识之认知理论"常遭到一些反例的攻击;三是"意向姿态"概念虽遮蔽,却没有消除观察者相关心理归属与内在心理现象归属之间的重要差别。

我对功能主义的讨论大都集中于组织功能主义,因为在我看来,它似乎是我所见过的最丰富、最有趣的功能主义,但我想结束这部分的论证,通过表明某些相同的担忧也非常普遍地适用于其他种类的功能主义论述。让我们考虑如下来自格莱斯(Grice)的功能定义,他把这种信念定义的功能定义叫做"首要定义"(a "first shot" at a definition of belief)。"X 相信 p,仅仅是因为,不论 x 是否想要(欲求)某个结果 E,x 都倾向于以实现 E 的方式行动,但不是在给定 p 是错误的情况下,而是在给定 p 是正确的情况下"(Grice,1975:24)。现在,把它与一个关于手的类似定义做一个比较:"X 有一只手,仅仅是因为,不论 x 是否想要(欲求)某种可抓住的、可获取的目标 O_{gr},x 都倾向于以能使其抓住和获取 O_{gr} 的方式行动,而不是以其没有抓住和获取 O_{gr} 的方式行动。"

关于这些定义的一个问题是:我们不但总能想出反例来,而且这种定义从一开始就似乎是不可靠的。舒梅克(1980)告诉我们,根据他的功能主义看法,"心理状

---

① 当我采取意向姿态时,它应该是内在的还是非内在的?我是否真得拥有一种意向姿态,还是采取某种意向姿态来适应我的意向姿态?若是前者,留给我们的将是内在意向性问题;若是后者,那么我们似乎陷入某种恶性倒退之中。

态可以根据它们的关系来定义,主要是根据它们的因果关系,即感觉输入与行为输出以及其他心理状态之间的关系"。类似地,对手的功能主义看法将是:"手可以根据它们的关系来定义,主要是根据它们的因果关系,即人工输入与行为输出以及身体的包括心理状态在内的其他特征之间的关系。"现在,让我们假设:经过在哲学上的数年努力之后,功能主义所梦想的满意定义在手和心理状态上实现了;假设我们拥有了这种定义,并且没有人能想出一个好的反例。那么我们将会获得什么东西?在我们关于手的定义中,将不会获得太多的东西。因为我们的定义仍漏掉了关于手的内在属性,它们所告诉我们的只是手的功能作用而已。类似地,我们对心理状态的定义并没有告诉我们心理状态的内在属性,而只是告诉我们它们的功能作用。但是对它的可能回应是:正确的功能主义看法认为心理状态除了其功能作用以外再无任何属性,因而这几乎不是一个反驳。但现在,我想继续我们先前所讨论过的内在归属与观察者相关归属之间的差别。在那里,我们忽略了这样一个问题:心理状态的那些被公认的因果属性是否足以定义它们的内在心理属性?并且,到现在为止,应该清楚的是:我对这一问题所做出的否定回答,和出于某些原因,那些关于疼痛的被公认的行为显示(behavioral manifestations)并不足以定义疼痛,那些关于手的被公认的因果特征并不足以定义手。的确,到目前为止,我所提供的所有论证只是试图展示这一基本直觉而已。那些如信念、疼痛和欲望的内在特征,只不过是内在特征。功能主义的策略,像行为主义的策略一样,使我们采取了一种与第三人称观察者相关的姿态(a third person observer relative stance)。在这种姿态当中,我们认可心理状态的确处于因果联系之中;正如我们认可行为主义者所讲的心理状态具有行为显示的观点。但我所提供的那些论证,如麻醉论证和生物学论证,被设计的目的是提醒我们:某种东西虽具有完全恰当的因果关系,但仍不具有恰当的心理属性。

四、诊断与结语

我认为功能主义,与其之前的行为主义一样,与其说是需要反驳,倒不如说是需要诊断。为何有人会持这种令人难以置信的观点?为何有人会认为,某人自己的疼痛、发痒,以及某人的信念、恐惧、希望和欲望,是由这样一个事实构成,即某人是对某一流程图或某一计算程序的实现?更普遍地讲,为何分析哲学的这段时期似乎总是不愿从其表面意义来看待心理现象?

事实上,我认为存在比本文中我所能讨论的更多原因,并且我将顺便提及某些我将不做出讨论的原因。存在某些论证,如奎因对不确定性的论证,用以表明:意向状态所关涉的地方,除了某些行为倾向之外,不存在其他任何事实。并且,在如下两种意向性关系之间也存在一系列的混淆,即带有 a-t 的意向性和带有 an-s 的意向性。众多哲学家认为信念和欲望的命题内容隶属于一类被称作是意向的神秘实体,而且他们还认为我们若避开相信这些实体,情况会更好一些。但我认为这些都不是那些在将来确实起重要作用的论证。根据我的诊断,之所以诉求于诸如功能主义之类的观点和分析哲学中长期以来对心理所抱有的偏见,主要有三个方面的原因。

(1) 证实主义。实证主义和证实主义虽然被宣布死亡了,但它们仍存活于某些我们在功能主义的发起者中发现的证实主义倾向当中。在分析疼痛和信念时,普特南和丹尼特并没有试图去描述这些心理现象的内在属性;相反,他们所关心的是诸如此类的问题:“在何种情况下,我们才会把这些心理状态归属于某一系统?在何种条件下,我们才会认为自己做出这些意向性归属是正当的或不正当的?”但是,这些问题不同于像“心理状态的内在属性是什么”的问题。注意:两者中的这种方法几乎完全来自于某种第三人称的观点,并且心理的观察者相关归属与内在归属之间的混淆,在很大程度上,也是源自这种第三人称的方法。只要我们把心理状态看作是某种从外界来找归属的东西,那么看来似乎重要的是采取某种“意向姿态”和把某物看成是某个“意向系统”的“实用”用法。在心智哲学中,没有人会认为担心这些“姿态”会有多大用处,如果他集中于自己的心理状态上。想想胃痛实际上是个什么样子,或者想想来杯冰啤酒的强烈欲望实际上又是个什么样子,并问问自己是否正在谈论真正的心理现象,或者问问自己是否只是采取了某种姿态。解决普特南、丹尼特和其他人的证实主义的办法与解决他们长期以来混淆“具有心理状态是个什么样子”的问题、诸如“心理状态归属的功能作用是什么”之类的问题的办法,是至少坚持某种第一人称的观点。它揭示了如下假定中的一个根本困惑,即假定我们可以根据审查心理的第三人称归属的功能来完全清楚地认识心理状态。

(2) 认知科学。第二个理由是功能主义所特有的,但我认为它是重要的。众多哲学家都相信他们是在利用某种可以被称作是“认知科学”的成果,同时他们也相信计算机给我们提供了认识心智运作的新的值得注意的洞见。从表面来看,这本身表明:它在很大程度上或多或少威胁到技术专用语。图灵机、有限状态自动机、模拟计算机和数字计算机、机器表、流程图、传感器等,已成为了人们所谈论的主要话题。于是,关于心理的哲学问题已经转变成了自动机理论中的技术问题,而这些技术问题则可以通过哲学家和认知科学家(包括心理学家和计算机科学家在内)的协同努力而得到解决。在这一表面现象的背后,潜藏着一个十分严重的谬误。有这样两个事实:人脑在某种程度上可以被描述为一种数字计算机(或者一组数字计算机),人脑中的的程序可以在任何一种计算机(其结构丰富和复杂得足以承载这种程序)上被实现。从以上两个事实,我们可以引出一个谬误推理:人脑在产生心理现象的过程中所做的事情,无异于这些计算机在实现这一程序后所正在做的事情。而这一谬误推理自然地导致了图灵机功能主义的观点。处于某种心理状态,不过是实现了某种特定的计算程序而已。换言之,谬误之处在于,从正确的前提——人脑是一台计算机,即它实现了某种计算程序,得出了错误的结论:人脑所做的所有与产生心理现象相关的事情,就是去实现各种计算程序;并且,人脑状态的唯一心理相关特征是,它们都是计算机的逻辑状态。前提几乎不可能是错误的,因为任何东西在某种描述层次上都可以是一台数字计算机,人脑也不例外。但结论显然是错误的,这一点我在生物学论证和麻醉论证中讲到了。结论之所以是错误的,即是因为没有任何程序能够保证那些人脑之生化机能所特有的因果力,又是因为某个系统(如人这个行动者)虽能实现这一程序,但仍不具有相关的心理状态。

(3) 笛卡儿主义之惧。我认为分析哲学家对心理抱有偏见的根本原因是:害怕如果从其表面意义来承认心理实体,就必然会把我们卷入笛卡儿主义的那种糟糕之极的过分之中,即我们将需假设一类神秘而又玄奥的实体,它们存在于另一个形而上的王国之中,它们超越了科学研究的范围;并且我们所面对的将是自我或灵魂,优先获知和不可纠正性(privileged access and incorrigibility),以及它所造成的所有其他方面的东西。否则,最糟糕的是,这将会留给我们一个"心身问题"。

的确,这是一个关于行为主义和功能主义历史上的一个奇怪事实:无论是行为主义还是功能主义,都不是被单独推进的。没有人会去审查自己的疼痛,并发现这些疼痛是某种行为模式或某种图灵机状态;相反,这些理论被建议用于解决哲学中的其他问题,如他心问题,尤其是"心身问题"。但是,让我们假设根本不存在"心身"这样的问题,只不过存在"消化-胃"这样的问题。假设思维和感知,与消化或血液循环一样,都是自然的、生物的现象。假设心理现象既是由人脑结构引起的,又是在人脑结构中实现的。如果是这样,那么我们不仅可以放弃二元论,也可以放弃"一元论"和"物理主义",因为如果我们接受了二元论的范畴(如实体种类和实体种类之间的关系),那么反二元论的术语就只有一个点。就消化而言,没有人会觉得自己必须在一元论和二元论之间进行择取,没有人会觉得自己必须在副现象论和交感论等之间进行择取,没有人会觉得自己必须假定作为消化主体的一个形而上的自我或一个超验的自我存在。为何认知就应该是以一种较少自然的方式被对待呢?回答行为主义和功能主义的最有效的方式,不是去"反驳"它们,而是擦除掉那幅乍看起来是推动它们的哲学画面。

参考文献

Daniel C. Dennett, *Brainstorms: Philosophical Essays on Mind and Psychology*(Montgomery VI:1978).

Daniel C. Dennett, "Reply to Professor Stich," Philosophical Books 21, no. 2(1980):73-76.

Hilary Putnam, Mind, Language, and Reality: Philosophical Papers, vol. 2(Gambridge:1975).

H. P. Grice, "Method in Philosophical Psychology," *Proceedings and Addresses of the American Philosophical Association*, vol. 48, 1974-1975.

James W. Cornman, "The Identity of Mind and Body" in David M. Rosenthal(ed.), *Materialism and the Mind-body Problem*(Englewood Cliffs, NJ:1971), 73-79.

Jerome Shaffer, "Mental Events and the Brain" in David M. Rosenthal (ed.), *Materialism and the Mind-body Problem* (Englewood Cliffs, NJ: 1971), 67-72.

John R. Searle, "The Intentionality of Intention and Action," *Inquiry* 22 (1979), 253-280.

J. J. C. Smart, "Sensations and Brain Processes" in David M. Rosenthal (ed.), *Materialism and the Mind-body Problem* (Englewood Cliffs, NJ: 1971), 53-56.

Sydney Shoemaker, "The Missing Absent Qualia Argument."

直觉主义心理学家：精神活动及其成分

兰斯·J. 里普斯(Lance J. Rips)
芝加哥大学

如果有一个假设在认知科学家看来是不言而喻的，那么这个假设就是：精神活动可以分解为成分。当这些心理学家试图解释一个复杂活动(如阅读或问题求解)时，他们通常会把这一活动分解为构成它的成分，并对这些成分做出详细说明。阅读可以被分解为对一些单独步骤(如词汇识别、句法分析、解释)的描述，以及对这些步骤如何在时间和因果关系上被并合在一起所做的说明。问题求解可以被分解为如下几个部分：对已知信息和目标进行编码，评估已知信息和目标之间的差异，并使用某些算子(operators)来缩小这些差异。对于这些成分，这种类型的分解还可重复地进行下去。例如，我们可以进一步把词汇识别分解为字母编码、记忆存取和判定。在这种连续分割的某个点上，我们达到了精神活动的不可再分的层次。纽厄尔和西蒙(1972)把这些不可再分的精神活动称作"最基本的信息加工过程"，它们在某种认知框架内不能再被分解。人们究竟把哪些活动看作是不可再分的，这取决于他们的理论，但这些活动可能包含这样一些简单操作：把一条新信息添加到记忆的某个位置上，将此信息与彼信息进行比较，并发出启动命令。

这种分割精神活动的一般做法也许是认知科学研究的正确方法，但它并非是考量这些活动的必由之路。在认知科学家眼里，精神成分这个概念是特殊的，包含了某些功能联系。从这个意义上讲，精神成分就是指这样一些子过程：接受指定的输入，执行一系列连贯的内在行为和产生作为结果的输出。但是，还存在研究精神活动和其成分的其他方法。例如，把某种类型的精神活动——姑且把它叫做"精神作用"(mentating)——设想为与一些功能组件同质，即某种类似于稳定地处理一个被固定在控制板上的刻度盘的东西。即使精神作用没有任何子程序，它仍具有另外一种不同的成分。如果别无其他的话，那么它将具有一些时间片段，像它的开端、中间和结尾。在"成分"的一种合理意义上，精神作用的开端就是精神作用的一个成分。同样，一些普通的精神活动(如阅读和问题求解)的开端亦是如此。

但是，还存在另外一种成分，它与精神活动相关，并能告诉我们关于这些活动的更多东西。这与如下表达中"成分"的意义相关。这些表达有"有青春痘是青少年的成分"或"有魅力是年轻女明星的成分"。我们可以对这些例子做出这样的解释：有青春痘是(许多)青少年的一个特征，有魅力是年轻女明星的一个特征；即它们是这些个体的典型属性。同样，我们也可以把活动的标准属性(criterial properties)或特有属性看成是这些活动的成分。例如,说“出力是运动的成分”,意思是说“以某种方式出力是运动的一个标准属性”。但出力不是运动(如做俯卧撑)的一个子过程,因为出力涵盖运动。就我们的目的而言,关于这一点重要的是:“成分”的这种用法也可以延伸至精神活动。正如我们说出力是运动的成分一样,我们也可以说(例如)出力是解决难题的成分。这一自明之理传达的不应是一个分析问题求解的子过程;它只是给出了一个用以刻画这一活动的特征。同样,我们也可以说出力是精神作用的成分,即使(根据假设)精神作用没有任何子过程。

让我们用“归属性成分”(attributional part)这一术语来指称作为特征属性的精神成分,用“程序性成分”(procedural part)来指称作为子过程的精神成分。我想说的是,人们通常所构造出来的精神成分往往是归属性的而非程序性的。我认为这不是因为这些直觉主义心理学家们没有关于程序性成分或子过程的概念,因为他们的确熟悉物理活动的子过程。他们知道揉做生面团是面包制作的一个程序性成分,他们也知道取下支耳(lugs)是换轮胎的一个程序性成分(Schank, Abelson, 1977)①。在特殊情况下,他们很可能会识别出精神活动的程序性成分,特别是在这些活动极为复杂(如阅读一本小说)的情况下。但是,对于许多精神活动而言,程序性成分并不是明显的,要么是因为这些活动本身看起来是同质的(像精神作用),要么是因为这些活动的构成成分太多变而没有资格作为明显的程序性成分。如果这些活动在根本上具有成分,那么这些成分将是归属性的。

这种作为对比科学心理学与常识心理学的主要证据来源于实验结果(我们稍后对此做出描述)。在这些实验中,被试判定一些特殊精神活动是否属于其他精神活动的成分。我认为解释这些实验结果的最佳方法是根据这样一个假设,即被试将其判定建立在归属性而非程序性“成分”的基础之上。但是,在察看这些实验之前,研究一个程序性成分的观念如何出现于科学心理学中将是有所助益的。第一部分处理这些背景性材料。第二部分研究这种实验证据,并突出关于精神成分判断的某些独特特征。这些特征中最重要的一点是成分与种类之间的逆关系:被试通常会同意活动 1 是活动 2 的一个成分,如果活动 2 是活动 1 的一个种类。在最后一个部分中,我将从史密斯和麦迪(1981)所称作的概念的“概率模型”的观点来审视这一证据。关于这些模型,对我们而言,有趣的地方在于:特征属性居于它们用以表征范畴的方式的核心地位。我认为归属性成分

① 关于人们如何表征常规性事件(像换轮胎),心理学文献中尚存在一些分歧。例如,有一点是不清楚的,即对这些事件的心理表征是否被构造为一串连续的片断,以 Schank 和 Abelson(1977)所提出的“脚本”方式,或以某种更具有等级性的方式。(就最近的证据而言,参见 Abbott, Black 和 Smith, 1985; Barsalou 和 Sewell, 1985; Galambos 和 Rips, 1982; Haberlandt 和 Bingham, 1984。)Abelson(1981)和 Schank(1982)也似乎改变了对这一问题的看法。但是,没有人会怀疑:人们可以获得关于这些常规性事件的程序性成分,不管他们如何存储这些东西。

在这些模型的语境当中是自然而然的,因而它们能给出一个对这些实验数据的令人满意的解释。

在进行研究之前,还有一点需要做出交代:许多认知科学家(尤其是那些固执的心理学家)对研究人们关于精神活动的概念感到手足无措,尽管他们十分肯定关于物理活动的类似研究(如换轮胎,或去一家餐馆)。这大抵是因为关于心理过程的日常观念使他们感到琐碎,除了那些他们正在开发的更为复杂的心理过程。或者他们大概认为这种努力是在试图构建一种关于心理过程的理论。但是,正如研究人们去一家餐馆的概念并不是要整理出一门去餐馆的科学一样,研究人们关于阅读的概念并不是要构造出一种关于阅读的科学理论。这两个例子的目的都在于找出某种关于对一系列(物理或精神)事件的心理表征的东西。

此外,虽然人们关于精神活动的直觉观念(intuitive notions)没有它们在科学上的对应物那么成熟,但是仍有一些理由去认真地对待它们。下面是一个样例:

(a) 对"元认知"的研究证明:学生表征一些像解数学题(Schoenfeld,1983)和写作(Scardamalia,Bereiter,Steinbach,1984)活动的方式影响到他们在这些任务中的表现质量。

(b) 人工智能领域中的许多理论表明:表征自我推理过程的能力,对于有效推理而言是非常关键的(Davis,Buchanan,1977;de Kleer,Doyle,Steele,Sussman,1977;Weyhrauch,1980;Moore,1982)。

(c) 处理嵌入式命题态度(如"苏珊想让杰夫认识到/她打算让他得知/她知道/他昨天晚上没有回家")的能力,对于理解甚至是简单的话语(如,苏珊针对性的话语,即她昨晚没有听到钥匙在锁孔里转动的声音)而言,是非常关键的。但是,根据认知分析,理解这些态度蕴涵了能够表征心理过程或状态(它们可以表征其他过程或状态……)。在丹尼特(1983)看来,这种"意向性刻画的更高阶性(higher-orderedness)是智能的……一个深层标记"。

(d) 精神观念遍布其他概念领域,如刑事范畴、言语行为、个性品质(D'Andrade,1987),甚至是儿童世界观中的生物观念(Carey,1985)。因此,理解直觉主义心理学,对于搞清楚其他文化上的重要系统而言,是十分必要的。

(e) 我们可以很容易地把我们所倾心的科学理论传达给学生,如果我们能更好地理解这些学生所携带的那些固有的心理概念。

虽然这些应用不能在本文中一一研究,但我期望它们的前景将会使心理学家和其他认知科学家相信:这一领域值得进一步深入研究。

一、早期实验理论中的精神成分

为了澄清程序性成分与归属性成分之间的差别,我将考察一幅精神经验的图景,它来自实验心理学的早期历史。我打算把这幅图景归功于冯特(1873/1904,1896/

1907),但我不关心历史的准确性。之所以把它带到这一语境当中,是因为它提供了一个方便的、用以研究内在活动之不同方面的框架。冯特的这幅图景是概要式的,它让我们看到了对这些不同方面的强调是如何导致对活动之成分的不同看法。

当前,对心理过程的科学理论化说明是计算分析(computational analysis)的结果。在计算分析中,这些过程被解释为算法或子程序。心理过程也是早期实验主义者(James,1890;Tichener,1902;Wundt,1896/1907)关注的焦点,尽管这些过程是以一种不同的方式被构造的。冯特认为直接经验(immediate experience)是给定的,并把心理学规定为对这种经验的科学研究。根据这种观点,心理学寻找一种"对我们意识所显示的过程的解释"(Wundt,1873/1904:1)。正如冯特在别处所讲的,"这门科学的内容仅是过程,而不是固定的对象"(1896/1907:24)。这种对过程的强调大概反映了一种对二元论的恐惧,即害怕受到那种基于精神实体或精神素材(mind-stuff)的心理学的促动。它也可能是关于心智的"脑隐喻"的结果。"脑隐喻"是由当前联结主义模型(它强调脑活动比静态表征重要)所提出来的。但是,不管怎样,这一方向的一个最重要方面,和那个看起来最接近于认知理论的部分是这样一个观点,即心理过程可以通过把它们分解为子过程来进行科学的研究。在冯特所描绘的那幅图景中,精神经验的内容无一例外地是复合型过程,所以心理学的一个主要任务就是把这些复合物分解为构成它们的基本成分。

那么,我们对心理过程的分析就至少有两个层次。在直接经验层次上,有"心理复合物",即复合型心理过程。每一种心理复合物都是"通过它所特有的特征而区别于这种经验的其他内容,如此一来,它被看作是一个相对独立的单元,并且当实际所需要求它时,它就以一个专名来命名"(Wundt,1896/1907:99)。在这一层次之下是"心理元素"——基本心理过程——的领域,它们是"心理现象的绝对单一的、不可还原的成分"(同上,p. 31)。由于经验内容是复合型的,所以我们只需对不同复合物进行分解和抽离,就可以发现这些基本过程。我试图在表1中指明这两个层次:在复合型过程层次上,我们具有关于对象的知觉;在基本过程层次上,我们具有感觉(如红色)。这些基本过程将可以分为两种一般的类型:感觉(如红色或温暖)和情感(如快乐)。

处在不同层次上的过程与不同的特征相联系。基本过程往往具有一种性质特征和一种强度。一般而言,复合型过程的属性虽然不同于其基本过程的属性,但它们也依赖于这些基本过程的组合方式。冯特认为:

> 这是一个对所有心理复合物都普遍有效的原则,不管构成它们的是纯感觉,或纯情感,还是感觉和情感的组合物,即心理复合物的属性从来都不局限于构成它们的要素的属性。复合物本身所特有的新属性总是由要素之间的组合而产生的。
>
> (Wundt,1896/1907:100)

例如,在表1中,对某一对象的知觉将具有这样一些属性(如三维性),它们产生于构成这一知觉的基本成分之间的固定组合。用冯特(1896/1907:32)的话来说:

精神经验的实际内容是由各种对感觉要素和情感要素的组合构成的,所以一个给定心理过程的特定性质,与其说是依赖于构成它的要素的特征,不如说是依赖于对这些要素的组合,即把这些要素组合成一个心理的复合物。

表1 冯特对心理过程及其成分的看法

	心理过程	过程的属性	过程种类
复合物	对某一特殊对象的感知	三维性 形状 空间位置 距离	感知
单一物	对颜色的感觉	色调 饱和度 亮度	

关于我们究竟应该在多大程度上把"心理化学"隐喻看作是适用于冯特的(Blumenthal,1985;Mischel,1970),这在文献资料中存在争议。但有一点是没有争议的,即在他的体系中,要素的属性本身并不产生复合物的属性(特定性质)。

由于复合型心理过程及其属性要比基本心理过程明显得多,所以自然语言中的用于划分精神活动种类的术语很可能是基于前者。在《生理心理学原理》一书中,冯特讲道,"语言使我们面对一系列的概念,如'感性'、'情感'、'理性'、'知性'等——一种对内知觉中被给予的过程的分类;当我们使用这些术语时,这些概念就会出现,因而我们对此是无能为力的"(1873/1904:18)。尽管他承认这些术语可能对心理分析有价值,如果它们基于一些实际明显的特征(1896/1907:99),但很明显,他认为这些种类是表面上的。首先,它们不能指示这种更为重要的分解,即把复合型过程分解为基本过程。而且,像"情感"和"知性"之类的术语有点像是官能心理学。冯特(1873/1904:19)把这种心理学看作是以一种解释方案姿态出现的分类系统:

因而,在心理学概念形成初期,我们会把归类与解释混淆在一起,而这正是经验心理学所攻击的一个过错之处。事实上,一个人可以很好地构造出一门关于内在经验的自然科学,并且这门科学若缺离了感性、记忆、理性和知性将变得十分显眼。因为我们在内知觉中直接意识到的只是个别的观念、情感、冲动等;但把这些个别的事实包摄于某些一般性概念之下,完全无助于对它们的解释。

表1通过把作为心理过程种类的术语("感知")放置在它所包含的属性旁边,粗略地表征了这种包摄关系。

在活动类型(如感知、推理和理解)的相关重要性方面,认知科学不同于冯特所描绘的那幅心理过程的图景。现在所普遍流行的观点认为,这些类型不单是那些可以在一个完整理论中被剔除掉的基本范畴。遭遇子过程分解的,是这些类型,而不是那些个别的精神经验。事实上,这些类型之所以十分重要,是因为它们的能力可以被解释为一种它们子过程的功能。感知、推理和理解不单被假设为特殊心理技能(mental skills)的因果根源——这一惯常做法很困扰冯特,而且还被拆解为更简单的、更易于理解的成分。对于冯特而言,重要的是那些基本的感觉和情感;而对于认知科学家而言,重要的是那些过程的种类和成分。但是,尽管解释策略从表1的左侧转向了右侧,这幅图景的维度也应相对是熟悉的。因为无论是认知主义者还是冯特,他们都认为真正的科学任务是对子过程的分解。心理过程(至少是最高层次上的)的属性被明显地认为:它们是一种心理学理论的出发点而不是它的构成部分。

然而,关于这幅图景,我想强调的是它为我们呈现出了两种分解精神活动的方法。一方面,我们可以从垂直方向把复合型过程分解为子过程(和它们的组合方式)。一般而言,冯特和认知心理学家都赞同:这种策略需要一些实验方法,并且它能提供一种真正科学的解释。另一方面,我们可以沿着更为直觉的水平路径进行分解,即考虑复合型过程所表现出来的属性,并对它们进行分类。这两种分析的维度都密切地对应于我们早先碰到的两种类型的成分:垂直分析给予我们程序性成分,而水平分析则给予我们相同精神活动的归属性成分。那么,对于这幅一般性的图景,如果存在某种什么东西的话,其归属性成分就应是与人的经验最为密切的成分。程序性成分与其整体之间具有一种比较模糊的关系,因为它们依赖于理论分析和实验分析。当然,这一总体性看法在某些方面很可能会遭到质疑,但有一点是毋庸置疑的,即它为我们解决精神成分的某些令人费解的问题提供了一些线索。

二、关于精神成分及其种类的某个证据

一种研究精神成分观念的方法,就是要求被试判定一种给定的活动是否属于另一个活动的成分。通过审视这些判断,我们就能归纳出那些促使被试做出决定的一般性原则。当然,理解这种数据并不总是件简单的事情。即便对于那些相对较少的被试和目标活动而言,数据集的容量也超出了我们所能评估的范围。更糟糕的是,这些数据很可能会因被试的不注意、误解以及其他过失而包含了一些干扰因素,从而遮蔽了一些重要的联系。基于这些考虑,采用一种技术,以一种更易于理解的方式来展示类似这样的数据,将是有所助益的。为此,我们将采取一种由弗

雷德里克·康拉德(Frederick Conrad)和我提出的方法(Rips,Conrad,1988)。这一技术产生了一个偏序(a partial order),即在某种意义上尽可能地接近于被试的原始判断,而这是比较容易理解的。当然,我们从这些排序(orderings)中推出的结论将是间接的,因为它们将依赖于我们这个方法中的假设。但我们可以得出结论:那些导出的排序凸显了精神活动领域中的某些不明显的属性,并且它们也能让我们预测未来研究中的结果。

1. 作为成分和种类的偏序

在这个基本实验中,被试评估出如下形式句子的真值,即"X-ing 是 Y-ing 的一个成分",并比照"X-ing 是 Y-ing 的一个种类"。例如,"推理(reasoning)是概念化(conceptualizing)的一个成分",或"推理是概念化的一个种类"。这些句子中出现的精神活动术语来自我们先前从其他被试中搜集的 30 个术语。这些被试被要求尽可能多地写出有关精神活动的例子。我们以这样一种方式来编排这组术语的目的是要确保:被试熟悉这些术语并相信它们指称了某些精神活动。这些作为主要研究的句子都来自于如下替换,即把刚才所提到的两种句子结构中的 X 和 Y,替换为所有可能的关于这些活动术语的有序对子。20 名被试评估了含有"……的成分"的句子,而另外 20 名被试则评估了含有"……的种类"的句子。这两小组成员都思考随机抽取的句子,并简单地指出每一个句子是真还是假。在我们的指示中,我们强调:他们应当对含有"……的成分"的句子做出"是"的反应,仅当 Y 的每一个实例都有 X 的一个实例作为它的一个成分;他们应当对含有"……的种类"的句子做出"是"的反应,仅当 X 的每一个实例都是 Y 的一个实例。这些指示用类比于物理活动的东西来说明,如向前迈出一只脚是走路的一个成分,而散步是走路的一个种类。在这个研究阶段,我们期望被试可以解释程序性意义上的"……的成分",并且我们用这一说明来强调这一观点。

参加这项研究(以及后面所描述的研究)的被试都是来自芝加哥大学的本科生,并且他们都不是心理学专业的学生。他们对精神活动的看法,在很大程度上都类似于那些最聪明的外行人的看法,但他们可能对一些学术性之类的精神活动(如推理和概念化)更为感兴趣。

这项研究的结果由被试关于活动对子的两个判断构成。为了更好地处理这些结果,做出一些关于被试的潜在信念的简单假设是有所助益的。让我们假定:内在于被试的"……的成分"和"……的种类"概念的,是这样一种观念,即这些联系是反自返的、非对称的和可传递的。因此,如果 X、Y 和 Z 是精神活动,那么:(a)X 不是 X 的一个成分(或种类);(b)如果 X 是 Y 的一个成分(或种类),那么 Y 就不是 X 的一个成分(或种类);(c)如果 X 是 Y 的一个成分(或种类)且 Y 是 Z 的一个成分(或种类),那么 X 就是 Z 的一个成分(或种类)。当然,在像这样的另外某项研究中,这些属性有时会因记忆限制、误解和其他因素而被违背了;但我们将会假定,在理想情况下,被试的判断遵循了这些属性①。假如这样,那么“……的成分”和“……的种类”概念就对这一系列的精神活动进行了排序,因为根据定义,一种可传递的、非对称的、反自返的联系是一个(严格的)偏序。这与部分论②(mereology)(Goodman,1966,ch. 2;Simons,1987)和分类学(Thomason,1969)的形式理论相一致,虽然这些理论通常会把一些额外的限制因素加诸这些联系。

在这些假设之下,我们就可以试图重获那个隐藏在我们数据背后的结构,通过寻找一个尽可能接近于被试的实际判断的偏序。在这一语境之下,有多种可供选择的方法来说明“尽可能接近”的含义,但有一种方法是:首先,让我们用矩阵 S 表征被试实际所做出的决定,它的每一个元素 s_{ij} 表示被试的程度,即被试赞同精神活动 i 是活动 j 的一个成分的程度。其次,用 T 表征一个由相同活动来规定的偏序。如果在这个偏序中,活动 i 是 j 的一个成分,那么 $t_{ij}=1$;如果不是,那么 $t_{ij}=0$。然后,我们可以把“最近偏序”规定为:$T, \sum_{ij}(s_{ij}-t_{ij})^2$,即将平方离差总和减少至最小。在实践中,找到这种最近偏序(the nearest partial order)是件困难的事情,因为可能顺序的数量会随着元素的数量呈指数增长。例如,如果对 5 个元素(如 5 种精神活动)进行排序,就会有 4231 个不同的偏序可供选择;如果有 6 个元素,就会有 103 023 个偏序(Evans,Harary,和 Lynn,1967)。众所周知,找出最近偏序的问题是 NP 完全问题;也就是说,这一问题在计算的复杂性方面,相当于旅行商问题(traveling salesman problem)。关于这些问题,我们没有任何已知的运算法则可供计算,从而使得对这些问题的求解比对这些元素的某一指数函数的求解花费的时间少(Rips,Conrad,1988)。

实际上,这一复杂性限制了我们找出实验中全部 30 个精神活动这一集合的最近偏序的几率,但我们仍有可能找出这一集合的子集的最近偏序。图 1 显示了两个子集的最近偏序:一个由分析性活动(思维、概念化、记忆、推理、阅读、决定和计划)构成,另一个由非分析性活动(经验、实现、沉思、具有感情、想象、做梦和爱)构成。这些分类是非正式的,不能被认为蕴涵了一个它们之间的本质区别。每一组里面的术语都是挑选出来的,原因是它们看起来直观地关联于偏序,因而极可能产

① 在心理学文献中,有某种证据用于支持系统的非传递性。这些非传递性存在于被试对“一类对象是否是另一类的一个种类”的判定中。例如,Hampton(1982)就发现:被试会赞同独木舟是交通工具和交通工具是机器,但是被试会否认独木舟是机器。然而,这些非传递性在很大程度上,要么被解释为是含混不清的结果(如,“交通工具”的两种含义),要么被解释为是对这一问题的误解(“交通工具通常是机器吗?”而不是“所有的交通工具都是机器吗?”)。针对这些“……的成分”的非传递性例子所进行的类似反驳,参见 Cruse(1979),Macnamara(1986,第 8 章)和 Winston,Chaffin,Herrmann(1987)。

② 即关于部分与整体的逻辑关系的形式理论。——译者注

生可提供有益信息的偏序[①]。图1(a)(c)是由"……的种类"关系导出来的顺序,图1(b)(d)则是由"……的成分"关系导出来的偏序。在种类排序中,箭头朝上指,表示(如)概念化是思维的一个种类,做梦是想象的一个种类。在成分排序中,箭头朝下指,表示思维是概念化的一个成分,想象是做梦的一个成分。把箭头的方向倒转过来,就可以凸显出种类图形和成分图形之间的相似性。

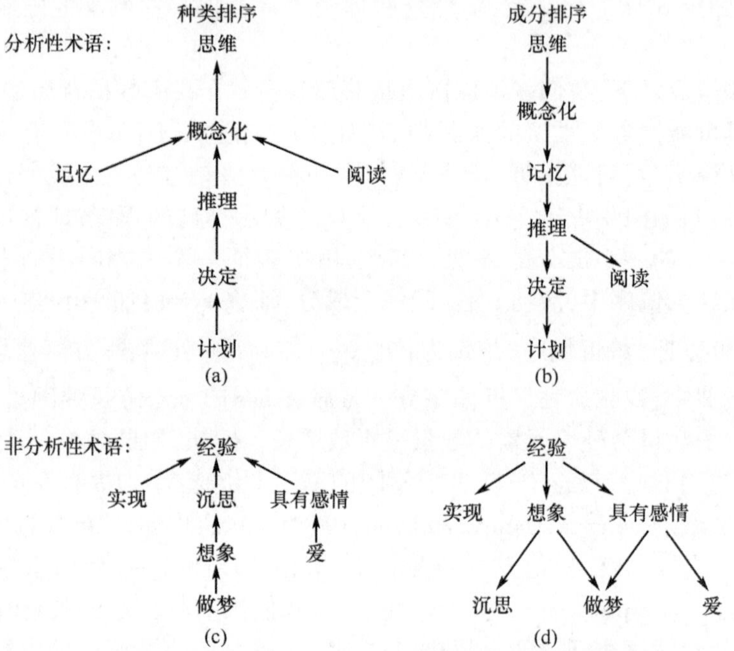

图1 分析性术语((a)(b))和非分析性术语((c)(d))的最近偏序

左边图形表征的是"……的种类"排序,右边图形表征的是"……的成分"排序

图1中的种类图形,在很大程度上似乎是对分析性和非分析性活动术语的感觉表征(sensible representations)。正如我们所期望的那样,思维和经验是这些分类中最一般的活动,所有其他术语都是这两种活动的种类。一些比较复杂的活动,如计划、爱和阅读,倾向于在图形的底部出现。关于这些特定关系,仍有怀疑的余地:想象真的是沉思的一个种类吗?或决定真的是推理的一个种类吗?然而,在大多数情况下,我们可以容易地看出这些联系是如何从对活动术语的特殊解释中得出的。想象是沉思的一个种类,当沉思指某种像心理审视的东西时;决定是推理的一

① 也有人可能会质疑:所有这些条目实际上是否是活动。活动通常被认为暗含了某种变化(Miller,Johnson-Laird,1976);但我们的一些少数条目(如具有感情)却并不包含这一明显的变化,因而最好被设想为心理状态。我们对具有"真实"精神活动的条目进行分类的理由是:在我们的初步研究中,这就是被试自身如何对这些条目进行分类的方式。这似乎是不可能的,即如果略去这些边界性条目,我们的任何一个实质性结论都将会被改变。

个种类,当决定指仔细考虑时。

然而,成分图形所表现的东西颇为费解。首先,"……的成分"联系很难根据程序性意义上的"成分"来解释。例如,根据图1(d),具有感情是爱的一个成分,但是有一点是不清楚的,即说具有感情是爱的一个子程序时,是什么意思。同样,对于作为实现成分的经验,或作为推理成分的思维,也是如此。如果经验是实现的一个子程序,那么实现的其他子程序是什么?

其次,成分图形倾向于是倒转过来的对应的种类图形。如果活动$_i$是活动$_j$的一个成分,那么活动$_j$倾向于是活动$_i$的一个种类。在图1(b)(d)中,28对活动通过"……的成分"联系起来,包括直接联系(如图1(b)中的一个从思维到概念化的联系)和传递闭包所暗含的间接联系(例如,同一个图形中的一个从思维到推理的联系)。所有这些联系中,只有6种在倒转方向中是以"……的种类"联系起来的。同样,如果活动$_i$是活动$_j$的一个种类,那么活动$_j$倾向于是活动$_i$的一个成分。在图1(a)(c)中,24对活动是通过"……的种类"联系起来的,但在图1(b)(d)中,只有2个在倒转方向中是以"……的成分"联系起来的。绝大多数例外都包括了沉思和记忆两种活动。根据图1(c),沉思有做梦和想象两个种类,但沉思并不是做梦或想象的一个成分。在图1(b)中,记忆是推理、阅读、决定和计划的一个成分,但后面的活动并不是记忆的种类。记住这一点是重要的,即不同组的被试评估种类和成分;所以这种近逆关系(near-converse relationship)并不是这两种类型判断相互影响的结果。

使这种逆关系变得格外神秘的是:它明显地不适用于物理物体的成分和种类。茎秆是水仙花的一个成分,但水仙花不是茎秆的一个种类。水仙花是花的一个种类,但花不是水仙花的一个成分。我们将回过头来在本文第三部分解释这个成分图形。但首先有一点是明智的,即使我们确信这些图形正确地表征了人们关于活动的信念——它们不单是那些我们用以导出它们的运算法则的加工品。基于此,我将描述另外两种关于相同活动的研究,并试图表明:这些结果可以通过成分排序范围内的活动位置来预测。(关于进一步的证据,参见Rips,Conrad,1988)。

2. 对重要性和"可能心智"的评估

根据图1中的成分图形,思维和经验是其领域中余下活动的成分,因而我们可以期望人们认为这两种活动比余下所有活动更重要且不可或缺。事实上,这些图形利用了某种成分中心性(part centrality),即一个活动比另外一个具有较多的成分中心性,如果它是更多活动的一个成分。例如,在图1(b)中,思维就具有最高的中心性,而计划和阅读具有最低的中心性。在图1(d)中,经验具有最高的中心性,而实现、沉思、做梦和爱则具有最低的中心性。

如果这些图形准确地刻画了人们关于这些活动的信念,那么成分中心性就应预测了关于这些活动的其他判断。让我们来思考这样一些生物的可能性,它们具有这些活动而非其他活动的某些活动。例如,我们容易设想出一种不能做梦但能经验、实现、想象、具有感情、沉思和爱的生物；然而，我们很难设想出一种不能经验但能实现、想象、具有感情、爱、沉思和做梦的生物。从这个意义上讲，最不可或缺的精神活动通常应该是那些作为更多精神活动成分的活动，而最可省去的精神活动应该是那些作为相对很少活动成分的活动。换言之，一个活动的成分中心性愈大，它就愈是不可或缺，而且被试设想出一个没有它的心智就愈是困难。同样，具有高成分中心性的活动应是这样一些活动，它们被被试看作是在心智运作方面更重要的活动。在这一方面，一个作为众多活动成分的活动，应该比那种作为只是少数活动成分的活动更为重要。

为了检查这些预测，两组被试分别对这些活动进行了评估。第一组阅读关于假定生物的描述。这些生物可以从事那7个分析性或非分析性活动中的6个，但不能从事余下的那个活动。例如，一个生物被描述为能从事经验、实现、想象、具有感情、沉思和爱这些活动，但不能从事做梦这一活动。图1中的14种活动，每一个都充当假定生物中所缺掉的那一个活动。我们要求被试以这样一种方式来评估这些描述："这样一种生物存在的可能性究竟有多大，如果你知道那些所提及到的不同活动"。第二组被试收到了一张与第一组相同的14种活动的清单，并且这张清单还混杂着另外"填加进去的"16种活动。这些被试评估了"这些活动在心智如何运作方面的重要性"。从两组被试得出的平均评估值(mean ratings)(表2)。第一组中的大数字表示被试认为缺掉那种活动的生物是可能的，小数字表示被试认为缺掉那种活动的生物是不可能的。第二组中的大数字表示那种活动是重要的，小数字表示那种活动是不重要的。

表2 关于精神活动的可能性和重要性的平均评估值

活动	成分中心性	关于缺掉活动的生物之可能性的平均评估值	关于重要性的平均评估值
分析性的			
思维	6	2.5	8.0
概念化	5	4.2	7.0
记忆	4	3.1	7.2
推理	2	3.7	7.7
决定	1	3.2	6.1
计划	0	6.5	5.8
阅读	0	9.8	6.0
非分析性的			
经验	6	1.4	6.5
具有感情	2	4.5	7.3
想象	2	6.1	7.0
实现	0	5.2	5.6
沉思	0	6.2	5.8
做梦	0	7.1	4.8
爱	0	8.1	6.2

我们感兴趣的是把这些评估值与成分中心性进行比较。为此,表2也简单地包含了其他一些活动,并且目标活动是这些活动的成分。根据我们先前定义过的T模型,对活动$_i$的成分中心性的测量,就是第i排的总和;即$\sum_j t_{ij}$。那么,思维是6分,概念化是5分等。通过比较表2中的前两列数值(从下往上看),我们发现:一般而言,随着成分中心性的增加,对缺掉那一活动的生物之可能性的评估值会降低。用统计术语来讲,成分中心性与可能性评估值之间的相关性是-0.78,这具有极为重要的意义。同样,成分中心性的增加,伴随着对这一活动之重要性的评估值的增加。这种趋向对于非分析性活动而言有点不是那么明显,因为经验的重要性比我们根据中心性的测量所预料的要低,而爱的重要性则要高。这可能意味着被试所考虑的是重要性标准而非这些活动彼此支持的方式。但是,中心性与重要性之间的相关性仍是0.70,这还是很可靠的。

鉴于偏序中的"……的成分"与"……的种类"之间的这种交互关系,如果这些评估也关联于那种由种类图形规定的中心性的类似测量,这也就不足为怪了。例如,一种测量是目标活动所拥有的那些子类(subkinds)。那么,根据图1(c),经验就有6个子类,沉思就有2个,实现是0个等。当然,这种测量与成分中心性高度相关($r=0.85$)。它也预测了对可能性和重要性的评估,虽然相关性在这两者中比在成分中心性中有点低(可能性是$r=-0.70$,而重要性是$r=0.50$)。

这些结果表明成分图形准确地反映了人们关于这些活动的信念。同样的结论也可从康拉德和我所报道的那些额外的实验(Rip, Conrad, 1988)中得到:被试认为图1中的图形较更换了术语顺序的图形更合理;他们对图1中的图形比更换了术语顺序的图形记得更为准确;当他们记错了更换了术语顺序的图形中的某一项的位置时,他们倾向于把这一项活动移至其在图1中所占据的位置。这一最后结果仍然有效,尽管被试实际上从未见过图1(a)~(d)。那么,我将假定这些成分图形揭示了某种人们借以思考精神活动之间关系的方式的东西。但是,这仍给我们留下一个先前所提及的令人费解的问题。我们将如何理解体现于它们的精神活动成分(part-of-a-mental-activity)这一概念呢?

三、对精神成分的心理表征

关于成分图形,看来颇为奇怪的地方在于:被试认为一个精神活动的成分是其他更为一般的活动。被试认为思维是推理的一个成分,经验是爱的一个成分等。同时,他们声称:推理是思维的一个种类,爱是经验的一个种类。但如果一个活动是另一个活动的种,那么这个属何以能是这个种的一个成分呢?如果我们以集合论的观点来看这些活动,图1中的成分联系,准确地讲,似乎应朝相反的方向来指:如果推理是思维的一个种类,那么那个我们可以描述为推理的活动所构成的集合就是思维活动的一个子集。粗略地讲,说一个子集是其扩展集的一个成分是可能的。但这将会使得推理成为了思维的一个成分，而被试所告诉我们的是思维是推理的一个成分。我们将试图把成分图形看作是反映了仅仅一小部分被试的特殊判断，而予以摒弃。但是，在我们刚开始做的那个实验中，至少有 45% 的被试断言了这些图形中(传递闭包)的每一种联系，并且我们也刚看到了，这些联系预见了被试关于心智观念的其他方面。

1. 一种程序性成分方面的解释

正如我在上面所表明的，我认为理解被试直觉的最佳方式是假定他们是根据归属性而非程序性术语来解释"成分"(应用于精神活动中的成分)的。乍看起来，这似乎是不可能的，即一个较为一般的活动可以是一个较为具体的活动的一个程序性成分或子过程。但是，我们仍可能有办法把被试的判断与程序性解释协调在一起，并且如果我们考虑到如下情况，这样一种可能性为人们所知。设想你是一名没有任何专门心理学知识的被试，并且你被给予一项任务：列举关于推理的程序性成分。那么，在你身上可能会出现这么一种情况：推理的一个开始成分是试图整理给定的信息，最终成分是得出某种结论。但这两者之间会发生什么呢？你会把那个引导你从前提得出结论的程序叫做什么呢？唯一自然的反应似乎是：这种中间成分是"推理"本身，或"正确地推理"，或某种像"从前提得出结论"的说法。在这一关键点上，似乎存在一种词汇空缺。为了填充这一空缺，你将使用一个像"思维"之类的更为一般的术语。毕竟，推理过程中的中间成分是思维的一个种类，那为什么不把这个中间成分叫做思维呢？

这些因素将会导致你说思维是推理的一个成分。但是，一旦我们达到了这种程度，我们就能看到：这一结果并不依赖于一个词汇空缺的出现，虽然这一空缺使得这一点变得明显，即为什么一个人想要说"思维"是推理的一个成分，而不是使用一个更为具体的术语。精神活动，像整理前提或得出结论，似乎也是思维的实例。而且，由于这些活动明显是推理的成分，所以它们也允许我们说思维是推理的一个成分。说得更形式一点，就是对于推理的每一个实例而言，都存在思维的一个实例(如得出结论)——作为推理的一个程序性成分。既然这似乎的确是"一种活动类型是另一种的成分"所表达的意思，并且它是我们为被试规定关系的方式，所以思维的确是推理的一个成分。

根据这种解释，使这一结果初看起来奇怪的地方在于：这些联系通常不适用于那些我们所非常熟悉的物理对象范畴。某一对象的成分和其本身通常不属于同一种类。例如，水仙花的成分，如它的茎或叶，本身并不是花，所以花不是水仙花的成分。但是，就精神活动而言，这些程序性成分碰巧是高级种类的实例。正是这一点使得较为一般的活动成为了较为具体的活动的成分。为了使物理对象也得出相类似的结果，我们必须上升到一个更为抽象的层次。虽然水仙花的茎和叶不是花，但它们是物理对象。因此，我们应该可以说物理对象是水仙花的成分。这看来似乎是可以接受的。

我认为这种关于成分数据的解释自有其道理,但这种解释至少有一方面是不可靠的。注意:这一点并不总是正确的,即一个活动的程序性成分和这个活动属于同一个种类。事实上,这在认知理论中,与其说是规则,不如说是例外。例如,根据这种标准的认知分析,识别某个打印出来的字所包含的程序性成分有:抽样分析视觉特征、访问长期记忆以寻找作为表征的候选字、确定介于特征和表征之间的合适字、得出最佳候选字。然而,尽管字识别是识别的一个种类,但是刚提及的程序性成分中没有一个是识别的种类。例如,没有一个人会声称抽样分析视觉特征本身就是识别的一个种类。让我们举另外一个例子,这个例子与我们曾在实验中所使用的术语较为接近。决定的一个成分可能是增加结果的可能性和有用性,并且决定可能是问题求解的一个种类。但是,这个例子中的增加这一活动本身并不是问题求解的一个种类。

由此看来,程序性成分在认知理论中具有这些属性并非偶然。如果我们的目的是通过把精神活动分解为构成它的成分来解释它,那么这通常是无济于事的,如果一个成分与这一活动属于同一邻近种类(参见 Cummins,1983,第 2 章)。假定威兹(Wheeze)教授认为字识别的一个成分本身是识别的一个种类,即(大概是)识别这个字所包含的个别字母。尽管这是合乎逻辑的,但是威兹的理论将不会令人满意多久,除非他或她给出我们某种关于这种形式的识别是如何运作的看法。把一种活动分解为另外的、同一种类的活动,自有其价值所在,但只是作为一个通往更为完整分析的临时步骤。当然,这一点有待进一步斟酌,因为我们往往会认为这种被分解的活动和其程序性成分属于同一种类,如果我们上升到一个足够高的抽象层次上(正如我们刚才把水仙花和其茎归为物理对象范畴)。字识别和抽样分析视觉特征都是精神活动的种类,但这种共同的从属关系并不妨碍一个有意义的分析。麻烦出现在当上面所讲的种类彼此达到那种抽象等级时,并且我们最终得到了那种困扰冯特的、无意义的分析——字识别被简单地解释为字识别程序的结果。

为了根据上述说明对图 1 中的结果做出解释,被试将不得不相信活动的那些未命名的程序性成分属于同一邻近种类。由于决定是计划的一个成分,所以计划必定有一个程序性成分是决定的一个种类;由于具有感情是爱的一个成分,所以爱必定有一个程序性成分是具有感情的一个种类,等等。不是不可想象被试相信此,但是如果他们相信了,那么这些程序性成分必定会与认知理论使我们所习惯的那些成分大相径庭。在被试的观念中,一个活动和其程序性成分必定是如此相似,以至于那些所声称的子程序也一定接近于对总体的重新描述。当然,那些不懂心理学的被试不能像认知科学家一样给出一种详细的程序性分析,也就不足为奇了;如果这些被试能给出这样一种分析,那么这对于认知科学而言将是十分尴尬的。然而,被试并不缺乏对这些活动的经验。如果我们为了用程序性术语来解释那些数据,而不得不假定被试关于成分的观念与其所一定是的一样粗糙,那么我们就要考虑这样一种可能性,即程序性成分在被试对精神活动的表征中不是自然单位。

2. 一种归属性成分方面的解释

另外还有一种考虑精神活动的直觉结构(intuitive structure)的方法。做梦、推理、记忆,以及其余所发生的活动,它们不具有可识别子程序意义上的成分。当然,它们并不同时发生。例如,推理可能会持续相当一段时间。但是,当我们试图对它进行分解时,我们所得到的是一些同类型的片断,而不是那些较为简单的子程序。在解决一个问题的推理过程中,我们可能解决一个又一个的引理,但是所有这些只不过是推理的更多片断,而不是某个别的什么东西。当然,开端可能会有某种舞台背景(stage-setting),结尾可能会有某种关于这一过程结束了的判断。但是,这些并不是这一过程本身的程序性成分,它们是原因或结果。真实的精神活动,即中间的那种东西,是不可分解的。当这一活动变得极为复杂时,像阅读《奉使记》[1],或计划一次极地探险,我们可能会考虑到例外。但对于任何一种普通的精神活动,即那种大概需要几秒钟就完成的活动而言,在活动中只存在某种单一的程序。

但这并不是说这些活动是无特征的。推理可能是费力的,做梦可能是可怕的,回忆可能是快乐的。有时,这些属性只占据该活动期间的一小部分,因而可以说,它们把这一活动分割成了构成它的成分(如做梦的一个可怕成分)。有时,这些属性确实是该活动的典型特征。在这种情况下,我们可以把该属性看作是该活动的一个特征性成分(如费力是推理的一个成分)。后者正是我们在文章开篇所称作的归属性成分。但无论在哪一种情况下,这些属性导出的(property-induced)成分都不是那种(我们先前讨论过的)程序性意义上的成分。

就我们现在的目的而言,这一看法的魅力之处在于:它有助于对我们实验中的成分结果做出系统地解释。假定被试对每一种精神活动的表征,都是根据该活动的归属性成分(即特征性属性)来进行的。例如,推理可能具有属性 $P_1, P_2, \cdots, P_k$,而这些属性将会由相应的心理谓词来内在地表征。较为一般的精神活动,如思维,大概具有较少的属性(思维具有属性 $P_1, P_2, \cdots, P_i$。其中,$i<k$),因为推理应具有思维的所有属性,外加其自身所特有的属性。我们可以设想:被试使用简单的谓词列表,或较为复杂的关系结构(框架或图式)来表征这些属性。这些谓词本身可能也是简单的或高度相关的。或许,它们也因与其所关联的活动具有重要关系而得到重视。我将忽略掉这些细节,因为它们与我们当前的目标不相干。考虑到这一点,重要的是:被试可以通过比较自己所存储的谓词来断定哪些精神活动是其他活动的种类。例如,被试认为推理是思维的一个种类,因为他们对推理的表征具有存储的所有思维谓词,或者至少具有一些标准的思维谓词。当然,这些假设在关于分类的心理学文献中是常见的。它们正是史密斯和麦迪(1981)所称作的"概率模型"。

---

① The Ambassadors,译作《奉使记》,一部美国作家亨利·詹姆斯(Henry James)的小说作品。

不用说,还存在一些相竞争的分类模型,但概率模型对于我们手头的这些数据而言,颇具有一些耐人寻味的含义。

如果我们假定被试是如此来表征精神活动的,那么他们该如何回应那些关于“一个活动是否是另一个的成分”的问题呢?如果“成分”是指程序性成分,那么他们就应当总是说“不”。但是,还存在解决这一问题的另外一种方式。我们已经注意到了:把与这些表征相联系的属性看作归属性成分是可能的。理由之一是:那些相应的谓词确实是对这些活动的表征成分,并且把这些属性看做这些活动自身的成分将是一个非常小的步骤。如果被试不这样认为,那将是怪事一桩。但是,如果一个活动的所有或绝大多数归属性成分都包括在另一个活动的归属性成分之中,那么看来,第一个活动本身就是第二个活动的成分。例如,思维的所有(或几乎所有)归属性成分都是推理的归属性成分,因而思维是推理的一个成分。由此,我们可以做出类似的断言:确定了活动$_1$是活动$_2$的一个种类,也就确定了活动$_2$是活动$_1$的一个成分。

我们可以根据欧拉圆把这一运作方式想象为:

由于推理具有归属性成分 $P_1, P_2, \cdots, P_k$,所以它具有思维的全部成分,因而它是思维的一个种类。相反,由于推理的某些成分(即 $P_1, P_2, \cdots, P_i$)构成了思维,所以思维是推埋的一个成分(图2)。据此,“……的种类”与“……的成分”之间的逆关系,就非常类似于概念的外延与内涵之间通常的逆关系。

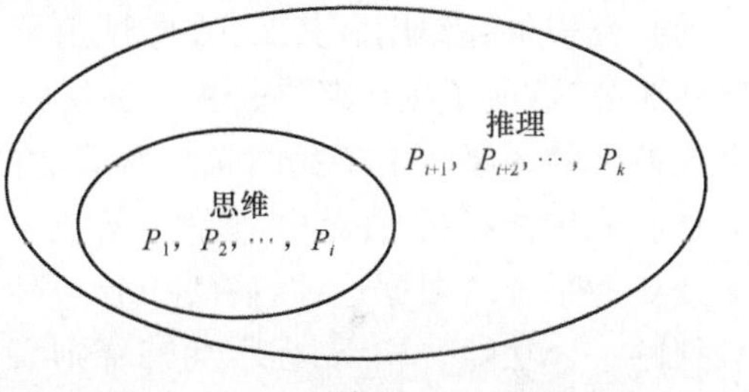

图2

需要记住的重要一点是,这一理论并不蕴涵:某一推理行为中会出现两种不同的活动或程序,一种进行思维活动,另一种进行推理活动。相反,我们所拥有的是一个带有两个不同标签的程序①。这有助于解释为什么“……的种类”和“……的成分”,当与其他种类的实体相关联时,它们不是相逆的东西。例如,尽管茎是水仙花的一个成分,但水仙花却不是茎的一个种类。概率模型对物理对象类别的表征

① 这里与行动哲学中的竞争性分析存在某种共鸣(如戴维森,1963;古德曼,1970;塔尔贝格,1977)。如果一名选手迅捷地移动他的脚,进而踢球和得分,那么有多少行动被执行了?以一种观点来看,只出现了一种单一行动,不过是被不同地描述罢了。以另一种观点来看,出现了几种行动,包括移动脚、踢球、得分和赢得比赛。多行动理论(multiple-action theory)与程序性成分的看法相一致(赢得比赛是一个由不同子活动(sub-action)构成的活动,包括移动脚),而单一行动理论(single-action theory)则与归属性成分看法相一致(赢得比赛和移动脚是同一个行动,只是因不同属性而被择取出来)。当然,行动哲学中的这个问题(如何最好地分解活动,包括精神活动),不同于我们在这里所提出的问题(如何重构关于精神活动的常识性观念)。对其中一个问题的回答并不妨碍对另一个问题的回答。

方式，与我们所建议的表征精神活动的方式相类似。那么，我们为何得不到那种成分-种类（part-kind）的、相同的交互关系呢？我认为，最好的答案是：由于一个物理整体和其成分被认为是两种不同的对象，所以这个物理整体不会自动地得到其成分的属性。水仙花的茎具有直径小于1厘米和纯绿两种属性，但水仙花既不是在直径上小于1厘米，也不是纯绿的。由于并非茎的所有属性都是水仙花的属性，所以概率模型没有将水仙花归为茎。另一方面，由于思维和推理不是截然不同的实体，所以成分的属性是整体的属性，并形成逆关系。

四、结　　语

在我看来，对成分数据的归属性解释要优于程序性解释。理由有如下几点。其一，归属性方法非常适合于分类的概率模型。这些模型在预测其他类型的实验结果方面非常出色（参见Smith，Medin，1981，对这一证据的评估），并且"它们也是这些互不相干的理由所需要的"，这一事实可能使我们有理由假定：类似的机制在目前研究中也起作用。其二，程序性解释显得苍白无力。为了使成分判断反映程序性成分，这些子程序必须是极为浅层的，即那些实际上与其所应刻画的程序没有多大差别的程序。由于我们先前所简述的那些理由，这些程序性成分与冯特所讲的那些分析，或我们在认知理论中所熟知的那些子程序，大为不同。最后，归属性方法更为系统。根据这种解释，成分与种类之间的相逆性是对这些活动进行日常表征的一个功能。相反，程序性解释则必须为形成逆关系的每一对活动假定一个新的程序性成分。

然而，这三个理由并不是决定性的。尽管证据的权重稍微偏向了程序性解释那一方面，但进一步的实验会使局面变得对程序性成分有利①。实际上，归属性方法可能必须承认那些作为某些种类的心理事件的直觉子程序（intuitive subprocedures）的存在。例如，为了解释被试为何说记忆是阅读的成分，但阅读不是记忆的一个种类（图1），我们很可能假定被试将记忆视做一个真实的程序性成分。

这表明：寻找一种这些假设之间的折中办法将是有价值的。这些数据大概能告诉我们的是：极浅层的程序性成分与特征性属性种类之间，实际上没有多大差

---

① 例如，有人会认为这一问题可以通过如下方式就能得到解决，即要求被试列举出精神活动的成分，并检查这些名单以察看这些成分是程序性的还是归属性的。但关于这方面的一个试验性研究，最终证明是不可靠的。被试所列举的许多条目实际上都是上位活动（superordinate activities）（例如，"思维"被列为推理的一个成分）。这虽然重现了主要实验中的结果，但无助于解决程序-属性问题。其他反应可以被归为属性（例如，"对于推理而言是合乎逻辑的或理性的"）、子程序（"寻找一些实用例子"），和近义词（"识别含义"）。但是，在其他一些情况中，被试却不能列举出任何成分。一个被试在被问及想象的成分时，写道："想象没有任何成分；一个人只是回想某种要做梦的东西并这般去做"。正如下面所讨论的，这些结果应该被视作对折中观点的支持。

别。例如,假定做梦有一个方面可以被我们描述为想象的一个种类,正如我们可以把做梦本身描述为想象的一个种类一样。那么,我们是否应该把这一方面看作是一个不同的子活动(subactivity)?或者,它是否只反映了做梦的那些属性——这些属性允许我们一开始就把做梦列为想象的一个类型?如果我们对这一方面所发挥的因果性作用了解得再多一些的话,或许我们可以回答这一问题。然而,这种因果性信息可能正是那种我们的常识心理学家所难以获得的东西。正如冯特学派的人和认知主义者所说的,确定因果性作用是室内实验所应该做的事情。

我们需要提醒自己,我们所寻求的不是关于精神活动的真理,而是关于人们对精神活动的日常表征的真理。但我不愿以一种科学傲慢的口吻来结束本文。结果似乎表明的是:直觉主义心理学家将精神活动视作某种系统性结构的成分——这一结构以这样一种方式指定了精神活动的范围,即那些作为许多其他活动成分的活动(或者那些有许多其他活动作为自己种类的活动),被看作是心智的更为核心的方面。科学心理学虽然可以为这些活动提供一些更为详细的或更为理论性的分析,但我们很难看到它何以能抵制直觉主义的那些一般性看法①。

参考文献

A. H. Schoenfeld(1983),"Beyond the Purely Cognitive: Belief Systems, Social Cognitions, and Metacognitions as Driving Forces in Intellectual Performance." *Cognitive Science* 7, pp. 329-363.

A. L. Blumenthal(1985),"Wilhelm Wundt: Psychology as Propaedeutic Science" in C. E. Buxton(ed.), *Points of View in the Modern History of Psychology*(San Diego, CA: Academic Press).

A. Newell and H. A. Simon(1972), *Human Problem Solving*(Englewood Cliffs, NJ: Prentice Hall, Inc.).

Alvin I. Goldman(1970), *A Theory of Human Action*(Princeton, NJ: Princeton University Press).

D. A. Cruse(1979),"On the Transitivity of the Part-Whole Relation," *Journal of Linguistics* 15, pp. 29-38.

D. C. Dennett(1983),"Intentional Systems in Cognitive Ethology: The 'Panglossian Paradigm' Defended," *Behavioral and Brain Sciences* 6, pp. 343-390.

Donald Davidson(1963),"Actions, Reasons, and Causes," *Journal of Philosophy* 60, pp. 685-700.

E. B. Titchener(1902), *An Outline of Psychology*(New York: Macmillan Publishing Co.).

E. E. Smith and D. L. Medin(1981), *Categories and Concepts*(Cambridge, MA: Harvard University Press).

G. A. Miller and P. N. Johnson-Laird(1976), *Language and Perception*(Cambridge, MA: Harvard University Press).

I. Thalberg(1977), *Perception, Emotion, and Action: A Component Approach*(New Haven, CT: Yale University Press).

J. A. Galambos and L. J. Rips(1982). "Memory for Routines," *Journal of Verbal Learning and Verbal Behavior* 21, pp. 260-281.

J. A. Hampton(1982),"A Demonstration of Intransitivity in Natural Categories," *Cognition* 12, pp. 151-164.

J. De Kleer, J. Doyle, G. L. Steele, Jr., G. J. Sussman(1977),"AMORD: Explicit Control of Reasoning," *SIGART Newsletter* 64. pp. 116-125.

---

① 非常感谢如下人士对本项目所给予的帮助:Rob Chametzky、Fred Conrad、Ron McClamrock、Byron Sebastian、Edward Smith、J. -C. Smith、Barbara Tversky 和 Rita Walter。本文中所使用的实验是由 NIMH Grant MH393633 提供的。

J. Macnamara(1986), *A Border Dispute: The Place of Logic in Psychology*(Cambridge, MA: MIT Press).

J. W. Evans, F. Harary, and M. S. Lynn(1967), "On the Computer Enumeration of Finite Topologies," *Communications of the ACM* 10, pp. 295-313.

K. Haberlandt and G. Bingham(1984), "The Effect of Input Direction on the Processing of Script Statements," *Journal of Verbal Learning and Verbal Behavior* 23, pp. 162-177.

L. J. Rips and F. G. Conrad(1988), *The Folk Psychology of Mental Activities*(ms. Under review).

L. W. Barsalou and D. R. Sewell(1985), "Contrasting the Representation of Scripts and Categories," *Journal of Memory and Language* 24, 646-665.

M. Scardamalia, C. Bereiter, and R. Steinbach(1984), "Teachability of Reflective Processes in Written Composition," *Cognitive Science* 8, pp. 173-190.

M. Winston, R. Chaffin, and D. Herrmann(1987), "A Taxonomy of Part-Whole Relations," *Cognitive Science* 11, pp. 417-444.

Nelson Goodman(1966), *The Structure of Appearance*, 2nd ed. (Indianapolis, IN: Bobbs-Merrill Company, Inc.).

P. Simons(1987), *Parts: A Study in Ontology*(Clarendon Press).

R. Abelson(1981), "Psychological Status of the Script Concept," *American Psychologist* 36, pp. 715-729.

R. C. Moore(1982), "The Role of Logic in Knowledge Representation and Commonsense Reasoning," *proceedings of AAAI* 82, pp. 428-433.

R. Davis and B. G. Buchanan(1977), "Meta-level Knowledge: Overview and Applications," *Proceedings of UCAI* 77, pp. 920-927.

R. D' Andrade(1987), "A Folk Model of Mind" in D. Holland and N. Quinn(eds.), *Cultural Models in Language and Thought*(New York: Cambridge University Press).

R. H. Thomason(1969), "Species, Determinates, and Natural Kinds." *Nous* 3. pp. 95-101.

R. Schank and R. Abelson (1977), *Scripts, Plans, Goals, and Understanding* (Hillsdale, NJ: Erlbaum Associates, Inc.).

R. W. Weyhrauch(1980), "Prolegomena to a Theory of Mechanized Formal Reasoning," *Artificial Intelligence* 13, pp. 133-170.

Robert Cummins(1983), *The Nature of Psychological Explanation* (Cambridge, MA: MIT Press).

Roger Schank(1982), *Dynamic Memory: A Theory of Reminding and Learning in Computers and People*(New York: Cambridge University Press).

Susan Carey(1985), *Conceptual Change in Childhood*(Cambridge, MA: MIT Press).

T. Mischel(1970), "Wundt and the Conceptual Foundations of Psychology," *Philosophy and Phenomenological Research* 31, pp. 1-26.

V. Abbott, J. B. Black, and E. E. Smith(1985), "The Representation of Scripts in Memory," *Journal of Memory and Language* 24, 179-199.

W. M. Wundt(1904), *Principles of Physiological Psychology*, vol. 1. trans. by E. B. Titchener, (Swan Sonnenschein). (Original work published in 1873.)

W. M. Wundt(1907), *Outlines of Psychology*, trans. by C. H. Judd(Engelmann). (Original work Published 1896.)

William James(1890), *Principles of Psychology*(New York: Holt & Co.).

人名及专业术语

Abelson 艾贝尔森
absolute terms 绝对词
actuality 现实
Adams, Marilyn 玛丽琳・亚当斯
affection 激发
affects 作用
Albert of Saxony 萨克森的阿尔伯特
analytical philosophy 分析哲学
analytical strategy 分析策略
appearance-kinds 现象种类
appearance-properties 现象属性
apperception 统觉
  empirical 经验的
argument from anesthesia 麻醉论证
argument from biology 生物学论证
Aristotle 亚里士多德
  form vs. matter 形式 vs. 质料
  hylomorphic analysis 形质分析
  non-intellective states 非理智状态
  vs. Plato vs. 柏拉图
Aristotelian function 亚里士多德的功能
Arnauld, Antoine 安托尼・阿尔诺
artificial intelligence (AI) 人工智能
  strong AI 强人工智能
association 联想
  laws of ……的规律
associationism 联想主义
attention 注意
Audi, Robert 罗伯特・奥迪
automata 自动机
Averroes 阿威罗伊
Avicenna 阿维森纳

Babbage, Charles 查尔斯・巴贝奇
Bach, Kent 肯特・巴赫
Bacon, Francis 弗兰西斯・培根
behaviorism 行为主义
  analytical 分析性的
  and dualism 与二元论
  logical 逻辑的
  Rylean 赖尔式的
belief 信念
  a priori 先天的
  analysis of ……的分析
  and intentional systems 与意向系统
  as theoretical entity 作为理论实体
  background 背景
  de dicto 从言的
  de re 从物的
  fixation 定式
  formation 形成
  Gricean definition of ……的格赖斯定义
  holism of ……的整体论
  justification 确证
  observational vs. theoretical 观察的 vs. 理论的
  partitioning 分割
  perceptual 知觉的
  science of ……的科学
  —see propositional attitude 见命题态度
  singular 单一的
  systematic 系统的
  theoretical 理论的
  two-tier theory 二重性理论
  warranted 确证的
belief fixation 信念定式
belief formation 信念形成
Berkeley, George 乔治・贝克莱
Biro, J. I. J. I. 比罗
Block, Ned 内德・布洛克
Bloomfield, Leonard 伦纳德・布龙菲尔德
bodily movement 身体运动
  in action 行动中

Boole, George 乔治·布尔
Bower, Kenneth 肯尼斯·鲍尔
bracketing 加括弧
  —see phenomenological epoche 见现象学悬置
brain metaphor for mind 心智的脑隐喻
bundle theory of self 自我的捆束理论
Buridan, Jean 吉恩·布里丹

calculator 计算器
calculus ratiocinator 理性演算器
categorematic terms 范畴词
categories 范畴
  and criterial properties 与标准属性
  and concepts 与概念
causal powers 因果力
causal relations 因果关系
causal roles 因果作用
characteristic *universalis* 普遍文字
characteristica universalis 普遍性文字
Chatton, Walter 沃尔特·查顿
Chomsky, Noam 诺姆·乔姆斯基
Churchland, Patricia 帕特丽夏·丘奇兰德
Churchland, Paul 保罗·丘奇兰德
cognition 认知
  abstractive 抽象的
  apprehension 领悟
  categorial principles 范畴原则
  combination in 中的组合
  empirical 经验的
  errors in 中的错误
  intuitive 直觉的
  intuitive vs. abstractive 直觉的 vs. 抽象的
  involuntary 不随意的
  Kant's theory 康德的理论
  objects of ……的对象
  of objects 对象的
  of the body 身体的
  pure vs. impure 纯粹的 vs. 非纯粹的
  reference in 中的指称
  reflexive 反思性的
  reliability of ……的可靠性
  voluntary 随意的
cognitive capacities 认知能力
cognitive impenetrability 认知的不可入性
cognitive processes 认知过程
  analysis of ……的分析
  mediation of ……的调解
  —see also mental activities 见心理活动
  vs. mental objects vs. 心理对象
cognitive science 认知科学
cognitive synthesis 认知综合
cognitive system 认知系统
cognitivism 认知主义
coherence 融贯性
componential analysis 成分分析
  inappropriateness 不恰当性
  mental parts in ……中的心理成分
computational 计算的
  analysis 分析
  relations 关系
  theory of mind 心的理论
computer 计算机
  and inferences 和推理
  as a model of mind 作为一种心智模型
  binary system 二进制
  design 设计
  digital 数字的
  inorganic 无机的
  programming 编程
  —see connectionism 见联结主义
  types of 的类型
computer science 计算机科学
  non-predicative 非谓语的
  of mind 心智的
  ostensive 明示的
  singular 单一的
concepts 概念
  absolute 绝对的
  acquisition 习得
  adverbial theory 状语理论
  and sensory activity 与感觉活动
  and warranted belief 与确证信念
  as intellectual acts 作为理智行为
  cognitive 认知的
  de re 从物的
  doctrine of occasioning 诱发论

empirical 经验的
extension and intension 外延与内涵
"fictum" theory "虚构"理论
formation 构成
general 一般的
"intellectio" theory '理智'理论
probabilistic model 概率模型
psychological 心理学的
regress problem 无穷倒退问题
schematization 图式化
species theory 种理论
system vs. aggregate 系统 vs. 聚合
theories of ……的理论
transcendental 先验的
universal 共相
warranted 确证的
conceptual schemata 概念图式
conceptualizing 概念化
experimental data about 关于……的实验数据
conditions of experience 经验条件
conditions of satisfaction 满足条件
connectionism 联结主义
connotative terms 含蓄词
Conrad, Frederick 弗雷德里克·康拉德
conscious reflection 意识反思
conscious state 意识状态
consciousness 意识
and experimental psychology 与实验心理学
and identity theory 与同一性理论
and objectivity 与客体性
and observation 与观察
and reflection 与反思
and sensation 与感觉
and sensationalism 与感觉主义
bushel basket theory 蒲式耳篮子理论
causal basis of ……的因果基础
cognitive theory of ……的认知理论
contents of ……的内容
empirical 经验的
involuntariness of ……的不随意性
object of ……的对象
of consciousness ……的意识
phenomenological 现象学的
traditional view 传统观点
transcendental 先验的
conservation of energy 能量守恒
content 内容
—see intentional content 见意向内容
—see semantics 见语义学
context-free features 无语境的特征
contingent truth 偶性真理
Cook, J. Thomas J. 托马斯·库克
Cordemoy 科迪默
creative principle 创造性原则
Crick 克里克
criterial properties 标准属性
Cummins, Robert 罗伯特·卡明斯

Dalton 道尔顿
Darwin, Charles 查尔斯·达尔文
de dicto modalities 从言模态
definitional model of concepts 概念的定义模型
Dennett, Daniel 丹尼尔·丹尼特
Descartes, René 勒内·笛卡尔
description in functionalism 功能主义描述
desire 欲求
analysis of ……的分析
determinism 决定论
Dewey, John 约翰·杜威
direct realism 直接实在论
disposition 倾向性
dispositional properties 倾向性特征
Doyle, Conan 柯南·道尔
Dretske, Fred 佛瑞德·德雷特斯科
Dreyfus, Hubert 霍伯特·德雷福斯
Dreyfus, Stuart 斯图尔特·德雷福斯
dualism 二元论
and anti-mentalism 与反心理主义
and experimental psychology 与实验的心理学
Duhem, Pierre 皮埃尔·迪昂
d'Ailly, Pierre 皮埃尔·德·爱丽

ego 自我
empirical 经验的
transcendental 先验的
eidetic disciplines 本质学科

Einstein, Albert 阿尔伯特·爱因斯坦
eliminative materialism 取消式唯物主义
eliminativism 取消主义
emotions 情绪
Empedocles 恩培多克勒
empirical capacities 经验能力
empirical kinds 经验种类
empiricism 经验主义
engineering 工程
Entelechies 隐德来希
epiphenomenalism 副现象论
epistemic 认知的
  analyses 分析
  boundedness 有界性
  category 分类
  goals 目标
  ideals 理想
  inference 推理
  relatedness of mind 心的相关性
  requirements 必要条件
  valuation of faculties 对官能的评估
Epistemology 认识论
epoche 悬置
exempt agent 得到豁免的行动者
experience 经验
  and experimental psychology 与实验的心理学
  horizon of ……的视域
  immediate 直接的
  pure or absolute 纯粹的或绝对的
experiencing 体验
  and partial orderings 与成分排序
explanation 解释
  by causal subsumption 通过因果归类
  causal 因果的
  componential 组件的
  computational 计算的
  faculty 官能
  functional 功能的
  functionalist 功能主义的
  homuncular 小人
  independence of cause and effect 因果的独立性
  linguistic 语言学的
  mechanistic 力学的
  phenomenological 现象学的
  psychological 心理学的
  reductive 还原的
  scientific 科学的
  systematic 系统的
  teleological 目的论的
  top-down models 自上而下的模型
  undischarged homunculus in 未被解除的小人
  vs. classification vs. 分类
external senses 外部感觉

faculties 官能
  and knowledge 与知识
  as non-explanatory 作为非解释的
  as subsumption relation 作为包摄关系
  causal intermediaries for 作为……的因果性媒介
  cognitive 认知的
  consciousness 意识
  definition 定义
  definitions 定义
  epistemic equality of ……的认识平等性
  imagination 想象
  intellect vs. other 理智 vs. 他者
  language 语言
  memory 记忆
  mistakes about 关于……的错误
  operations of ……的运作
  original and acquired operations 原始的和获得的操作
  reason 理性
  reflection 反思
  sensory 感觉的
  structural uniformity 结构一致性
  trustworthiness 可信赖性
  understanding 理解
faculty 官能
  as causal source 作为因果根源
  symbol manipulation by 通过符号操作
faculty psychology 官能心理学
Fechner's law 费克纳定律
feedback 反馈
Feigenbaum, Edward 爱德华·费根鲍姆
flow chart instantiation 流程图的实例化

Fodor, Jerry 杰里·福多
Fodor's First Law 福多的第一法则
folk psychology 民俗心理学
formalist assumption 形式主义假定
frames 框架
Frege, Gottlob 戈特洛布·弗雷格
Freud 弗洛伊德
functional 功能的
  decomposition 分解
  equivalence 等价
  mediation 调解
  organization 组织
  relations 关系
  role 作用
  role semantics 作用语义学
functional explanation 功能解释
  —see functionalism 见功能主义
functional state 功能状态
  observer relativity of ……的观察者相关性
functionalism 功能主义
  and cognitive science 与认知科学
  and dualism 与二元论
  and instrumentalism 与工具主义
  and physiology 与生理学
  and reduction 与还原
  and sensory inputs 与感觉输入
  carburetor 汽化器
  chauvinism in ……中的沙文主义
  defined 被定义的
  functions vs. causal relations 功能 vs. 因果关系
  multiple realizability 可多重实现性
  objections to 对……的反驳
  organizational 组织的
  second-order properties 二阶属性
  strong vs. weak 强功能主义 vs. 弱功能主义
  topic neutrality 话题中性
  Turing machine 图灵机
  vs. Identity Theory vs. 同一性理论
functionalist description 功能主义描述

Galileo 伽利略
Gelber, Hester 赫斯特·盖尔伯
goal-directed prediction 目标指向的预测
Gregory of Rimini 里米尼的格雷戈里
Grice, H. P. H. P. 格赖斯

Hacking, Ian 伊恩·哈金
Heidegger 海德格尔
Henry of Ghent 根特的亨利
Hobbes 霍布斯
Hockett, C. F. C. F. 哈克特
holism of belief 信念整体论
  —see belief 见信念
homeostasis 自我平衡
homuncular theory 小人理论
Hooke, Robert 罗伯特·胡克
Howell, R. R. 霍威尔
Hume, David 大卫·休谟
Hume's problem 休谟问题
Husserl, Edmund 埃德蒙·胡塞尔
Huygens, Christian 克里斯蒂安·惠更斯

idea theory 观念论
  images in ……中的意象
idealism 观念论
ideas 观念
  and impressions 与印象
  copy principle of ……的复制原则
  resemblance relation 相似性关系
identity theory 同一性理论
  objections to 对……的反驳
image theory 意象理论
images 意象
imagination 想象
  principle of momentum 动量原理
imagining 想象
  and partial orderings 与成分排序
impressions 印象
  and ideas 与观念
indeterminacy 不确定性
indexicality 指示性
individualism 个体主义
inference 推理
  processes of ……的过程
  types of ……的种类
inferential relations 推断关系